THE NEXT BIG THING

SAM GREGSON

THE NEXT BIG THING

Albtraum Start-up-Szene – ein Undercoverbericht

Sam Gregson spricht Deutsch, hat das Buch aber in seiner Muttersprache verfasst. Aus dem Englischen übertragen wurde es von Hans-Peter Remmler und Henning Dedekind.

BENEVENTO

Dieses Buch dient der öffentlichen Kritik und der Diskussion von für die Öffentlichkeit und Gesellschaft wichtigen Themen. Tatsächlich existierende Personen und Firmen wurden verändert und/oder erfunden, Geschehnisse anderen und/oder fiktiven Personen zugeordnet. Verbleibende Übereinstimmungen mit etwaigen realen Personen wären somit rein zufällig und sind nicht gewollt.

1. Auflage

Medieninhaber, Verleger und Herausgeber:
Red Bull Media House GmbH
Oberst-Lepperdinger-Straße 11–15
5071 Wals bei Salzburg, Österreich

Redaktion: Dr. Carina Heer
Satz: MEDIA DESIGN: RIZNER.AT
Gesetzt aus der Minion Pro, Clan Pro
Umschlaggestaltung: www.b3K-design.de, Andrea Schneider, diceindustries
Umschlagmotiv: © Hinterhaus productions / getty images
Printed in Germany
ISBN 978-3-7109-0040-2

INHALT

Arbeit im Ferienlager – ein Vorwort 6

Prolog 11

1 Ein böses Erwachen 15

2 Der große Hype 99

3 Bewährungsproben 181

4 Men's World 261

5 Produktprobleme 333

6 Der wirklich heiße Scheiß 379

Anmerkungen 414

ARBEIT IM FERIENLAGER – EIN VORWORT

Auf dem Boden liegen Sitzsäcke. An langen Tischen sitzen junge Leute in ungezwungenen Klamotten mit ihren Laptops. In der Ecke steht ein Kühlschrank mit Freigetränken, daneben die leeren Bierkästen von der letzten Party. Unter dem Tischkicker schläft ein Hund.

Der Anblick hat etwas von Ferienlager oder Jugendclub. Er ist inzwischen zum Sinnbild der Berliner Start-up-Szene geworden. Ein Sinnbild für eine neue Art zu arbeiten und eine neue Art zu wirtschaften. Und das durchaus erfolgreich: Laut der Unternehmensberatung Ernst & Young wurden allein 2018 rund 4,6 Milliarden Euro in deutsche Start-ups investiert. Mehr als je zuvor. Gerade in Zeiten der Niedrigzinspolitik sind Start-ups für Konzerne, Fonds und Vermögensverwalter eine immer attraktivere Investitionsmöglichkeit.

Die Ferienlagerstimmung trägt dabei wesentlich zu ihrem Erfolg bei. Denn damit ein Unternehmen schnell wachsen kann, braucht es junge, hochqualifizierte Arbeitskräfte. Und die kommen in Scharen aus aller Welt nach Berlin. Im Gegensatz zu London, Paris oder Frankfurt verspricht die Stadt billigere Drinks und bezahlbarere Wohnungen, längere Partys und jede Menge Freiheit. Die Start-ups liefern die passenden Jobs dazu: Flache Hierarchien statt eingestaubter Unternehmensstrukturen! Kreativität statt monotoner Arbeit! Junge Kollegen statt veralteter

Weltbilder. Und obendrauf das Gefühl, an der Zukunft mitzugestalten.

Wie sehr dieser Schein trügen kann, erfuhr ich zum ersten Mal bei einem Gespräch in einer Bar vor zwei Jahren. Eine Freundin hatte jemand Neues mitgebracht: Sam Gregson. Der junge Brite erzählte, dass er bei einem Start-up arbeitete. Weil ich als Redakteur beim *Tagesspiegel* zu dieser Zeit viel über Start-ups in der Hauptstadt schrieb, fragte ich ihn weiter aus. Was er da erzählte, wurde immer schlimmer. Statt von der tollen Arbeitsatmosphäre, von der mir die Start-up-Gründer in Interviews immer stolz berichteten, erzählte er von egomanischen Chefs, endlosen Überstunden und sexueller Belästigung. Sam Gregson erzählte von einer männerdominierten Welt voller pubertärer Sprüche und Mobbing auf einem Niveau, wie es ebenfalls eher in einem Ferienlager zu erwarten wäre als bei der Arbeit.

»Und warum kündigst du dann nicht?«, fragte ich.

»Wo soll man denn als Ausländer sonst einen Job in Berlin finden, wenn man nicht perfekt Deutsch spricht?«, fragte er zurück.

»Du musst das aufschreiben«, sagte ich damals. Mit diesem Buch hat er es endlich ausführlich getan.

Was Sam Gregson erzählt, gibt Einblicke in die Start-up-Szene, wie sie auf keinem der Gründerevents zu finden sind. Einblicke in eine Szene, die sich nach außen unerlässlich als tolerant, lösungsorientiert und weltoffen präsentiert. Und die sich gerne als die Zukunft der Arbeit sieht. Wenn man dieses Buch gelesen hat, muss man sich Sorgen um diese Zukunft machen.

Weil die meisten Start-ups keine Betriebsräte haben und ihre Mitarbeiter nur selten in Gewerkschaften sind, gibt es kaum Zahlen über die Arbeitsbedingungen in Start-ups. Doch erste Umfragen bestätigen, dass Gregsons Schilderungen keine Einzelfälle sind. So ergab eine Erhebung der Jobsuchmaschine Joblift, dass neunzehn Prozent der Befragten aus deutschen Start-ups Diskriminierung erlebt haben. Von 4700 ausgeschriebenen Stellen waren laut der Analyse gerade einmal sechzehn Prozent Festanstellungen. Gleichzeitig lag das Durchschnittsgehalt weit unter dem in älteren Firmen, die durchschnittliche Arbeitszeit aber weit drüber. Ist das die Zukunft der Arbeit?

Schaut man sich die Fakten an, spielen Start-ups in Deutschland bislang nur eine Nebenrolle. Am Umsatz gemessen sind sie unbedeutend gegenüber Großkonzernen und dem Mittelstand. Sie machen einen marginalen Teil der Arbeitsplätze aus. Und die meisten von ihnen gehen sowieso nach kurzer Zeit pleite. Wenn sich nun herausstellt, dass die Arbeitsbedingungen auch noch miserabel sind, kann man Start-ups dann einfach getrost ignorieren?

Das wäre ein fataler Fehler! Denn viele Start-ups mögen, wie die Firmen in diesem Buch, mehr heiße Luft als ernsthafte Innovation erzeugen. Sie haben aber eine gesellschaftliche Funktion, die sie mächtig macht: Sie sind Vorbilder. Wurden Start-ups von den Managern deutscher Industriekonzerne lange müde belächelt, sind sie inzwischen vielerorts zu Idealen geworden. Je komplexer und starrer die Strukturen in alten Firmen, desto mehr sehnen sich ihre Manager nach dem frischen »Start-up-Spirit«. Je grauer die Anzüge und Büros, desto mehr sehnen sich Mitarbeiter mittelständischer Unternehmen nach den bunten Sitzsäcken und Bürolofts der jungen Unternehmen. Und je mehr die alten Unternehmen merken, wie fundamental die Digitalisierung ihre bisherigen Geschäftsmodelle gefährdet, desto aufmerksamer lauschen sie den enthusiastischen Vorträgen der Gründer auf Konferenzen.

Da wird dann eifrig das Vokabular der Start-ups übernommen und versucht, ihre Arbeitsweisen zu imitieren. Plötzlich geht es auch in etablierten Unternehmen um »Minimal Viable Products« und »disruptive thinking«. Die Besprechungen werden plötzlich »Town Hall Meetings« genannt, das Einarbeiten von Mitarbeitern »Onboarding« und die Produkte sollen schneller »skalieren«.

Nicht alles davon ist leeres Gerede. Es sind die ersten Anzeichen eines tiefgreifenden Wandels der Arbeitswelt in der Digitalisierung. Eines Wandels, der unvermeidbar Anpassungen in etablierten Arbeitsweisen erzwingt. Viele etablierte Firmen können neue Arbeitsweisen und mehr Offenheit für die Ideen der eigenen Mitarbeiter gut gebrauchen. Viele Mitarbeiter hätten gerne mehr Möglichkeiten zur Eigeninitiative. Und vielen Studienabsolventen täte es gut, selber etwas zu gründen. Sei es eine Initiative, eine NGO oder eben eine Firma.

Aber die Sprache der Start-ups, die da so bereitwillig angenommen wird, ist nicht wertfrei. Das vorliegende Buch zeigt das in aufrüttelnder Weise. Im Gegensatz zu den euphorischen Büchern erfolgreicher Gründer zeigt Gregson, was diese stets ignorieren: den alltäglichen Arbeitsalltag in Start-ups. Nicht aus Sicht eines Gründers. Nicht aus der Sicht eines Wirtschaftsgurus. Und nicht aus Sicht eines Kritikers, der von außen an der neuen Arbeitswelt herumnörgelt. Sondern aus der Sicht von Sam, einem ganz normalen Berufseinsteiger eben, der nach Berlin gezogen ist und versucht, seinen Platz zu finden. Er findet nicht alles toll und weiß nicht alles besser. Er beobachtet einfach aufmerksam, wie die großen Begriffe der Start-up-Welt sich in seinem Alltag niederschlagen. Dabei hört er auf die Nuancen zwischen den großen Wörtern, stellt auch mal naive Fragen und vergisst nicht, zwischen all dem Hype nach links und rechts zu schauen. Dorthin, wo die Schwächeren liegen bleiben und die persönlichen Krisen der vermeintlich Starken liegen. Es ist ein Buch über die Start-up-Blase, das ausdauernd Klischees zum Platzen bringt.

Genau diese differenzierte Beschreibung macht seinen Wert aus. Denn wenn wir als Gesellschaft diskutieren wollen, wie wir in Zukunft arbeiten wollen, müssen wir uns mit den Arbeitsbedingungen in Start-ups beschäftigen. Eben weil sie immer mehr werden. Und weil ihre Arbeitsweisen zunehmend als Blaupause für etablierte Firmen dienen. Nur so können wir anfangen, darüber nachzudenken, was davon wir wirklich übernehmen sollten. Und wo wir dringend Gegenmaßnahmen ergreifen und Regeln finden müssen. Denn die Schilderungen zeigen auch, dass sich hier mancherorts eine neue Kultur der Verantwortungslosigkeit etabliert. Eine Kultur, in der zwar jeder für sich selbst verantwortlich ist. Aber keiner für den anderen.

Hendrik Lehmann,
Berlin im März 2019

PROLOG

Anfang März 2013, ein paar Monate bevor herauskam, dass die NSA heimlich Angela Merkels Handy abgehört hatte, sprach die Kanzlerin vor einer Versammlung von Unternehmern und Investoren in Berlin über die Notwendigkeit technologischer Innovation.

»Alles, was digitalisiert werden kann, wird digitalisiert«, gelobte sie. Und es gab eine ganze Menge zu digitalisieren. Deutschland hinkte Amerika, China, Japan und dem Rest Europas hinterher, was Entwicklung und Übernahme neuer Technologien anging. Es galt, kulturelle, geschichtliche und rechtliche Hindernisse zu überwinden. Die Bürger mussten geschult werden. Die Regierung wollte die versammelte Geschäftswelt bei der Entwicklung dieser neuen Technologien unterstützen. »Wir wollen Ihnen keine Steine in den Weg legen«, sagte sie, und »[wir wollen] die Bedingungen so gestalten, dass sich die Internet- und Start-up-Szene gut entwickeln kann.«

In dieser Szenestadt mit ihrer sich ständig wandelnden Gemengelage möglicher Lifestyles stellte die Kanzlerin eine Szene ganz deutlich heraus: die Start-up-Szene. Die Branchenvertreter im Publikum galten als Deutschlands einflussreichste und wichtigste Start-up-Investoren, Unternehmer und Influencer: Sie waren die »Hefe« der Szene, die entscheidende Zutat, die dafür sorgte, dass die Dinge auch wirklich aufgingen.

Champagner wurde gereicht, ein reichhaltiges, dem Anlass angemessenes Buffet stand bereit, und während einige

Gäste sich Kameras zuwandten, um sich zu den Versprechungen der Kanzlerin zu äußern, meinte einer der Investoren zu einem Kollegen: »Ja, ja, sie spuckt immer große Töne. Aber ich habe nichts Konkretes gehört, was die Deregulierung angeht. Start-ups können nur in Amerika groß herauskommen. In Deutschland läuft das nicht. Und der einzige Grund dafür ist, dass wir unsere Arbeiter viel zu sehr schützen.«

Ich war bei der Rede der Kanzlerin nicht selbst dabei. Ich war nicht mal im Land. Ich befand mich ein paar Hundert Kilometer weiter westlich in London und arbeitete für eine Werbeagentur. Es waren nur noch ein paar Wochen bis zu meinem 26. Geburtstag. Als junger Brite, der weitestgehend in seiner London-Blase gefangen war, bekam ich von der deutschen Start-up-Szene – oder dem, was man bereits als »Silicon Allee« zu titulieren begann – schlicht nichts mit. Mir wurde erst viel später klar, wie paradox und traurig es war, dass just der technologische Fortschritt, den Merkel da feierte, als Waffe gegen sie eingesetzt werden würde. Es würde das erste Mal sein, dass die Leute diese Technologie, auf die alle doch so stolz waren, mit etwas anderen Augen sähen.

Vielleicht war es ja doch kein Allheilmittel. Vielleicht war es ja eine Bedrohung.

Ich wusste damals auch nicht, dass ich über meine dreieinhalb Jahre in Berliner Start-ups ein Buch schreiben würde und darüber, wie die Branche Mythen unserer glorreichen technologischen Zukunft befeuert, dabei aber eine völlig andere Realität schafft. Ich wusste nicht, dass ich, wie so viele andere, die in dieser Szene arbeiten, endlose Monotonie in Unternehmen würde ertragen müssen, die doch angetreten waren, um der Komplexität zu Leibe zu rücken, um die menschliche Existenz einfacher und effizienter zu gestalten – dabei war unsere Arbeit mühselig, unnütz, ziellos. Ich ahnte nicht, dass ich ein Buch darüber schreiben würde, wie seelenlos und hinterhältig die Start-up-Welt in Deutschland tatsächlich ist. Ich hätte nie gedacht, dass die Szene kaum mehr als heiße Luft ist, dass eine solche Leere hinter ihrem vermeintlichen Schaffensdrang steckt, dass dort so viel Ungleichheit herrscht. Ich war entsetzt, wie rassistisch, sexistisch, homophob und chauvinistisch die Szene ist, wie sehr ihre junge und prekäre Arbeiterschaft ausgebeutet wird. Es scheint eine Art Spielwiese für Investoren zu sein, auf der sich Egomanen nach Herzenslust austoben können. Kurz: Ich hatte schlicht keine Ahnung davon, dass diese Start-ups eigentlich nichts weiter sind als Miniaturausgaben der amerikanischen Technologiegiganten.

In diesem Buch geht es darum, wie die deutsche Start-up-Welt auf der Suche nach geschäftlichem Erfolg eine ganze Gruppe von Menschen schamlos ausnutzt, die verzweifelt nach Jobs suchen, wie sie mit Versprechungen lockt, die sie nie erfüllen kann. Denn Außenwirkung und Realität stehen in dieser Branche in einem gravierenden Missverhältnis. Start-ups nutzen ein junges Prekariat rücksichtslos aus, und sie funktionieren auf der Grundlage eines falschen Ideals. Es ist das Ideal endloser Optimierung und endlosen Fortschritts: dass es möglich ist, uns selbst für die Arbeit zu perfektionieren, und die Welt für uns.

Ganz gewiss bieten Start-ups gewaltige Möglichkeiten hinsichtlich Technologie und Kommunikation, aber über ihre Produkte und darüber, wie sie die Sache angehen, belügen sie die Leute unablässig. Ich möchte auf die irreführenden Lügen hinweisen, die den Start-up-Mythos umgeben. Und dabei möchte ich auch gerne aufzeigen, was das wirklich Gute an Start-ups ist – gut für die Kunden, gut für die Allgemeinheit und natürlich auch gut für die Mitarbeiter von Start-ups.

1
EIN BÖSES ERWACHEN

Spätsommer 2017: Ich stand auf der blauen Tartanbahn des Berliner Olympiastadions. Meine Firma hatte zur Teilnahme an einem Fun Run eingeladen, gemeinsam mit diversen anderen Start-ups in der Stadt. Rund 200 Leute aus über 50 Unternehmen waren da, alles drängte sich hinter der Startlinie und wartete auf den Startschuss zu einem entspannten Sechs-Kilometer-Lauf. Es gab keine Medaillen zu gewinnen, nur einen Haufen Anerkennung für die Teilnahme. Für die Firmen waren natürlich die Bilder von Mitarbeitern wichtig, die mit rosig leuchtenden Gesichtern Gesundheit und Wohlbefinden demonstrierten ebenso wie ihr Zusammengehörigkeitsgefühl und ihre Bereitschaft, an Aktivitäten außerhalb der normalen Arbeitswelt teilzunehmen – alles Dinge, die sich in den sozialen Medien hervorragend dafür eigneten, um neue, junge Mitarbeiter anzulocken. Ich wollte einfach nur etwas früher raus aus dem Büro und an die frische Luft.

Ich heiße Sam Gregson, und zusammen mit mir sollte für MyCashMate mein Kollege Amar an den Start gehen, ein 21-jähriger Entwicklerpraktikant aus Indien, der mich ständig Greg Samson nannte. Ich weiß gar nicht, ob er das als Witz meinte. Dann war da auch noch Max, der deutsche Chefproduktmanager, und ein paar Leute unterschiedlicher Nationalitäten aus dem Vertriebsteam.

Wir warteten auf den Start, als sich Max plötzlich an Amar wandte: »Hör zu, ich weiß schon, dass das hier als Spaß-Event angekündigt ist, aber ich rate dir ernsthaft: Beweg deinen fetten Arsch und sieh zu, dass du so schnell läufst, wie du kannst! Okay?«

Das Vertriebsteam, bis dahin noch recht beschwingt und in freudiger Erwartung des angekündigten Besäufnisses hinterher, wurde mucksmäuschenstill. Ebenso alle anderen, die in unserer Nähe standen. Amar, der arme Kerl, wusste nicht, wo er hinschauen sollte. Natürlich war er übergewichtig, aber das ist doch keine Rechtfertigung, ihn derart zu erniedrigen und zu beleidigen – oder sollte das bloß ein Witz sein?

»Ich meine das ernst«, sagte Max. »Wenn du das hier versaust, so wie du vorhin das Projekt versaut hast, dann schwör ich dir, wir schmeißen dich nicht nur raus, wir melden dich den Behörden und sagen ihnen, dass du eigentlich gar nicht in Deutschland sein dürftest.«

Das Startsignal ertönte, das Rennen ging los. Freudige Rufe überall, die Menge setzte sich in Bewegung, eine lang gezogene Traube von Läufern rannte über die Bahn des Olympiastadions. Amar aber blieb stehen, und weil er stehen blieb, blieb ich auch stehen. Während andere uns verärgert anrempelten, umkurvten und sich an uns vorbeidrängelten, um endlich ihren Lauf zu starten, sprach ich ihn an.

»Hey, Amar, denk dir nichts weiter dabei. Max ist, wie er ist, unausstehlich eben. Komm, vergiss es, lass uns laufen.«

Aber Amar tat keinen Schritt. Die anderen Läufer umdrängten uns immer noch, zogen vorbei, riefen, wir sollten endlich aus dem Weg gehen. Ich wusste, dass er nicht mitlaufen würde. Max hatte eine besonders empfindliche Stelle in ihm getroffen, hatte ihm Verletzungen zugefügt, die weit über die Angst vor dem abrupten Ende seines Aufenthalts in Deutschland hinausgingen. Max hatte dafür gesorgt, dass sich Amar seiner selbst schämte, weil er die absurden Normen professioneller Effizienz und eines perfekten Körperbaus nicht erfüllen konnte, die sich Max selbst vorgab. Er schämte sich seiner Abstammung und wegen seines Platzes in dieser Welt. Amar schossen die Tränen in die Augen. Ich merkte, dass ihm mein Trost nicht helfen konnte.

»Nein, Greg«, sagte er, »nein, es ist alles scheiße, Mann, verdammt scheiße!«

Ich wollte ihm eigentlich sagen, dass ich nicht Greg Samson hieß, verkniff mir das aber und nahm ihn stattdessen in den Arm, so wie man einen Trauernden in die Arme schließt. Ich wollte, dass seine Welt wieder in Ordnung kam. Ich wollte, dass er sich gut fühlte und sich beruhigte und entspannte, ich wollte, dass er erkannte, dass Max bloß ein unbedeutendes Arschloch mit übersteigertem Selbstbewusstsein war, und dass diese Drohung nichts weiter war als heiße Luft. Während ich ihn umarmte, drang Amars Schweiß durch sein Polyestertrikot. Ich spürte, wie die Feuchtigkeit auch mein Shirt durchdrang. Ich fühlte seinen kalten Angstschweiß auf meiner Haut.

Mir wurde klar, wie grotesk diese Szene auf Außenstehende wirken musste. Da standen zwei Kollegen am Start eines Fun Run in Deutschland, der eine heulte sich vor Scham die Augen aus, der andere wollte ihn trösten, während die Läufer ihre erste Runde hinter sich brachten und gute Laune verbreiteten, als sie an uns vorbeizogen. Alle außer Max, wohlgemerkt, der uns im Vorbeilaufen zurief: »O Mann, ihr Scheißschwuchteln!«

Ich hielt Amar weiter umarmt, er heulte hemmungslos an meiner Brust, die Sonne ging über dem Olympiastadion unter – und die Zuschauer fotografierten uns. Ich wollte ihn einfach nur vor noch mehr Erniedrigung schützen. Ich begann über die letzten dreieinhalb Jahre in Berlin nachzudenken, meine Zeit in der Start-up-Szene, und ich fasste einen Entschluss. Einen Entschluss, der mein Leben endgültig und grundlegend verändern sollte.

September 2014: Verkatert mit dem Chef

Gehen wir zurück in den September 2014, drei Jahre vor dem Lauf mit Amar und dem Team von MyCashMate. Im September 2014 war ich bereits seit einigen Monaten Teil der Marketingabteilung einer anderen Berliner Firma, Rivalchemy, die sich mit der übersichtlichen Aufbereitung von Datenströmen in einer App beschäftigte. Ich saß an einem Schreibtisch dem Chef gegenüber, Timo. Die Sonne strahlte grell ins Büro, wir waren beide müde und verkatert. Den Abend zuvor hatten wir es ordentlich krachen lassen. Und wie in so einem Fall das eine zum anderen führt, hatten wir auf dem Höhepunkt der Party mehr oder weniger das Büro verwüstet.

Wir schwitzten beide, nicht wegen der Arbeit, nicht vor Angst, sondern wegen des Katers: Es war der fiebrige Schweiß des Exzesses.

Ich vermisste London kein bisschen.

Timo und Felix waren das Führungsduo von Rivalchemy, und sie hatten allen den Vormittag freigegeben, um die Büroräume wieder in Schuss zu bringen. Wir sollten uns nur um wirklich wichtige Anrufe kümmern. Alle waren matt und erhitzt und schlichen träge durchs Büro. In der frühherbstlichen Wärme brummte die Stadt geradezu vor lauter Energie. Ich hatte gerade meinen zweiten Kaffee hinter mir. Timo nippte an einem Hot Whisky.

»Gut gegen Erkältung, Alter! Hab ich in Schottland gelernt«, meinte er.

Sein Englisch war – nun ja: interessant, meine Deutschkenntnisse so gut wie nicht vorhanden. Aber ich lernte dazu, und ich wusste zu schätzen, wie sich die Leute um mich bemühten. Und wie hätte ich Timo nicht mögen können? Er war so relaxed, so cool. Mein letzter Chef in London war Norweger gewesen, ein tausendprozentiger Businesstyp namens Michael. Ein Mensch, der in einer Fabrik hergestellt worden war, zusammengeschraubt aus Einzelteilen europäischer Stereotypen, von der Produktivität bis hin zum passenden Haarschnitt. Nie sah ich ihn anders als in seinem grauen Anzug, mit dem er jeden Tag ins Büro kam. Damals arbeitete ich als Kundenbetreuer für eine Werbeagentur in Shoreditch – auch bekannt als »Hipster's Paradise«. Mein Chef dagegen hatte so gar nichts von einem Hipster. Mitunter beschränkten sich unsere Gespräche darauf, allgemeine Terminfragen auf sekundengenau messbare Größen einzudampfen:

»Sam, wie sieht's mit der Präsentation aus, um die ich dich gebeten hatte?«

»Ja, Michael, bin fast fertig.«

»Und ›fast‹ heißt was?«

»Ich brauche noch ein bisschen.«

»Geht's etwas genauer? Minuten, Stunden, Tage. Nicht ungefähr – ich wüsste gerne, wann genau.«

»Ein paar Minuten, Michael.«

»Wie viele Minuten?«

»Zwanzig Minuten.«

»Zwanzig Minuten in welchem Format, Sam? Gedruckt, per E-Mail?«

Und hier hing mein Boss in einem Bürostuhl auf der anderen Seite des Schreibtisches, trank schon morgens

Alkohol und lachte darüber, wie viel Geld er bei dem Trinkspiel mit uns Neulingen in der Firma am Abend zuvor verloren hatte. Er wirkte eher wie ein Freund, nicht wie »der Chef«. Mit 33 Jahren war er nur ein paar Jahre älter als ich mit meinen 26. Aus irgendeinem Grund lief gerade *Transformers* auf seinem Laptop, dieser trashige amerikanische Film über Roboter, die sich in Autos verwandeln.

»Die Idee des Films, sofern man da von einer Idee sprechen kann«, begann er, »ist die: Du weißt nicht, ob die Technologie etwas Gutes oder Böses ist. Das bleibt dir verborgen.«

Ich bat ihn inständig, das abzuschalten.

»Weißt du«, gab ich zurück, »auf der Website steht, du und Felix hättet euch als Schüler in Bayern kennengelernt, in gegnerischen Handballteams.«

»Und?«, fragte er und nippte an seinem Hot Whisky.

»Na ja, was ist dann mit dem, was du mir gestern alles auf der Party erzählt hast? Die Sache im Restaurant und so?«, fragte ich weiter.

Er lachte.

»Sam, hör zu, ich erzähl dir jetzt was, am besten schreibst du gleich mit.«

Ich griff mir naiv, wie ich war, tatsächlich einen Stift.

»Okay, kann's losgehen? Dann notier dir mal Folgendes: Auf die Tour verdienst du verdammt noch mal keine Kohle.«

Ich ließ den Stift fallen. Er lachte wieder und fuhr fort: »Investoren, Mann, die Presse. Die müssen sehen, dass wir ein seriöser Laden sind, die brauchen eine nette Story. Also bekommen sie mich, den Finanzexperten, und Felix, den Computerfreak, und dann begegnen wir uns wie im Hollywoodfilm an der Highschool und spielen gegeneinander – wir machten einfach aus einer alten Rivalität pures Gold – Rivalchemy«, erzählte er.

»Ah so!«, sagte ich.

»Ach, du wusstest nicht, was es mit dem Namen auf sich hat. Na ja, vielleicht ändern wir den Namen irgendwann mal. Aber wenn wir den Leuten erzählen, wie wir uns wirklich kennengelernt haben, das wäre absolut uncool. So machst du jedenfalls keine Kohle«, meinte er.

Timo schwieg einen Moment und sah aus dem Fenster. Ich konnte kaum glauben, dass er diese Party in den Knochen hatte, er sah derart topfit aus. Er überlegte und meinte dann: »Ich sag dir, Rivalchemy war die beste Entscheidung, die ich je getroffen habe. Ich bin so froh, dass Felix mich damals gefunden hat. Wer weiß, was ich sonst gemacht hätte.«

2009 bis 2014: Lost in London

»Du findest keinen, schon gar keinen Intellektuellen, der aus London weg will. Nein, Sir, wenn jemand Londons überdrüssig ist, ist er des Lebens überdrüssig. Denn in London hat man alles, was das Leben bieten kann.« So oder ähnlich schrieb der große Samuel Johnson an seinen Freund James Boswell anno 1777. Rund 300 Jahre später schreiben die Pubs in der City diesen Spruch »tired of London = tired of life« gerne auf ihre Tafeln am Eingang, um die Leute zur Happy Hour einzuladen. Ihr werdet euch vorstellen können, wie ich mit 22 und ohne einen Penny in der Tasche als Praktikant in der City landete, begeistert und überwältigt von der Skyline, dem Flow, den Chancen, den Partys.

Am Anfang war das wirklich aufregend, aber wie so viele andere bekam ich irgendwann das Gefühl, von der Stadt irgendwie erdrückt zu werden – jedenfalls solange ich keinen Haufen Geld hatte. Am Ende, und ich zähle mich nicht zu den Intellektuellen, war es nicht schwer für mich, Londons überdrüssig zu sein: Es mag schon sein, dass London alles hat, was das Leben bieten kann, aber zwischen 2009 und 2014 war das Leben in Großbritanniens Hauptstadt alles, nur nicht bezahlbar.

Ich ging gerade auf die Vollendung meines ersten Vierteljahrhunderts zu, als ich zu erkennen begann, wie sehr mich London ermüdete. Ich war der langen Stunden in Pendlerzügen müde, der absurd hohen Mieten, der sinn- und ziellosen ständigen Neuerungen, der aktuellsten Essenstrends und Mode-Hypes, der Straßen voller leer dreinblickender Angestellter, die die gelangweilt wirkenden Obdachlosen auf dem Gehweg beharrlich ignorierten. Ich war es leid, in meinem Einsteigerjob in der Werbeagentur jede Kleinigkeit vorgeschrieben zu bekommen. Ich hatte die Nase voll davon, fast nur noch zu arbeiten. Ich hatte genug von bescheuerten Partys, vom alleine Essen, davon, mich wie ein Student zu fühlen. Diese Ermüdung hatte eine Stimme, und wenn ich morgens aufstand, sagte sie: »Schon wieder dieser Scheiß«. Sie gähnte mich an, wenn ich mich an den Schreibtisch setzte und den Rechner hochfuhr. Sie flüsterte mir zu, meine Ersparnisse zu plündern und alles am Wochenende auf den Kopf zu hauen, in Clubs, für Drinks, Sechs-Gänge-Menüs, eben für alles, was sie wenigstens für einen Abend verstummen ließ.

Ich war es müde, müde zu sein.

Die Agentur hatte mich noch vor meinem Uni-Abschluss eingestellt. Sie hatte ein Praktikantenprogramm im Schnellverfahren eingerichtet, für Studenten mit Rechercheerfahrung, die dann in diversen Abteilungen ein Jahr lang als Praktikanten arbeiteten – ohne jede Bezahlung, versteht sich. Als ich dann meinen Abschluss in Geschichte von der

Universität Bristol in der Tasche hatte, begann ich also mein Praktikum bei der Werbeagentur mit Namen »Mail Office«. Und nachdem ich mich elf Monate lang mehr schlecht als recht in London durchgeschlagen hatte, bekam ich 2009 einen Vollzeitjob, kurz vor meinem 22. Geburtstag im April.

Ich hatte ein paar Einsätze in der Marktforschung und einmal auch in der Kreativabteilung, bevor ich dann zur Kundenbetreuung ging. Inzwischen verdiente ich ein vernünftiges Gehalt von 21 000 Pfund jährlich für dieselbe Arbeit, die ich im Jahr zuvor umsonst getan hatte. Das hört sich wirklich nicht nach viel Geld an (selbst für einen Berufseinsteiger), aber man darf nicht vergessen, dass ich meinen Abschluss im Jahr 2008 gemacht habe – exakt im Jahr von Finanzkrise und Rezession. Unsere Abschlussfeier an der Uni fand just zu dem Zeitpunkt statt, als Banken zusammenbrachen und ganze Volkswirtschaften ins Wanken gerieten. Die Leute sprachen ernsthaft über den Zusammenbruch des gesamten Weltwirtschaftssystems. Überall war das klare Gefühl, dass du vielleicht nicht bloß den Anschluss verlierst und für immer in einem perspektivlosen Job in dem Provinznest deiner Jugend landest, sondern dass du wirklich komplett untergehst und als einer jener Menschen endest, die in der City dein Mitleid erregten.

Mein großer Bruder, Rob, hatte 2002 – sechs Jahre vorher – seinen Abschluss gemacht. Da sah das alles noch ganz anders aus. Ich erinnere mich, wie ich eines Morgens in die Küche kam, kurz bevor ich mich auf den Weg zur Schule machte, und er saß am Küchentisch mit einem ganzen Stapel von Briefen vor sich.

»Was ist das denn? Rechnungen?«, fragte ich verschlafen.

»Jobangebote«, gab er zurück und versenkte mit ausgesuchter Beiläufigkeit den Löffel in seinen Cornflakes.

»So viele? Und, ist was für dich dabei?«, wollte ich wissen.

»Einiges«, sagte er.

Die Firmenlogos auf den Umschlägen verwiesen auf die Aushängeschilder des etablierten Reichtums und Prestiges: PWC, KPMG, IBM, sogar die BBC war dabei. Er hatte Mathematik studiert und an der renommierten Lancaster University einen sehr guten Abschluss gemacht – nicht glänzend, aber wirklich sehr gut. Doch er hatte nicht vor, einen dieser Jobs anzunehmen.

»Wieso?«, protestierte ich, »die sind doch alle gut, oder nicht?«

»Gut schon. Aber die Firmen *schmeißen* diese Jobs den Uni-Absolventen geradezu hinterher – jeder kriegt derartige Angebote. Ich will aber etwas Besonderes.«

Wie anders sah dagegen meine Situation sechs Jahre später aus. Die Rezession bedeutete, dass Tag für Tag Leute ihre Arbeit verloren. Die Zeitungen meldeten, bis 2010 seien 1,3 Millionen Menschen im Vereinigten Königreich in die Arbeitslosigkeit abgedrängt worden.[1]

Es betraf Arbeiter ebenso wie Büroangestellte. Mein Praktikum stellte tatsächlich ein Privileg dar, und noch privilegierter war ich, weil ich Verwandte hatte, bei denen ich für die Zeit des Praktikums umsonst wohnen konnte (während des größten Teils des Praktikums schnorrte ich meinen Onkel und meine Tante an – ich durfte auf ihrer Couch schlafen).

Ich erledigte meinen Job. Vier Jahre betreute ich Kunden bestens bekannter Marken, vier Jahre wurde mir gesagt, ich sei ein guter Rechercheur, und ich erntete ständig Lob für meine Fähigkeit, mich schriftlich klar, kurz und bündig zu artikulieren und gut mit Kunden umgehen zu können. Ich bekam Gehaltserhöhungen, die die Inflation abfederten, und ab und an auch ein paar Hundert Pfund extra.

Die Arbeitstage waren lang, verdammt lang. Lang dauerte auch das Pendeln (von Balham nach Shoreditch, Minimum 45 Minuten), die Miete war hoch (600 Pfund im Monat für ein Zimmer, und sie stieg immer weiter), es wurde immer schwieriger, sich mit Freunden zu treffen (sie wohnten in ebenso abgelegenen Stadtteilen, und die Wochentage gingen ohnehin ganz für die Arbeit drauf). Und dann machte auch noch meine Freundin Schluss, mit der ich seit dem ersten Semester an der Uni zusammen gewesen war.

Ich begann von einem besseren Leben zu träumen, von mehr Spaß und Abwechslung und einem interessanteren Job. War das mein Fehler? Hätte ich nicht von einer sinnvolleren Arbeit träumen dürfen, in der ich mein Talent wirklich einbringen und zu greifbaren Ergebnissen beitragen konnte? Vielleicht. Kundenbetreuung in der Werbebranche war doch ganz interessant – hätte ich mir den Drang nach mehr nicht einfach verkneifen können? Nun ja, ich gehöre zu einer Generation, der gesagt wurde, dass sie ihre Träume wahr machen soll. Ich träumte bestimmt nicht von Moët & Chandon oder von Gucci-Klamotten, von schnellem Leben ohne Herausforderungen. Ich wollte einfach nur, was jeder wollte: einen Job, der mich interessierte und in dem ich mich einbringen konnte, der mir Sicherheit gab und ein vernünftiges Auskommen versprach.

Denn berufliche Unsicherheit erzeugt Ängste. Diese Ängste bedeuten für den Einzelnen, vor allem wenn die Ängste von den Themen Arbeit und Geld ausgelöst werden, dass er oder sie sich ein selbstbeschränktes Leben auferlegt. So entgehen dir Chancen.

Ich wollte meine nicht verpassen …

Damals war der Begriff »Deutschland« einfach nur eine Abstraktion, eine Abfolge von Bildern und Beschreibungen, ein Haufen Geschichten in den Nachrichten, die mich nur mäßig interessierten. Aber irgendwie hatte ich das Gefühl, Deutschland könnte vielleicht die Antwort auf meine Fragen sein. Vielleicht hatte mich einfach mein Freund Tim überzeugt, der dort lebte. Vielleicht lag es daran, dass ich davon gelesen hatte, wie gut es sich in Berlin leben und arbeiten ließ.

Wie auch immer: Kurze Zeit später hatte ich meinen Job gekündigt und einen Flug nach Berlin gebucht. Ich erzählte meinem vertrautesten Kollegen, Haroun, dass ich gehen würde. Wir waren im Büro, an meinem letzten Tag.

»Wo gehst du denn hin?«, fragte er geschockt.

»Nach Deutschland, Berlin«, antwortete ich.

»Oh, cool. Wenn ich ehrlich bin: Ich gehe auch«, sagte er.

»Oh, echt? Wo gehst du denn hin? Ne andere Agentur?«

»Nein«, sagte er. »Ich gründe mein eigenes Start-up – eine Firma, die Studenten hilft, ihre Arbeit besser zu strukturieren.«

»Ah ja. Klingt – nicht übel? Mir fällt nicht viel dazu ein«, meinte ich.

»Ist langweilig, ich weiß schon, aber da steht ein gutes, solides Investment dahinter. Du wirst schon sehen. Such mal in fünf Jahren nach meinem Namen, da findest du mich auf der Liste der Superreichen im *Forbes*-Magazin.«

Er lachte und wandte sich wieder seiner Arbeit zu. Ich würde ihn tatsächlich Jahre später wiedersehen.

Ein Jahr war es damals her, seit Angela Merkel ihre Rede vor Investoren gehalten hatte, und ich machte mich auf den Weg in die deutsche Hauptstadt. Ich war 26 Jahre alt.

Der Morgen nach der Party

Die Büros von Rivalchemy überblickten den Kollwitzplatz am Prenzlauer Berg.

Wir konnten von unseren Bürofenstern im fünften Stock den Fernsehturm sehen, jenen Turm, der dich, Ästhetik hin oder her, immer daran erinnert, dass du in einer einzigartigen Stadt bist. Ich hatte inzwischen rund acht Monate in Berlin hinter mir, etwa vier davon hatte ich für Rivalchemy gearbeitet. Ich liebte es, wie sonnig die Stadt die ganze Zeit erschien. Verglichen mit London, das sich alt und bieder anfühlte, war Berlin frisch und frei und offen. Es gab Bäume überall. Die Leute feierten Partys auf der Straße.

Als ich jedoch meinen neuen Mitbewohnern erzählt hatte, ich würde für ein Start-up in Prenzlauer Berg arbeiten, kamen sie eine Woche lang nicht mehr aus dem Lachen heraus.

»Prenzlauer Berg?! Gratulation! Wir wussten gar nicht, dass du Papa wirst!«

Ich verstand den Witz nicht, fragte später aber meinen Kollegen, Johannes, und der klärte mich auf: »Da gibt es zwei Gründe: Gentrifizierung und Elternschaft.« Johannes war der andere Neue in der Marketingabteilung. Er kam aus Wien, und genau wie ich war er in Berlin, um die Stadt kennenzulernen und etwas zu erleben. Sein Englisch war von einer Eloquenz, die ich selbst in England kaum jemals erlebt hatte. »Wenn ich mich nicht täusche, hat der Ort sogar die höchste Konzentration junger Eltern in Europa«, ergänzte er.

Gentrifizierung und Elternschaft. Beides war von unserem Hochsitz aus gut zu erkennen. Heruntergekommene Fassaden, an denen Namensschilder früherer Kneipen verblassten und hinter denen edle skandinavische Möbel feilgeboten wurden. Tafeln, die für teure Hausbräubiere warben, blockierten die Gehwege. Biosupermärkte schossen aus dem Boden, importierte organische Klamotten, Eiswaffeln für 5 Euro das Stück, Cupcakes. Es gab drei Cafés in unserem unmittelbaren Blickfeld, frischgebackene Eltern spazierten mit ihrem Nachwuchs im Wechselspiel zwischen Sonne und Schatten unter den Buchen. Unser Bürobau war eine alte Fabrik, in dem nun mehrere Start-ups untergebracht waren, und stand so gleichfalls für eine bestimmte Evolution der Arbeitswelt: Früher wurden hier Dinge für die reale Welt gefertigt (Hammerschläge und Maschinenlärm), nun entstanden hier virtuelle Dinge für die digitale Welt (was man hörte, war das Geklapper von Tastaturen, das Brummen viel kleinerer Maschinen). Und natürlich waren wir nicht das einzige Start-up in einem Gebäude, das einst einigen der ärmsten Bewohner Berlins Arbeit gegeben hatte.

Wir belegten das vierte und fünfte Stockwerk, unter uns befand sich ein für Freelancer reservierter Bereich, in den beiden unteren Etagen waren die Büros einer zwielichtigen Start-up-Firma aus der Finanzbranche, deren Mitarbeiter offenbar mit niemandem in der Welt um sie herum ein Wort wechseln durften. Unser Büro war im typischen Start-up-Stil eingerichtet: Schicke Lampen hingen von der Decke, auf alt getrimmte skandinavische Sofas und Sessel zierten eine Ecke des Raums, Reihen von Tischen und Stühlen, das typische offene Großraumbüro, Laptops überall, Filmposter an der Wand (in trendig-schicken Rahmen), die Küche bestückt mit Getränken und Snacks, ein Tischkicker stand in einem kleinen Nebenraum.

Wir waren eines von rund 2000 Start-ups in der Stadt. Es gab keine wirkliche Definition dessen, was ein Start-up-

Unternehmen eigentlich ausmachte, aber wir sahen zumindest aus wie eines. Erst kürzlich gegründet erstellten und verkauften wir ein digitales Produkt, und wir wuchsen zügig. Leute wurden auch mal schnell gefeuert, und generell arbeiteten wir so, dass es sich nicht wirklich wie Arbeit anfühlte. Hinter Rivalchemy stand eine Gruppe von Investoren aus drei verschiedenen Unternehmen. Es brauchte mehrere Millionen Euro in einer ersten Investmentrunde, ein winziger Teil der gut zwei Milliarden Dollar, die in dem Jahr in deutsche (und damit größtenteils in Berlin ansässige) Start-ups flossen. Und das Internet wusste, dass wir ein Start-up waren: Wir sahen nicht bloß in Facebook, Twitter und LinkedIn wie ein Start-up aus, auch die Medien titulierten uns als Start-up. Jedes Mal, wenn ich unseren Namen googelte, erschien eine lange Reihe von Artikeln über die Firmengründer Timo und Felix oder eine Story darüber, die am Beispiel von uns zeigte, wie man erfolgreich ein Unternehmen gründete, oder man bezeichnete uns als eines der am schnellsten wachsenden Start-ups in Deutschland.[2]

Was immer ein Start-up also nun genau war: Wir waren eines.

Es war ein sonniger Septembertag, der Sommer ging dem Ende zu, und normalerweise hätte das bedeutet, unser Team begibt sich auf die Terrasse für eine Runde Tischtennis als Einstimmung auf den Arbeitstag. Aber heute, nach der Party vom Vorabend, gab es nichts dergleichen.

»Wann warst du denn daheim?«, fragte Johannes.

»O Mann, keine Ahnung. So gegen vier«, sagte ich. »Und du?«

»Sechs«, gab er zurück.

Wie bereits erwähnt, hatten Timo und Felix allen den Vormittag für allgemeine Pflichten freigegeben, also hauptsächlich zum Putzen und Aufräumen. Der Drucker lag noch immer zerschmettert auf dem Boden, und auch ein paar Laptops waren zu Bruch gegangen. Wir hatten an dem Abend die eleganten Sofas sowie diverse Multifunktionstische und Regale geschrottet. Überall lagen Glasscherben, leere Flaschen und Pizzareste herum.

»O Mann, Mann, Mann. Und du bist hier. Du spinnst echt«, sagte ich.

»Na ja, ich konnte ja schlecht behaupten, dass ich krank bin, oder?«, meinte Johannes.

Nein, das konnte er schwerlich. Das konnte keiner. Wir waren dreißig Leute und wankten schwerfällig und leicht benommen zwischen unserem offenen Bürobereich und dem offenen Küchenbereich herum, keiner tat ernsthaft etwas, wir waren einfach anwesend und versuchten, die zu grelle Sonne abzuschirmen – die Rollos funktionierten nämlich auch nicht. Das Firmenlogo – einfach nur der Firmenname in Plexiglas – hing an der Wand und reflektierte die Sonnenstrahlen, kein Entkommen möglich. Johannes meinte ständig, ihm gehe es eigentlich ganz gut, und lachte dabei – vielleicht war er immer noch betrunken.

Wir hatten zwar den Vormittag zum Putzen frei, aber am Nachmittag arbeiten zu müssen fühlte sich mehr und mehr unmöglich an. Allein die Vorstellung, über konkurrierende Datenströme und abgespeckte App-Versionen nachdenken zu müssen, kam uns immer mehr wie Folter vor. Angst schlich sich ein, Angst vor einem langsamen Tod, Tod durch Überstunden. Mir wurde klar, dass ich einen wirklich heftigen, geradezu unmenschlichen Brummschädel hatte.

Die Party

Am Abend davor, bei der alle zwei Wochen stattfindenden »Townhall« – so hieß bei uns die Statusbesprechung –, hatte es gleich mehrere große Ankündigungen gegeben.

Diese Meetings liefen so ab: Die komplette Firma versammelte sich in der oberen Etage unseres Büros. Normalerweise gab es eine kurze PowerPoint-Präsentation darüber, wie die einzelnen Abteilungen liefen, realisierte Umsätze, ausgestiegene Kunden, laufende Marketingkampagnen, bis hin zu Unternehmensentwicklung … Wenn es spezielle größere Themen zu diskutieren gab, trug der zuständige Mitarbeiter oder »Lead« des jeweiligen Teams etwas dazu vor.

An dem Tag gab es drei spezielle Präsentationen: Claudine aus dem Marketing, Antonia vom Business Development und am Ende Timo und Felix gemeinsam.

Claudine, meine Kollegin in der Marketingabteilung, stand auf. Sie war Französin, 27 Jahre, hatte Philosophie studiert und sprach mit schwacher Stimme und starkem Akzent darüber, warum die Präsenz von Rivalchemy in den Sozialen Medien im Verlauf des vergangenen Monats zurückgegangen war. Es war so hell, dass man ihre ohnehin undeutlichen PowerPoint-Folien kaum erkennen konnte, aber da stand es nun: Die Leute hatten weniger Posts von Rivalchemy angeklickt (August und September sind Urlaubsmonate, da sind die Leute weniger in den sozialen Medien unterwegs), die Zahl der geöffneten E-Mail-Newsletter war rückläufig (aus demselben Grund). Dann kam sie noch auf Zukunftspläne zu sprechen (ein Video über Rivalchemy, eine Marketingkampagne für die Personalabteilung, um neue Bewerber anzulocken). Den Abschluss ihres Vortrags bildete eine Folie, auf der ein Mann dargestellt war, der einem Schwein High Five gab, und sie ergänzte schwächlich: »Wir packen das.«

Die Belegschaft gähnte, applaudierte gelangweilt. Der Mangel an Interesse an ihrem Vortrag war offenkundig, und sie tat mir leid, weil sie so schwache Zahlen hatte präsentieren müssen. Zurück an ihrem Platz wirkte sie fast wie ein bockiges Kind, mit verschränkten Armen, den Blick zum Boden gerichtet – sie schämte sich.

Auftritt Antonia. Sie war klein, strahlte aber eindeutig mehr Charisma aus als Claudine. Für ihre Vorrednerin hatte sie kaum mehr als ein Achselzucken übrig, dann holte sie tief Luft und bat den Kollegen am Laptop, die Folien vom vorherigen Vortrag wegzunehmen.

Der Beamer fuhr mit leisem Seufzen herunter, und Antonia schritt langsam den Halbkreis ab, den die Belegschaft bildete – sie wirkte wie eine Akteurin auf einer Bühne.

»Hört zu«, sagte sie, »vielen Dank an Claudine für die interessanten Neuigkeiten, aber ich denke, wir würden auch ganz gerne Erfolgsmeldungen hören. Erst gestern hatten wir unseren Rekordtag. In unserem vierköpfigen Team haben wir, also ich und die drei anderen, eine Partnerschaft mit einem bekannten Technologieunternehmen unter Dach und Fach gebracht. Das heißt, dass wir die Rivalchemy-Services als White-Label-Lösung für noch mehr Kunden bereitstellen können. Für diejenigen von euch, die nicht aus der Technologiewelt kommen, und da gibt es ja einige, wie ich weiß, will ich das kurz erklären. ›White Label‹ heißt, sie kriegen unser Produkt, allerdings ohne unser Branding, und können es deshalb ihren Geschäftskunden anbieten und so weiter, und wir bekommen Geld für die Partnerschaft. Also ich finde das ganz ehrlich großartig, aber ich will diese Dinge nicht ständig erklären müssen. Ich blicke hier in etliche leere Gesichter. Ganz ehrlich, lest mehr über die Businesswelt. Dann braucht ihr auch nicht nach Entschuldigungen für schlechte Zahlen zu suchen.«

Sie sah Claudine direkt an. Der Applaus war deutlich stärker.

Dann traten Timo und Felix nach vorne (Timo athletisch, Felix gedrungen und etwas dicklich). Felix lächelte, sagte aber nichts. Normalerweise überließ er Timo das Reden, und diesmal war es nicht anders.

»Leute, passt auf«, sagte Timo. »Ich habe traumhafte Nachrichten für euch. Wir wachsen. Und zwar heftigst. Wir sind nicht nur in Verhandlungen mit den Investoren über eine zweite Finanzspritze, wir stellen Leute ein, und im Lauf des kommenden Monats fangen sage und schreibe zwanzig neue Leute in unserem Unternehmen an. Wir haben Marketingleute, IT-Leute, wir haben coole Leute, die unsere Kundenumgebung pflegen und beackern. Wir lassen es krachen! Es ist, als hätten wir den direkten Draht zu den talentiertesten Leuten in ganz Berlin, die kommen einer nach dem anderen zu uns. Rivalchemy wächst, wir wachsen, wachsen und wachsen!«

Alles brach in Jubel aus – wir brauchten unbedingt Verstärkung, es war einfach so viel zu tun. Es hatte zuletzt immer wieder Klagen gegeben, von der IT, vom Marketing, von den Entwicklern, dass Leute eingestellt werden müssten.

»Felix und ich, wir haben uns unterhalten«, fuhr Timo fort. »Psst, schon gut, kriegt euch bitte wieder ein. Felix und ich haben uns unterhalten – und wir wollten euch von ein paar Dingen berichten, die das Besondere an unserer Firma ausmachen. Wisst ihr, es gibt zurzeit so viele Probleme in der Welt, wir sehen das auch in Berlin. Wachsender Nationalismus, wachsender Rassismus und so weiter, und wir wollten euch einfach sagen, wie toll wir es finden, in einem solchen internationalen Laden wie diesem hier zu arbeiten. Wir sind beide sehr glücklich, wenn wir zur Arbeit gehen und aus diesem deutschen Zirkel herauskommen, diesem typisch deutschen Trott. Wir treffen Leute aus allen Winkeln der Welt. Wir haben einen Amerikaner (er zeigte auf Mike im Publikum), wir haben einen Japaner (der Finger richtete sich auf ihn), wir haben einen Griechen, einen echten Philosophen, stellt ihm irgendeine Frage über die Welt, und er kann sie euch beantworten. Wir haben Sam, unseren todschicken Freund aus England, der uns allen Höflichkeit beibringt. Und wir haben auch einen Inder, ein superspiritueller Typ. Wenn ich die Toilette aufsuche und zufällig Murat begegne, sehe ich, wie er sich die Hände wäscht, und ich weiß, dass ich noch so viel lernen kann – über türkische Sauberkeit, über seine Kultur, über diesen islamischen Respekt für die menschliche Haut. Wir sind wirklich froh, in einem solchen Umfeld arbeiten zu dürfen. Und wir sind stolz darauf. Es lebe Rivalchemy!«

Es gab Applaus, und nicht zu knapp, aber ich wusste gar nicht, woher er kam – waren denn nicht alle so verdutzt wie ich angesichts dieses Feuerwerks an Stereotypen?

Offenbar nicht.

Champagner wurde aufgefahren, Bier, jemand brachte Pizza herein.

Es war erst Donnerstag, aber die angekündigten Neueinstellungen und das Bekenntnis zur Internationalität genügten als Aufhänger für eine ausgewachsene Party. Bässe begannen zu wummern, und bald waberte der unverwechselbare Geruch von Gras durchs Büro. Mir kam die durch diese mehr oder weniger bedeutungsschwere Ankündigung ausgelöste Reaktion zwar ein wenig übertrieben vor, aber ich spielte gerne mit und tanzte auf unserer improvisierten Tanzfläche. Tische wurden zur Seite geschoben.

Antonia ließ laut und unmissverständlich wissen, sie gehe jetzt ins Badezimmer, ob denn jemand mitkommen wolle? Etwa vier Leute folgten ihr eifrig. Einige der ruhigeren Zeitgenossen saßen an unserem langen skandinavischen Tisch in der Ecke (der sogenannte *creative desk* – dorthin begab sich, wer Platz brauchte, um einen Haufen Material vor sich auszubreiten), tranken Bier und unterhielten sich.

Irgendwann tauchten Wodkaflaschen auf.

Antonia und die anderen kamen mit geröteten, strahlenden Gesichtern und glänzenden Augen wieder aus dem Bad. Ich hatte lange genug in London gelebt, um zu erkennen, wenn Kokain im Spiel war, und aus irgendeinem Grund fand ich es gar nicht weiter ungewöhnlich, dass die Leute zusammen auf die Bürotoilette gingen, um Drogen einzuwerfen. Das war die Welt der Start-ups, hier stand Freiheit an erster Stelle. Partys und Drogen gehörten einfach dazu.

Ich ging zum Kreativtisch, wo einige der ruhigeren Leute saßen, und setzte mich dazu. Ich sprach mit Claudine über ihre Präsentation und versuchte ihr zu versichern, dass alles okay war. Aber zu diesem Zeitpunkt begann Timo den Tisch zu umkreisen, seine Sneakers quietschten über den alten Fabrikboden. Er war total aufgedreht.

Wir saßen da und redeten über Claudines Arbeit, und Timo schnappte sich Antonia und sagte so etwas wie: »Darum geht's, das ist es doch, was zählt. Nicht das Geld. Die Vision. Ist doch egal, ob du Kohle hast oder nicht – jeder hat Kohle. Aber eine Vision hat nicht jeder, nicht jeder hat einen Traum, der sein Leben voranbringt. Diese Firma hat einen Traum – sie will einen Sinn hinter dem ganzen Chaos in der Welt erkennen. Es ist zwecklos, einfach nur Daten zu haben oder fortschrittliche Technologie, wenn man sie nicht sinnvoll nutzen kann. Bei uns geht es nicht einfach nur um die Bereitstellung einer Online-Plattform – wir wollen, dass die Leute etwas spüren, nämlich dass sie die Kontrolle über ihre Daten haben.«

Antonia ging neben ihm her. Unablässig umkreisten sie unseren Tisch, aber anscheinend war ich der Einzige, der das sonderbar fand.

»Kontrolle über deine Umgebung und deine Daten«, sagte Timo, »und wenn du die Kontrolle darüber hast, wirst du alles tun, um sie auch zu behalten. Dafür sind wir da, und es ist nur möglich dank euch. Dank euch allen und dank der Art und Weise, wie ihr die Firma zu dem macht, was sie ist. Ich möchte euch allen danken. Ihr seid das, was diese Firma zu etwas ganz Großem macht«, sagte er und richtete sich nach wie vor ausschließlich an Antonia.

Gegen Mitternacht wollte ich eigentlich nach Hause, da lächelte mich Hannah an, die Büroleiterin, und es war klar, dass ich noch bleiben musste.

Gegen zwei Uhr in der Frühe begann sich alles in meinem Kopf zu drehen, ich war inzwischen in der unteren Büroetage gelandet und saß mit Timo zusammen auf einer Couch in der Nähe des Ausgangs. Er kam mir rundum zufrieden vor. Rund die Hälfte der Leute spielte Bierpong auf den Schreibtischen, die andere Hälfte machte sich allmählich paarweise auf den Heimweg. Antonia saß in der Ecke des Büros, schob Papiere von einem Schreibtisch und zog eine kleine Plastiktüte mit einem weißen Pulver aus ihrer Tasche.

»Tony!«, rief Timo, »nicht hier!«

Ertappt packte sie die Tüte wieder ein und verließ schmollend das Büro.

Timo versank komplett in der Couch und meinte seufzend: »Die Nächte in Berlin sind faszinierend. So total anders als in München, weißt du.«

»Sprichst du mit mir?«, fragte ich.

»Ja, Sam. In München siehst du die Berge und so, das ist alles schön und gut, aber es ist so toll, hierherzukommen und die ganze Energie dieser Stadt zu spüren. Diese Energie ist einfach ganz anders als in München. Du hast das Gefühl, dass jeden Abend etwas anderes passieren könnte«, sagte er.

Mir war klar, dass er zu einer Art alkoholgeschwängerter Improvisation ansetzte, deshalb versuchte ich, so schnell es mir in meinem Zustand möglich war, aufzustehen, um endlich den Heimweg anzutreten. Als ich es endlich geschafft hatte, mich hochzurappeln, packte mich Timo am Handgelenk.

»Setz dich hin, setz dich und bleib hier. Du musst mir was erzählen. Gefällt's dir in Berlin? Wie lange bist du schon hier? Muss jetzt bald ein Monat sein, stimmt's?«

Ich setzte mich wieder, Timo lächelte mich beiläufig an. Das Büro lag zu unseren Füßen, ein einziges Chaos.

»Timo, ich bin seit acht Monaten hier«, erklärte ich. »Seit vier Monaten in der Firma, aber seit acht Monaten in Deutschland.«

»Acht Monate in Deutschland – ha! Und dir gefällt es doch, oder nicht? Sprichst du schon Deutsch?«

»Ich lerne«, antwortete ich auf Deutsch.

»Du lernst, sehr gut. Aber Berlin, ist das nicht besser als London?« Er gähnte.

»Viel besser als London. Es ist frei, offen, relaxed. Die Work-Life-Balance ist perfekt.«

Er setzte sich wieder auf, sein Interesse war plötzlich wieder geweckt.

»Was meinst du damit? Was ist für dich die perfekte Work-Life-Balance?«

»Na ja, ich meine – was ich damit sagen will, ist …«

»Ja?«

»Ich meine«, sagte ich, »der andere Teil des Lebens hat hier eine höhere Priorität. Du wirst motiviert, deine Freizeit sinnvoll zu nutzen. Die Arbeit ist hier etwas, das du tust, um dem Leben einen Sinn zu geben, ich meine, du arbeitest hier genauso hart wie in London, aber der Druck der Arbeit reicht nicht in deine Freizeit hinein, nicht so wie in London. Du wirst ermutigt, Grenzen zu ziehen und dein Leben zu genießen. Verstehst du, was ich meine? Ich hoffe, du nimmst mir das nicht krumm, ich arbeite hier tagsüber wirklich hart, aber abends denke ich nicht an die Arbeit – absolut nicht.«

Timo legte mir die Hand aufs Knie und sagte: »Was ich heraushöre, ist, dass du hier dein Leben optimierst.«

»Ich optimiere?« Vermutlich blickte ich in diesem Augenblick ziemlich seltsam drein. Ungläubig, aber auch leicht angewidert angesichts dieses hohlen Schlagworts.

»Genau, Selbstoptimierung. Du räumst Dinge aus dem Weg, die dich stören.«

»Ich überwinde Hindernisse?«

»Genau, du überwindest Hindernisse«, bestätigte er dankbar, »du bewältigst Herausforderungen in deiner Welt, du veränderst die Welt so, dass du Hindernisse in dir selbst überwindest. Und das geht am besten, indem du das für dich bestmögliche Leben lebst, und das bestmögliche Leben, mit dem du die bestmögliche Wirkung auf dich und dein Umfeld erzielst, ist ein selbstoptimiertes Leben.«

»Okay«, sagte ich, noch immer zweifelnd. Ich konnte seiner Argumentation nicht ganz folgen. Ich fragte mich, ob er mir überhaupt zugehört hatte. »Aber was genau soll das denn heißen? Selbstoptimierung?«

»Du erfährst mehr über dich selbst, und du forderst von dir selbst, besser zu sein«, sagte er, zufrieden mit sich und der Welt. Nun hing er wieder ziemlich tief in der Couch.

»Aber du meinst, man lernt etwas über sich selbst, auf emotionaler Ebene, richtig?«

Er lachte.

»Ach was! Nicht so. Ich rede von Selbstverbesserung durch belastbare, konkrete Daten. Die Daten verraten dir mehr über dich, und du setzt dir auf dieser Basis Ziele. Emotional vielleicht auch, aber mir geht es nicht darum, deine psychologische Befindlichkeit innerhalb eines Systems von Typologien zu erkunden. Was ich sagen will, ist, du quantifizierst beispielsweise, wann und wo du am besten arbeitest, und wo und wie du deine Freizeit am besten genießen kannst, und du strukturierst dein Leben auf der Basis dessen, was die Daten dir verraten. Du strukturierst dein Leben und orientierst dich dabei am bestmöglichen Leben, das du führen kannst. Du isst, was am besten für dich ist, du trinkst, was am besten für dich ist, du treibst zur richtigen Zeit Sport, du bekommst ausreichend Schlaf, du arbeitest genug, du kriegst Dinge erledigt, du lernst immer mehr dazu. Nehmen wir mal mich als Beispiel. Dank Coaching und einer Handvoll Apps, die ich mir geholt habe, weiß ich, dass ich vor allem morgens auf Zack sein muss. Also stehe ich früher auf als normal und meditiere, dazu benutze ich diese App auf meinem Handy. Und danach bin ich fit und gehe zur Arbeit. Und abends strukturiere ich meine Zeit so, dass ich mich als Mensch verbessern kann. Ich will meine Freunde treffen und so weiter, aber ich will auch sichergehen, dass diese Zeit mich selbst produktiv irgendwie weiterbringt, deshalb lerne ich Englisch und Französisch mit ein paar weiteren Apps, das finde ich total hilfreich. Und dann gibt es noch ein paar Dinge, die ich lernen und in mein Leben integrieren will, deshalb nehme ich mir auch im Urlaub die Zeit dafür und sitze nicht bloß am Strand, um zu relaxen und die Zeit totzuschlagen und so. Ich nutze diese Zeit wirklich. Im Urlaub besuche ich Seminare, in denen ich lerne, wie ich die Ferienzeit produktiv nutzen kann, das verschafft mir den effizientesten Kontakt mit den notwendigen Emotionen. Und ich will auch sichergehen, dass ich im Urlaub fokussiert bleibe. Ich will nicht ins Büro zurückkommen und dann erst mal einen Tag lang Mails aufarbeiten – das wäre ein komplett verschwendeter Tag. Also checke ich auch im Urlaub meine Mails. Und ich steigere leicht den Konsum von … wie nennt man das Zeug? Aufmerksamkeitsstimulanzien? Schau hier.«

Er zog ein Päckchen mit weißen Pillen aus der Tasche. Das sah tatsächlich nach Apotheke aus.

»Ist das so ein Zeug, was Schüler und Studenten einwerfen? Lernhelfer?«, fragte ich.

»Ganz genau«, sagte er. »Bei der Selbstoptimierung geht es darum, Blockaden in deinem Leben zu überwinden. Dazu musst du dir zuerst darüber klar werden, dass deine Zukunft in deiner eigenen Hand liegt. Wenn du das erkannt hast, kannst du Schwierigkeiten durch Selbstdisziplin bewältigen, und das schaffst du, indem du Daten über dich selbst findest und analysierst: Wann schläfst du und wie lange, wann fühlst du dich am besten, wie ernährst du dich richtig? Alles lässt sich optimieren, immer weiter verbessern. Weniger schlafen, aber besser schlafen«, sagte er.

Während des gesamten Vortrags starrte er mich unablässig an. Ich lachte nervös. Er nicht. Stille. Ich lachte wieder.

»Was ist?«, fragte er. »Was ist so lustig daran?«

»Ach, nichts«, sagte ich.

»Wieso lachst du dann?«

Schweigen. Ich kam mir vor wie in irgendwelchen Pubs in London, wenn ich manchmal an Besoffene geraten war, die Streit suchten. Ich spürte die gleiche Anspannung, fand es aber auch irgendwie komisch. Das konnte er doch nicht ernst meinen, oder?

»Danke für die coole Party«, sagte ich. »Wir sehen uns morgen, denke ich.«

Bevor ich auch nur versuchen konnte aufzustehen, rief er: »Weißt du, was mir gerade klar geworden ist?«

»Was denn?«

»Ich hab dir noch gar nicht gesagt, wie froh ich bin, dass du bei uns bist.« Er blickte mir sehr ernst in die Augen, aber schon war wieder sein Lächeln zurückgekehrt. »Ich freue mich.« Völlig aus dem Nichts steckte er sich einen Joint an und begann zu rauchen. Er reichte ihn mir. Ich nahm einen Zug, aber kaum dass ich angesetzt hatte, tauchte einer der Jungs aus dem Vertriebsteam auf, nahm mir die Tüte aus der Hand und entschwand lachend aus dem Büro.

»Hey, Sam«, sagte er. »Du sollst wissen, wir haben dich aus einem bestimmten Grund eingestellt, okay? Du bist ein Marketingtalent, du kannst schreiben, und wir wollen das Beste aus deinem Talent herausholen, also mach dir keine Sorgen, okay? Mach dir keinen Kopf. Wir sind hier nicht in London. Sei einfach du selbst und bring deine Fähigkeiten hier bei uns ein.«

»Danke«, sagte ich. »Ich meine, so wollte ich es ja auch haben. Wie, denkst du, bekomme ich das am besten hin?«

»Genau wie ich sagte. Selbstoptimierung. Optimiere dich selbst und lebe nach folgendem Mantra: Sei kreativ, effizient und flexibel, und *mische den Laden auf.* Sei selbst dein eigenes Start-up. Nimm dein Leben in die Hand, übernimm Verantwortung für dich selbst und deinen Job, achte einfach darauf, dass die Dinge vorangehen. Warte nicht auf Erlaubnis, sei kreativ. Die Selbstoptimierung verrät dir, wo du dich verbessern kannst, also fang damit an, und nimm die Dinge in die Hand, okay? Diese Firma hier zu machen, das ist mein Traum. Was ist dein Traum?«

Das hatte mich tatsächlich noch nie jemand gefragt. Ehrlich gesagt kam es mir als Engländer sogar etwas unpassend vor, so unverblümt mit einer derart persönlichen Frage konfrontiert zu werden.

»Ach komm, Timo.«

»Nein, ganz im Ernst. Du bist jung, ich weiß genau, dass es nicht dein Traum sein kann, für mich zu arbeiten oder bis zum Sankt-Nimmerleins-Tag hier zu arbeiten – also, was ist dein Traum?«

»Okay, schön. Ich denke, echt etwas zu machen, produktiv zu sein, das ist mein Traum. Ich weiß nicht so genau was, aber … schreiben, Filme machen, Musik machen und so was. Wenn ich ein Leben führen kann, in dem ich das alles ausprobieren kann und dabei auch reisen, ich denke, dann wäre ich ein glücklicher Mensch. Ich habe Geschichte studiert, also forsche und recherchiere ich gerne, aber ich finde, Recherche in Verbindung mit etwas Produktivem, das ist der eigentliche Traum. Ziemlich wolkige Beschreibung, ist mir schon klar«.

»Ja, genau«, meinte Timo. »Mach diese Dinge für uns. Entwirf Marketingvideos, schreibe Storys, rede mit der Presse über uns. Das ist dein Traum, also pack's an und probiere dich in all diesen Dingen hier bei uns aus.« Er packte mich am Hemd. »Und denke niemals, dass du dich hier auf das beschränken sollst, was in deiner Jobbeschreibung steht, okay? Ist mir schon klar, dass du im Marketing bist, und wir haben immer noch keinen Chef für dich – aber du kannst die Dinge selbst in die Hand nehmen, mache deinen Job zu dem, was er ist. Wenn dir etwas nicht gefällt und du glaubst, das kannst du besser, dann mach es.«

Timo zündete sich einen weiteren Joint an, nahm einen Zug und reichte ihn mir weiter. Er entspannte sich in seinem Sofa und rief quer durch das leere Büro, irgendwer solle gefälligst gescheite Musik auflegen.

»Hey, ihr Schwuchteln!« sagte Felix, der Co-Firmengründer, der die Treppe nach unten getaumelt kam. »Wieso zum Geier schreit ihr hier unten herum? Alle sind oben.«

Er war noch betrunkener als alle anderen.

»Ich habe Sam bloß gerade gesagt, dass er die Dinge selbst in die Hand nehmen soll«, sagte Timo.

»Ja genau, nimm's selbst in die Hand!«, echote Felix. »Sieh mal, wir haben gerade ein paar große Kunden gewonnen, und keine Sau weiß Bescheid darüber – ich musste es auf meinem eigenen Instagram-Account posten – schau hier«, er zeigte mir, besoffen wie er war, auf seinem Handy ein Foto von einem Hund.

»Cool. Echt cool«, sagte ich – ich wollte seinen bizarren Irrtum nicht an die große Glocke hängen.

Er boxte mich in den Arm.

»Nimm die Marketingabteilung in die eigene Hand«, sagte er und stolperte gegen einen hinter ihm stehenden Schreibtisch. Genervt von dem unerwarteten Hindernis torkelte er aus dem Büro.

Aus der oberen Etage erklang nun lässige Reggaemusik, und Timo hing immer entspannter im Sofa. Er meinte: »Sam, Felix ist total besoffen, aber er hat recht. Wir wollen, dass du dich selbst verwirklichst, also mach das einfach hier bei uns in der Firma. Habe ich dir schon von unserer Gründung erzählt?«

»Nein«, sagte ich.

»Gut, dann hör zu.«

Und er legte los. Es war eine ziemlich lange Geschichte, und als er damit fertig war, war ich rundum zufrieden, müde, betrunken und bereit für den Heimweg. Genau in dem Moment platzte Hannah, die Büroleiterin, herein und zwängte sich zwischen uns auf die Couch.

»Hallo, ihr beiden, worum geht's denn?«, fragte sie.

»Sam nimmt sich die Marketingabteilung vor«, sagte Timo.

»Wow, du bist befördert worden?«, fragte Hannah.

»Nein«, antwortete Timo, »Sam macht einfach nur sein Ding.« Er zwinkerte mir zu.

Ich wurde rot. Ich hatte Hannah von Anfang an sehr attraktiv gefunden, aber ich war immer zu schüchtern, wenn sie in der Nähe war. Ich hatte noch nicht einmal den Mumm gehabt, richtig mit ihr zu sprechen.

»Alles okay?«, fragte sie. »Du hast eine ziemlich rote Birne, Sam.«

»Ich muss nach Hause!«, gab ich zurück und begann meine Sachen zusammenzusuchen.

Hannah schnappte sich achselzuckend ein Blatt Papier vom Tisch und begann etwas daraus zu falten.

»Na schön«, sagte sie. »Gute Nacht.«

Als ich am Gehen war, tat es einen mächtigen Schlag. Hannah und Timo sprangen auf, um nachzusehen, was los war. Wir gingen zu dritt zum anderen Ende des Büros. Ein massiger Körper lag in einem Durcheinander aus Glasscherben und anderem Schrott. Es war Felix. Er war in seinem Suff in den Glastisch mit dem Drucker gestürzt.

Start-ups und Selbstoptimierung

Eine glorreiche Zukunft erstrahlt im glänzenden Licht der Technologie. Es gibt keine Grenze, die wir nicht überwinden könnten, kein Problem, das wir nicht lösen könnten. Wenn sich Begabung und Einfallsreichtum des Menschen erst einmal durchsetzen, werden wir Maschinen bauen, die Probleme lösen, die wir uns heute noch gar nicht ausmalen können.

Wir lösen jedes Problem, weil unsere Gehirne funktionieren werden wie Computer. Und die Computer, die wir heute bauen, sind lernfähig, genau wie unser Gehirn.

Start-ups sind der ökonomische Ausdruck dieser Vorstellung. Es sind die innovativen und effizienten Unternehmen, die uns der Zukunft jeden Tag einen Schritt näher bringen, mithilfe von Maschinen, die unsere computergleichen Gehirne erdacht haben. Einer der Grundpfeiler dieser technofuturistischen Welt, die Start-ups aufzubauen versuchen, ist der Glaube, wir könnten anhand von Daten und Technologie die Welt und unser eigenes Leben besser verstehen und entsprechend verändern. Wenn unsere Gehirne wie Computer arbeiten, können wir sie auch optimieren. Wenn wir Maschinen beibringen können, so zu lernen wie unsere Gehirne, können wir ganz neue, faszinierende Produkte erschaffen.

In meiner Zeit in Start-ups fanden diese strahlenden Ideen ihren Ausdruck in einer ebenso strahlenden Oberfläche. Im optimistischen Lächeln des Chefs, wenn dieser versuchte, das Team zur Wochenendarbeit zu motivieren, im High Five der Vertriebsleute, wenn sie unser Produkt mal wieder bei einer großen Firma an den Mann gebracht hatten. Sie spiegelten sich wider in der ungezwungenen Lockerheit, mit der wir allmorgendlich zur Arbeit erschienen. Business und Technologie, Geld und Daten konnten die Welt und auch uns selbst als Individuen zum Besseren verändern. Und das Beste daran: Wir konnten die tollen Produkte, die wir da erschufen, auch noch verkaufen.

Das jedenfalls ist das Thema, um das sich bei den Start-ups alles dreht. Leider hat es mit dem, was dort tatsächlich geschieht, herzlich wenig zu tun.

Als Student der Geschichte lernst du, nach Beweisen zu suchen. Aus diesen Beweisen lässt sich dann ein Bild formen. Aus einer Reihe von Bildern ergibt sich ein Trend. Aus einer Reihe von Trends erwächst eine Theorie. Mein anfänglicher Fehler, und letztendlich war es eben mein Fehler, bestand darin, mich von dieser Blase aus heißer Luft und PR, die die Start-up-Welt umgibt, täuschen zu lassen. Anders ausgedrückt: Ich fing am falschen Ende an, nämlich mit der Theorie, die besagt, dies sei eine revolutionäre Arbeitsweise, in der die Mitarbeiter die Macht hätten, etwas zu erschaffen und ihre Vorstellungskraft in die Arbeit einfließen zu lassen. Ich ignorierte die belastbaren Daten, die das hätten belegen müssen. Die sagten mir nämlich, dass ich tagein, tagaus monotone Routinearbeiten verrichtete – Excel-Tabellen verwalten etwa – und dass diese Monotonie lediglich durch aufgeladene und auf Effekt getrimmte Meetings unterbrochen wurde, bei denen am Ende wenig bis nichts herauskam.

Ich glaubte an diese heiße Luft, und so wartete ich Tag um Tag immer verzweifelter auf die Einlösung des Versprechens, das aus dieser heißen Luft hervorging. Ich verstand nicht, dass die sklavische Befolgung dessen, was die Vorgesetzten sagen, das einzige Leitprinzip in Start-ups ist: Schalte dein Gehirn aus, erledige geistlose Arbeit und erledige sie exakt so, wie dein Manager das haben will. Und das Allerwichtigste: Vertusche unter allen Umständen die fehlenden technischen Fähigkeiten des Unternehmens, indem du bei jeder Gelegenheit betonst, welch revolutionären Geniestreich das Produkt der Firma darstellt. Behaupte allen Beweisen zum Trotz, dass es sich um Hightech handelt und nicht etwa um schlichte Büroarbeit.

Anfangs wollte ich getäuscht werden. Ich wollte glauben, dass meine eintönige und unstrukturierte Arbeit nur eine Phase war, dass meine Chance, voranzukommen und etwas Kreatives und Erfüllendes zu tun, schon noch kommen würde. Was mir Timo auf der Couch erzählt hatte, gab mir den notwendigen Kick: Ich würde den Job selbst in die Hand nehmen und ihn so erledigen, wie es mir vorschwebte, nicht mehr auf andere achten und nicht auf Genehmigungen oder Zustimmung warten.

Ich glaubte es, weil ich es damals einfach nicht besser wusste.

Ich erkannte nicht, dass dieser Glaube nicht nur eine falsche Vorstellung von der realen Welt vermittelt, sondern auch zu schlechten Arbeitsbedingungen führt – und zugleich Arbeitgebern die Möglichkeit an die Hand gibt, diese schlechte Arbeitsbedingungen auch noch zu rechtfertigen und die Mitarbeiter anzutreiben – Arbeit, Arbeit, Arbeit, ohne Unterbrechung, ohne Ende. Ich erkannte damals nicht, dass so der übermäßige Arbeitsdruck nur dem Mangel an Selbstoptimierung der Mitarbeiter selbst zugeschrieben werden kann. Und der Druck wird immer größer, weil die Investoren Ergebnisse sehen wollen.

Und doch, und doch. Technologie und Fortschritt selbst gelten als das ultimative Markenzeichen einer Gesellschaft, die sich in die richtige Richtung entwickelt. Für unsere Kultur steht von vornherein fest, dass Technologie selbst etwas unbestreitbar Gutes ist. Folglich sind auch Start-ups auf jeden Fall etwas Gutes und Nützliches, effizient und innovativ, weil die Technologie selbst diese Eigenschaften verkörpert. Wenn ich den Leuten erzählte, dass ich für ein Start-up arbeitete, antworteten sie wissend: »Ach so! Okay, das ist ja deutlich einfacher!«

Oft wollten die Menschen folgende Dinge über Startups wissen:

- Okay, also was ist ein Start-up?
- Hocken da einfach eine Handvoll Hipster in einem Büro zusammen?
- Ist es nicht ähnlich wie in *American Psycho*, wo sich die Leute streiten, wer die beste Visitenkarte hat?
- Ist es nicht seltsam, wenn man auf die Abschaffung des eigenen Jobs hinarbeitet? Daran zu arbeiten, alles zu automatisieren?
- Okay, man kann also Geld damit verdienen, aber welche Apps braucht man denn wirklich?
- Wenn diese CEOs und Vordenker bei TedTalks und dergleichen auftreten, ist das nicht einfach nur PR? Sind das nicht einfach nur die Handlungsreisenden des 21. Jahrhunderts, die dir irgendeinen Hokuspokus andrehen wollen?
- Komm schon, Sam, ganz ehrlich jetzt, stört es dich nicht, dass du rund um die Uhr »on« sein musst, oder findest du das normal? Du kommst doch nie wirklich zur Ruhe, oder? Du musst rund um die Uhr erreichbar sein: Und dann dieses ganze Gerede von Selbstoptimierung. Geht es dabei nicht schlicht darum, dass du auf sämtliche Rechte und Sicherheiten als Arbeiter oder Angestellter verzichtest?
- Im Ernst jetzt, sind nicht alle in diesem Geschäft einfach nur Hipster?

Ich hoffe, in diesem Buch Antworten auf diese und andere Fragen geben zu können, und dazu möchte ich euch zunächst einmal Timo und Felix vorstellen, die Gründer von Rivalchemy.

Timo

An jenem Tag im Frühjahr 2013, als Angela Merkel ihre Rede hielt, war Timo Ebner nicht im Saal. Er sah sich am Abend Nachrichtenclips zu der Veranstaltung an, saß aber auf einer Couch in einem Hotel in Paris, gelangweilt und müde von seinem Arbeitstag. Laptop, Bier, Zimmerservice – das Übliche.

Timo war ein sympathischer Typ. Jungenhaft, intelligent, er wusste immer, wo die Grenze zwischen geistvollem Witz und Provokation liegt, er war einer, den man gerne zum Freund haben wollte. Nach einem ausgefüllten Arbeitstag, an dem Analysen verschiedener Strukturen der Unternehmensbesteuerung diskutiert worden waren, kam immer die Frage, ob er sich nicht für den Abend »der Gang« anschließen wollte, wie sie sich meist nannten. Wie immer lehnte er höflich, aber bestimmt ab.

»Vielen Dank, ich habe heute schon was anderes vor«, pflegte er zu sagen.

Man war enttäuscht, zeigte aber Verständnis. Natürlich hatte einer wie Timo andere Pläne! Schon klar. Sie stellten sich üblicherweise vor, wie Timo mit seinen coolen Kumpels am Pokertisch saß. Oder er besuchte eine exklusive Vernissage, von der niemand etwas wusste. Vielleicht ging er sogar in irgendeinen finsteren Underground-Club, von dem noch kein Mensch gehört hatte. So ein junger Jetsettyp musste doch einfach in jeder westlichen Großstadt irgendeinen Geheimtipp kennen.

Nie wäre jemand darauf gekommen, was Timo wirklich meinte, wenn er sagte, er habe »etwas anderes vor«: Laptop, Bier, Zimmerservice.

Das war nicht immer so gewesen. In der Anfangszeit seines Jobs in einer großen Frankfurter Beratungsfirma, Lemming, war Timo viel aufgeschlossener gewesen. Aber vor inzwischen zwei Jahren hatte er diesen Traum gehabt. Und seitdem war nichts mehr so wie vorher. Er war damals im dritten Jahr seines Vollzeitjobs als Berater gewesen. Timo begann gerade sich auf steuerliche Themen zu spezialisieren. Er war erfolgreich, alle waren beeindruckt, aber Timo spürte, dass irgendetwas nicht passte.

Eines Abends, nach Abschluss eines wichtigen Projekts, fiel er in einen tiefen Schlaf und sah sich auf einem leeren Feld, in der Ferne waren gewaltige Berge zu erkennen. Das war eindeutig sein heimatliches Bayern. Es gab für ihn nichts Schöneres auf der Welt. Er war völlig entspannt, die Luft war sauber, er atmete tief durch. Er ging am Kindergarten des Dorfes entlang, den er als Kind besucht hatte, danach an seiner ehemaligen Schule. Er sah vertraute Gesichter. Menschen, an die er jahrelang nicht mehr gedacht hatte. Den Pfarrer seiner Kirche mit seinen geröteten Wangen. Herrn Beck, den alten Handwerker und Hauptmann der freiwilligen Feuerwehr im Dorf. Es war wunderbar, wieder daheim zu sein. Bis er dann bemerkte, dass er dringend etwas zu trinken brauchte. Es war heiß. Er ging in ein Lokal, aber da gab es nichts. Er suchte das ganze Dorf ab, bis er endlich an einem Brunnen vorbeikam. Der befand sich am Fuß eines Wolkenkratzers, der überhaupt nicht in dieses winzige Nest in Süddeutschland passte.

Der Brunnen war sehr tief, darüber hing ein an einem Seil befestigter Eimer. Er ließ den Eimer hinunter, füllte ihn und zog ihn wieder hoch. Aber es war kein Wasser darin, sondern Geld. Ein ganzer Eimer voller Silbermünzen! Man stelle sich das mal vor! Damit konnte er sich kaufen, was auch immer er wollte. Aber jetzt musste er erst mal seinen Durst stillen. Er senkte den Eimer ein zweites Mal in den Brunnen hinab. Wieder kein Wasser, noch mehr Münzen. Das Ganze wurde ein wenig bizarr. Er konnte unten im Brunnen das Wasser plätschern hören, konnte sogar sehen, wie sich das Sonnenlicht in den sanften Wellen spiegelte, aber er konnte kein Wasser zutage fördern. Bei jedem neuen Versuch kam nichts als Silbermünzen zum Vorschein.

Timo atmete inzwischen schwer, die Sonne brannte heiß auf seinen Rücken, nichts gelang, er war der Verzweiflung nahe. Schließlich warf er, verzweifelt wie er war, eine Münze zurück in den Brunnen und wünschte sich Wasser. Anstatt des erwarteten metallischen Klangs, der entsteht, wenn Münzen auf Münzen fallen, vernahm er ein tiefes, beglückendes Blubbern: Die Münze war unter der Wasseroberfläche versunken. Der Brunnen begann zu gluckern, ein ganzer Wasserstrahl schoss oben aus dem Brunnen heraus, Timo wurde klatschnass. Endlich konnte er trinken.

Als er aufwachte, verspürte er einen Durst, wie er ihn noch nie im Leben verspürt hatte. Er konnte die Gläser Wasser, die er in sich hineinschüttete, schon nicht mehr zählen. Er musste komplett dehydriert gewesen sein. Vielleicht hatte er in letzter Zeit ein bisschen zu wenig auf die Signale seines Körpers geachtet.

Er tat sein Möglichstes, um wieder in die Spur zu kommen. Aber irgendetwas kam da in ihm auf, ein Gefühl, gleichermaßen verstörend wie ermutigend. Verstörend, weil er nicht wusste, was es bedeutete, ermutigend, weil er wusste, dass es wichtig war. In den Tagen und Wochen danach wurde dieses Gefühl immer lästiger, irritierender, aber es war irgendwie nicht recht fassbar. Er verlor die Freude an den Geschäftsreisen nach Paris, Lissabon oder London. Die Gesellschaft seiner Kunden war ihm plötzlich unangenehm, und er begann sich nach und nach immer mehr zu verkriechen, sobald die Arbeit erledigt war.

Dabei war das absolut nicht seine Art. Nach seinem Masterabschluss in BWL und diversen Schnellkursen in Unternehmensmanagement war er an die International Business School in Florenz gegangen. Er war der klassische Überflieger, und er hielt sich an den Rat seiner Eltern: »Verdiene Geld, indem du etwas Bedeutendes machst, zum Beispiel anderen Menschen zu helfen, Geld zu verdienen.« Und so ergab es sich, dass der Job in der Unternehmensberatung Timos Zielen perfekt entsprach.

Unternehmen wollen logischerweise – ganz legal – immer so wenig Steuern zahlen wie nur möglich, und Timo wurde zu einem der Experten, bei denen die Firmen Rat suchten. Er arbeitete für große Unternehmen neue Strukturen für ihre steuerliche Veranlagung aus. Moralisch nicht ganz einwandfrei vielleicht, aber letztendlich völlig legal. Er wurde zu dem Grundsatz erzogen, wenn etwas getan werden kann, dann gibt es keinen Grund, es nicht zu tun. Wenn er wirklich ein Überflieger sein wollte, musste er eben auch seinen Teil dazu leisten.

Mit entsprechender Sorgfalt und Akribie nahm er seine Arbeit bei Lemming in Angriff. Er lernte nicht nur viel über Wirtschaft und Steuern, er lernte auch etwas über die richtige Strukturierung von Arbeit: Prioritäten setzen, verwalten, delegieren. Er war ein guter Berater. In dem Jahr einer der jüngsten zwar, aber er ragte schon sehr bald heraus. Es war fast wie im Film, er konnte Informationen rasch aufnehmen, er konnte gut im Team arbeiten, und er konnte die Kollegen von seiner Sicht der Dinge überzeugen. Und vor allem: Er war ein ausgeglichener Mensch. Er ging in Bars, aber nicht exzessiv, er hielt sich mit Joggen fit und spielte als Außen in seiner Handballmannschaft, aber nie nahm er sich Niederlagen zu sehr zu Herzen. Auch bei den Frauen hatte er Erfolg, gab aber niemals damit an, und er wurde auch nicht verbittert, wenn etwas nicht so lief, wie er es sich vorgestellt hatte. Er machte sich rasch bei der Firmenleitung beliebt und zeigte, dass er alles hatte, was es brauchte, um das Einstiegsprogramm erfolgreich abzuschließen und zügig zum Berater aufzusteigen.

Anfangs genoss er das Jetsetleben, und seine Eltern waren zu Recht stolz auf ihn – Fotos von ihm zierten das große Haus auf dem Lande in Bayern: Timo in Paris, Timo in Brüssel, Timo in London – aber auch Trophäen und Pokale, die er und seine Geschwister bei Stadtläufen und Ähnlichem gewonnen hatten. Er hatte das Gefühl, etwas Sinnvolles zu leisten. Einige Jahre später jedoch, kurz vor seinem dreißigsten Geburtstag und nach dem erwähnten Traum, schienen all diese Medaillen und Preise und all die harte Arbeit, die er investiert hatte, an Bedeutung zu verlieren.

Er zog sich immer mehr zurück, ließ Verabredungen und Einladungen platzen, hörte sogar mit dem Fitnesstraining auf. Seine Eltern machten sich Sorgen. Wenn sie ihn beim Skypen sahen, schien er gar nicht er selbst zu sein. Seine Freunde hörten und sahen immer weniger von ihm. Hatte er Depressionen? War er krank? Er dachte lange und intensiv darüber nach, bis er endlich die Antwort fand.

Seit der Kindheit und Jugend in Bayern war er zum Erfolg erzogen worden, dazu, etwas zu erreichen und Geld zu verdienen – und nichts sonst. Er ging an seinem Kindergarten vorbei, an seiner Schule, all die fröhlichen Gesichter, die Stolz ausdrückten auf ihn. Er besuchte eine Privatschule, man sagte ihm, er solle einen soliden Beruf anstreben, der Wohlstand versprach. Und genau das tat er. Er tat es mit solcher Konsequenz, dass er sogar seine eigenen, ganz persönlichen Ambitionen ignorierte, seine Bedürfnisse, sein Verlangen, seinen *Durst*.

Als er mit Eltern und Freunden darüber sprach, verstanden sie ihn nicht. »Was? Nein, mein Junge, ganz im Ernst, wie kann man denn *nicht* das Ziel haben, zu Geld zu kommen? Sicher kannst du eine weniger gut bezahlte Stellung annehmen oder eine Umschulung machen, aber von irgendwas musst du nun mal leben, was willst du denn machen? Ein Heiliger werden?«, fragte seine Mutter.

Gemeint hatte sie »armer Schlucker«. Denn von etwas anderem geleitet zu sein als dem Gedanken an Geld hieß für seine Eltern schlicht Armut. Sie konnten nicht verstehen, dass Geld in der Liste eigener Prioritäten auch auf Platz zwei oder drei stehen und man dennoch einen vernünftigen Lebensstandard haben konnte. Aber Timo konnte ihnen das nicht erklären. Er verspürte plötzlich den Drang, nicht dem Geld hinterherzujagen, sondern etwas Eigenes zu schaffen. Er brauchte eine ganze Weile, bis ihm klar war, was er wollte und ob er auch bereit sein würde, sich auf ein solches Risiko einzulassen. Vielleicht wäre das Risiko ja einfach zu groß? Ein berufliches Risiko, das über sein ganzes Leben entscheiden konnte.

Inzwischen war er 32 Jahre alt. Wenn er jetzt ausstieg, würde er nicht wieder zurückkommen. Vielleicht sollte er doch lieber in seinem Job bleiben? Was hatte er überhaupt vor? Hatte er eine Idee?

Nein, bloß ein Gefühl. Er wollte etwas Eigenes aufbauen, nicht immer bloß anderen helfen, ihre Daten und ihr Geld richtig zu verwalten. Aber er hatte keinen Plan, wie er das anstellen sollte. Er wusste einfach nur, dass er sich mehr und mehr wie Goethes Wilhelm Meister vorkam: Der Roman war Stoff im Deutschunterricht gewesen. Und Wilhelm möchte einfach kein bürgerlicher Geschäftsmann werden, er will etwas tun, das von seiner Leidenschaft geprägt ist.

Timo konnte, genau wie Wilhelm, ausbrechen und sich einem Theater anschließen.

Oder auch nicht.

Er konnte Dichter werden, er konnte eine Theorie der Optik ausformulieren.

Nein.

Er wollte etwas erschaffen, aber er wollte nicht die Bodenhaftung verlieren. Genau in dem Moment erreichte ihn, aus heiterem Himmel, ein Anruf von Felix.

Felix

Felix konnte sich nicht erinnern, wann er begonnen hatte, gerne Dinge zu bauen. Schon als Kind wollte er Häuser bauen. Oder Brücken. Oder Computer.

In der Schule war Mathematik sein Lieblingsfach. Er verbrachte seine Freizeit daheim, lieh sich Werkzeug von seinem Onkel und Bücher in der Stadtbücherei, dann stürzte er sich auf die in den Büchern beschriebenen handwerklichen Aufgaben. Kuckucksuhren baute er am liebsten. Schon bald aber wurde ihm das langweilig, er fühlte sich unterfordert. Lieber nutzte er seine mathematische Begabung, um immer komplexere Dinge zu schaffen, die weit über die Ideen in den Büchern hinausgingen.

Als er erwachsen wurde, beschloss er schließlich, eine eigene Firma zu gründen.

Felix Hohmann war genau wie Timo in einem winzigen Dorf in Bayern aufgewachsen, gerade einmal zwanzig Minuten zu Fuß entfernt von Timos Heimatdorf. Begegnet waren sie sich trotzdem nie. Sie waren gleichaltrig, gingen aber auf unterschiedliche Schulen: Timo auf seine private Eliteschule, Felix auf eine ganz normale staatliche Schule. Einmal trugen ihre Schulmannschaften tatsächlich ein Handballspiel gegeneinander aus, bei dem Timo ein paar Tore warf. Felix war nicht einmal als Zuschauer dabei.

Timo war der beliebte, nette und doch bescheidene, hart arbeitende Überflieger, dem alles ganz leicht von der Hand ging, Felix war praktisch das genaue Gegenteil: ehrgeizig, ein Streber, er musste immer beweisen, dass er recht hatte. Wie Timo war er in allen Fächern gut (außer Sport), aber er war viel mehr ein Getriebener. Er besaß ein natürliches Talent und musste selten viel lernen, tat es aber trotzdem, um seine – aus eigener Sicht – wahrgenommenen Schwächen auszugleichen. Er wollte sogar Extraunterricht von seinem Sportlehrer. Einmal, als er nur die zweitbeste Mathearbeit geschrieben hatte, verprügelte er den Jungen, der die beste Arbeit abgeliefert hatte. Er wurde für zwei Wochen von der Schule suspendiert und stand von da an unter verstärkter Beobachtung seiner Eltern und Tutoren. Niemand verstand genau, wie Felix tickte: Warum hatte er das Gefühl, so viel wettmachen zu müssen?

Vielleicht lag es an dem, was er um sich herum wahrnahm. Die reichen Kids aus anderen Dörfern wohnten in riesigen Villen, fuhren tolle Autos. Manche hatten sogar ein eigenes Boot. Felix und seine Familie wohnten in einem Haus mit zwei Schlafzimmern. Die Küche war feucht, der Schimmel drang durch die Wände. Seine beiden älteren Brüder waren Landarbeiter, ebenso wie der Vater: Nie hatten sie eigenes Land besessen, immer mussten sie für andere arbeiten. Aber das machte nichts, Felix würde eines Tages sein eigenes Boot bauen oder Land kaufen und sein eigenes Haus darauf bauen, einfach bloß, um den Leuten zu zeigen, was er draufhatte. Er und seine Familie waren nicht einfach nur arme, ungebildete Leute vom Land. Ihnen lag die Genialität im Blut.

Nach dem Abitur studierte Felix im Ausland, zuerst in Oxford (mit Stipendium), seinen Masterabschluss in Computerwissenschaften machte er am MIT, dem Massachusetts Institute of Technology. Wieder schien er zwar den Stoff, mit dem er sich zu befassen hatte, auf ganz natürliche Weise zu erfassen, aber er studierte angestrengt, arbeitete die Nächte durch, denn der Gedanke, nur Zweitbester zu sein, war ihm unerträglich.

Seine Masterarbeit wurde in höchsten Tönen gelobt, aber durch sorgfältige Nachforschungen und Befragung von Kommilitonen fand er heraus, dass ein paar andere Studenten tatsächlich noch bessere Beurteilungen bekommen hatten. Felix selbst ging davon aus, ungefähr der Siebtbeste seines Jahrgangs geworden zu sein.

Was sollte er tun? Felix musste allen beweisen, dass er der Beste war. Eines Tages würde sein Gesicht auf der Titelseite der *Financial Times* stehen, damit jeder erfuhr, dass er das große Computer- und Businessgenie war.

Er ging zurück nach Deutschland, nach Berlin, mit dem ausdrücklichen Vorsatz, noch härter zu arbeiten und die Firma aufzubauen, von der er schon lange geträumt hatte. Und wo konnte man besser arbeiten als in Berlin? Die Stadt war kreativ, billig und bot die idealen Voraussetzungen, um sich zu vernetzen. Er brauchte nur noch eine Idee.

Bewerbungen schrieb er nicht. Er konnte es nicht ausstehen, für jemand anderen zu arbeiten, obgleich er Empfehlungsschreiben seiner Professoren in Amerika vorweisen konnte. Überall hätte man ihn mit Kusshand genommen. Er beschloss, lieber als freiberuflicher Datenexperte für verschiedene Unternehmen zu arbeiten, mit möglichst wenigen Projekten möglichst viel Geld zu verdienen und dann die ganze freie Zeit in seiner Wohnung in Berlin zu verbringen, Apps und Tools zu schreiben und herauszufinden, ob man mit irgendeinem seiner Produkte richtig Geld verdienen konnte. Er wurde sogar das leidige Gewichtsproblem los, das ihn sein ganzes Leben über belastet hatte, und eroberte einen Stammplatz in einem Volleyballteam. Es ging ihm gut. In seiner Wohnung, die zugleich Büro war, hing eine Kuckucksuhr an der Wand, die er als Schüler selbst gebaut hatte.

Seine Eltern besuchten ihn, wollten ihn bekochen und machten sich Sorgen um ihren Jungen, der sich, inzwischen in den Dreißigern, noch immer als Freiberufler von Auftrag zu Auftrag hangelte, keinen festen Platz in der Welt hatte, niemals anrief und niemals ins heimatliche Bayern zu Besuch kam. Sie wussten natürlich, dass er jederzeit einen guten Job bekommen konnte, vielleicht in München oder Frankfurt. Sie konnten einfach nicht verstehen, warum er den ganzen Tag in seiner winzigen Wohnung in Berlin saß und an seinem Computer herumspielte.

Und dann, als er am wenigsten damit rechnete, war die Idee plötzlich da. Es passierte während eines kleinen freiberuflichen Projekts für ein Einzelhandelsunternehmen, bei dem es um Strukturierung und Analyse geschäftlicher Daten ging. Ein Routinejob, aber richtig gut bezahlt. Dann sah er sich die Daten des Kunden an, und sie ergaben absolut keinen Sinn. Wie sich herausstellte, war der Typ, der sich davor mit der Sache befasst hatte, total inkompetent, er hatte auch einige der Datenquellen verwechselt. Es musste doch einen Weg geben, die chaotischen Daten schnell zu ordnen, damit der Benutzer zügig wieder damit arbeiten konnte.

Heureka!

Felix brachte den Auftrag noch nicht einmal zu Ende. Er packte seinen Laptop ein, ging nach Hause und machte sich sofort ans Programmieren. Er ernährte sich nur von Fast Food und Energydrinks. Er schlief kaum noch. Nach eineinhalb Wochen völliger Isolation hatte er den Prototyp von Rivalchemy fertig: die Basisversion dessen, was zu seiner Firma werden sollte. Diese App würde unterschiedliche Datenquellen und Datentypen sauber sortieren und dem Benutzer damit alle wichtigen Informationen bereitstellen, damit dieser vernünftige Entscheidungen treffen konnte. Wenn jemand zu Hause seine Produkte aus dem »Internet der Dinge« anschließen wollte, seinen Smart-TV, seinen Kühlschrank oder Gefrierschrank oder was auch immer – es funktionierte. Unternehmen konnten all ihre konkurrierenden Datenflüsse in verständliche und nutzbare Ergebnisse umsetzen.

Und das Allerschönste daran: Für Felix war die Geschichte damit erledigt. Es war Sache des Benutzers, zu entscheiden, was er mit den einmal verarbeiteten Daten anstellte. Auf diese Weise konnte man das Programm an Firmen ebenso verkaufen wie an Otto Normalverbraucher. Jeder konnte dann auf seine eigene Weise die Nutzung optimieren, ganz nach dem individuellen Bedarf.

Aber Felix war klar, dass noch etwas fehlte. Er brauchte jemanden, der half, das Ganze den Investoren schmackhaft zu machen.

2013: Der Anruf

Timo saß in Paris auf seiner Couch im Hotel und beobachtete Männer in Anzügen, manche davon nicht älter als er selbst, die nach ihren Ansichten über Deutschlands Haltung zur Geschäftswelt befragt wurden und ob sie die Rede der Kanzlerin denn überzeugt habe.

Timo schaltete den Ton am Fernseher ab, stellte sich vor den Spiegel und rückte seine Krawatte zurecht: »Vielen Dank für Ihre Frage«, sagte er. Er hielt inne, strich sich die Haare zur Seite, zog Krawatte und Jackett aus und sagte mit seinem jungenhaften, 32-jährigen Lächeln: »Vielen Dank für Ihre Frage. Ja, das klingt alles sehr gut, aber es bleibt noch eine Menge zu tun. Erst einmal muss man tolle Ideen haben und zusehen, dass sie wachsen können, wissen Sie!«

Vielleicht doch lieber in Anzug und Krawatte? Käme das nicht besser rüber? Er scheitelte das Haar, schlüpfte wieder in das Jackett, band sich die Krawatte: »Vielen Dank. Es stimmt, was Sie sagen, allerdings darf man bestimmte Dinge nicht aus den Augen verlieren. Deutschland leidet nach wie vor unter strukturellen Problemen, vor allem dem Fehlen angemessener steuerlicher Rahmenbedingungen für neue digitale Unternehmen. Das führt dazu, dass viele wertvolle Gewinne aus der Wachstumsfinanzierung abgezogen und von maß- und sinnloser Besteuerung aufgefressen werden.« Das war schon besser, dachte er. Aber noch immer nichts weiter als eine rhetorische Übung.

Er ließ sich wieder auf die Couch fallen. Er überlegte, wenn auch völlig lustlos, wie seine Zukunft wohl aussehen könnte.

Das Handy klingelte.

»Ebner«, meldete sich Timo, noch immer im Geschäftsmodus.

»Timo?«

»Ja? Mit wem spreche ich?«

»Ich heiße Felix. Felix Hohmann. Wir haben uns vor einiger Zeit kennengelernt, als wir mit der Beratung dieses Finanzunternehmens in Berlin zu tun hatten. Erinnerst du dich? Du hast an irgendwelchen Steuersachen gearbeitet, ich an den Daten. Wir saßen in der Kantine zusammen.«

»Ach ja, richtig. Sorry. Ja, klar. Hallo. Wie geht's?«, sagte Timo.

»Alles okay. Bei dir auch alles in Ordnung?«, sagte Felix.

»Yep«, sagte Timo.

»Hör zu, ich will gleich zur Sache kommen. Ich habe einen Vorschlag für dich. Du bist gerade in Paris, wie ich sehe. Hast du Zeit für ein Bier?«

»Na ja, also eigentlich hatte ich andere Pläne. Und überhaupt, woher weißt du, dass ich in Paris bin?«, sagte Timo.

»LinkedIn, Mann. Da hast du doch gepostet, dass du dort irgendwelche Steuersachen machen musst. Hör zu, vertrau mir bitte und vergiss, was du gerade machst, wir müssen uns unbedingt treffen, ich schlage vor, in dreißig Minuten. Ich kann gerne zu dir kommen«, sagte Felix.

Gegen seine eigene Überzeugung willigte Timo ein, sich im Hotelrestaurant zu treffen.

Während er auf Felix wartete, suchte Timo online verzweifelt nach Informationen über ihn. Denn entgegen seiner Behauptung konnte er sich nicht erinnern, wer Felix war. Sie waren über LinkedIn verbunden, sogar schon seit über einem Jahr, aber sie hatten niemals Nachrichten ausgetauscht oder telefoniert. Timo versuchte angestrengt, sich zu erinnern. Finanzfirma in Berlin, Finanzfirma in Berlin. Er sah in seinem Terminkalender nach. Er war im letzten Jahr ein paar Mal in Berlin gewesen, aber jedes Mal für ein anderes Unternehmen. Und dann fiel es ihm wieder ein. Richtig, diese langweilige Sache bei dieser Großfirma. Alle Büros sahen in seiner Erinnerung inzwischen gleich aus. Langsam trat ein Gesicht aus dem Nebel. Was machte dieser Datenfreak in Paris?

Im Hotelrestaurant bestellte Timo nichts. Er hatte davor schon auf dem Zimmer zu Abend gegessen. Felix ließ ein opulentes Mahl auffahren.

»Auch wenn das eigentlich nicht so meins ist. Ich meine, nichts gegen die französische Küche, aber ich hätte so gerne was Bayerisches. Stell dir vor, hier würde es Knödel geben«, sagte Felix.

»Du stammst auch aus Bayern?«, fragte Timo.

»Ach komm, du müsstest wissen, dass wir darüber schon mal gesprochen hatten. Unsere Heimatdörfer sind keine halbe Stunde auseinander.«

Timo war schockiert, dass er von dem Treffen nur noch so wenig wusste und Felix offenbar so viel.

»Bist du sicher, dass du keinen Hunger hast?«, fragte Felix.

»Besten Dank, ich hatte mir schon was aufs Zimmer kommen lassen. Hör mal, kannst du mir sagen, was das Ganze hier werden soll?«, sagte Timo.

»Natürlich, natürlich. Hör zu, ich möchte, dass du etwas verstehst. Ich habe eine Idee – aber das muss unter uns bleiben.«

Timo sah verunsichert auf seine Uhr.

»Sieh mal, ab und zu klopft eben die Zukunft an die Tür«, sagte Felix.

»Wie bitte?« Timo war schockiert.

»Vertrau mir. Sie liegt am Horizont, wie eine unbekannte Insel. Die meisten Leute sehen bloß das Meer. Sie brauchen jemanden, der ihnen zeigt, dass es da auch eine Insel gibt.

Sie brauchen jemanden, der ihnen sagt: ›Hey, Leute, da draußen gibt es mehr zu sehen, als ihr glaubt.‹«

»Felix, ganz im Ernst. Ich habe keine Zeit für so einen Quark. Sag mir bitte einfach, was du willst.«

»Ich gründe eine Firma. Ein Start-up. Und ich will dich mit im Boot haben«, sagte Felix.

»Mich? Wieso? Was soll das? Mann, wir kennen uns überhaupt nicht. Wie können wir da zusammen eine Firma aufmachen?«, fragte Timo.

»Schau, es ist eigentlich ganz einfach. Ich habe die Idee. Ich brauche einen Kompagnon, jemanden, der die Last zu gleichen Teilen trägt, damit wir an Investoren rankommen. Du weißt, dass Investoren es gerne sehen, wenn mehrere Firmengründer sich das Risiko teilen, und da dachte ich eben an dich. Erinnerst du dich an unser Gespräch in Berlin? Du sagtest, du willst was anderes machen, wüsstest aber nicht genau, was. Ich mache jede Wette, du hast daran gedacht, eine eigene Firma zu gründen. Nun, was für eine Firma soll das sein? Steuerberatung? Willst du ernsthaft Steuerberater werden?«, fragte Felix.

»Da verdient man nicht schlecht«, gab Timo zurück.

»Wen interessiert, was man da verdient? Lässt das deinen Puls klettern? Garantiert nicht. Schau, ich möchte gerne, dass du auf meine Idee einsteigst«, sagte Felix.

»Hör zu, Felix, danke für deinen Besuch – ich weiß es zu schätzen, dass du den Weg auf dich genommen hast, aber ich bin draußen. Apropos, was machst du eigentlich in Paris?«

»Ich habe deinen Post auf LinkedIn gesehen, und mir war klar, dass ich dich unbedingt persönlich treffen muss, um die Sache mit dir zu besprechen. Also bin ich heute Nachmittag in Berlin in den Flieger gestiegen, und hier bin ich.«

»Du bist von Berlin hierher geflogen? Nur um mich zu treffen? Sag mal, spinnst du?«, fragte Timo und stand vom Tisch auf.

»Lass mich dir doch wenigstens erklären, worum es geht«, sagte Felix. Er war es nicht gewohnt, andere um Hilfe zu bitten, und aus seinem Mund klang das Ganze geradezu verzweifelt.

»Nein, danke, ich muss jetzt wirklich los«, sagte Timo.

»Bloß das Konzept.«

»Nein, Felix. Danke und tschüs.«

Timo war schon auf dem Weg zum Ausgang, da stand Felix auf und rief so laut, dass es das ganze Restaurant hörte: »Rivalchemy!«

Die anderen Gäste hielten inne und schauten die zwei an. Timo wurde rot. Wer war dieser Spinner? Wie kam er dazu, in einem Restaurant wie diesem hier derart herumzuschreien? War der wirklich hierher geflogen, um ihn persönlich zu treffen? Warum hatte er nicht einfach angerufen?

»Wie bitte?«, fragte Timo.

»Rivalchemy«, wiederholte Felix in der gleichen Lautstärke.

Ein Kellner eilte zu Felix an den Tisch und verlangte, er solle Ruhe geben oder das Lokal verlassen.

»Ich gehe nirgendwo hin!«, rief Felix.

Timo lief zurück an den Tisch, um die Lage zu beruhigen.

»Um Himmels willen, jetzt mach mal halblang«, sagte Timo. »Wovon redest du eigentlich?«

»Das ist der Firmenname. Rivalchemy.«

Felix sah, dass er ihn am Haken hatte. Es klang nach einem ziemlich seltsamen Namen für eine Firma. Aus der Beratungsbranche war er eher renommierte Nachnamen gewohnt, einzeln oder paarweise. Das hier klang eher nach Chemiefabrik.

»Setz dich hin, dann kann ich dir mehr erzählen«, sagte Felix.

Der Kellner mühte sich redlich, im übrigen Restaurant wieder Ruhe einkehren zu lassen. Timo bat im Namen von Felix um Verzeihung, und Felix erzählte ihm von seiner Idee.

A star is born

Das Unternehmen wurde Mitte 2013 in Berlin gegründet, nur ein paar Wochen nach dem Treffen in Paris.

Start-ups brauchen normalerweise wesentlich länger, um den Betrieb zu organisieren und Investoren zu gewinnen. Aber Felix hatte schon alles organisiert. Er hatte ganz alleine eine Basisversion des Produkts erstellt. Er hatte Termine mit Investoren vereinbart, er hatte eine Liste von Leuten zusammengestellt, die er einstellen wollte. Er nutzte dafür sein Netzwerk, das er am MIT und in Deutschland geknüpft hatte. Er besaß eine nahezu grenzenlose Energie. Aber ihm war auch ganz tief drinnen etwas klar – etwas, das er gegenüber niemandem zugeben konnte, schon gar nicht gegenüber Timo: Er brauchte Timo, denn Timo hatte das Charisma, das ihm fehlte. Felix hatte Ideen, aber er konnte nicht mit Menschen umgehen. Er stieß die Leute vor den Kopf. Er war einfach zu aufgeladen. Er brauchte jemanden, der ihm half, seine Idee elegant an den Mann zu bringen, der die Leute davon überzeugen konnte, dass die Firma und die Idee ihre Berechtigung hatten. Er brauchte jemanden, der den Leuten das Gefühl gab, mit einem Freund zu sprechen.

Und das tat Timo.

Mit Timo an Bord kamen über eine halbe Million Euro für den Firmenaufbau zusammen. Sie stellten das Startteam aus Entwicklern und Programmierern ein und zogen in ein kleines Büro im Zentrum von Berlin. Nach weniger als einem Jahr, im Dezember, floss die erste Tranche an nennenswerter Finanzierung: knapp acht Millionen Euro. Sie hatten alle Erwartungen übertroffen und ihre eigenen Ziele viel schneller erreicht, als die Investoren erwartet hatten. Diese Firma war ein echter Gewinner, kein Zweifel.

Sie stellten weitere Leute ein. Sie mussten in ein größeres Büro umziehen, da fanden sie die alte Fabrik am Prenzlauer Berg. Sie sahen sich das Wachstum der Belegschaft an und mieteten kurzerhand gleich zwei Stockwerke. Bis ich dazukam, im Juni 2014, war die Belegschaft auf dreißig Leute gewachsen. Felix' lautstarker Auftritt in dem Hotelrestaurant in Paris lag gerade erst ein Jahr zurück, da war Rivalchemy bereits ein ausgewachsenes Unternehmen und stand voll unter Dampf. Der Markt reagierte positiv auf das Produkt. Und auch die Fachzeitschriften fanden Gefallen an der Sache.

Rivalchemy wurde als ganz große Nummer in der deutschen Techszene gefeiert. Jedem gefiel die Idee von sauber geordneten Daten, die man dann auf jede denkbare Weise nutzen konnte. Timo war das Gesicht des Unternehmens für die Magazine (und für die Investoren), und er schien die Leser mit seinen einfachen, entspannten Ausführungen über das Produkt und seine Vorzüge für einfache Benutzer wie für Unternehmen geradezu zu verzaubern. Beide, Timo und Felix, wurden als gleichberechtigte Gründer angegeben, und Felix galt als das Gehirn der Firma – das war genau das, was er sich immer gewünscht hatte.

Die Magazine bohrten niemals tiefer nach, wie genau denn das Geschäftsmodell nun konkret funktionierte – geschweige denn, wie die App eigentlich funktionierte. Timo musste immer nur lächeln und erläutern, wie chaotisch viele Daten waren und deshalb geordnet werden mussten, das war's schon. Schlagworte wie »Technologie« und »Innovation« und »Zeitgewinn« übertünchten jede denkbare Schwäche des Produkts oder der Konzeption, und die Magazine fragten viel lieber nach den Köpfen, die hinter der Firma standen, und nach der Unternehmenskultur. Kein einziger Artikel versäumte zu erwähnen, dass wir in einem alten Fabrikgebäude unseren Sitz hatten.

Die Unternehmensstruktur sah wie folgt aus: An der Spitze standen die beiden Firmengründer, Timo und Felix. Timo war für die Teams in Vertrieb, Business Development und Marketing zuständig, Felix kümmerte sich um die Produktteams, die aufgeteilt waren in Front-End (Design und Bedienerfreundlichkeit) und Back-End (Funktionalität). Jedes dieser Teams bestand aus zwei bis fünf Leuten, ausgenommen das Vertriebsteam mit zehn Mitarbeitern. Jeweils einer war der »Team Lead«, früher hätte man ihn »Abteilungsleiter« genannt, der den Firmengründern direkt unterstand. Dann gab es noch ein paar Leute für »Sonstiges« – Büroleitung, Buchführung und den »Happiness Manager«.[3]

Fast jeder nannte sich irgendwie »Manager«, und wenn nicht, dann eben »Ninja« oder »Guru«. Meine offizielle Jobbezeichnung lautete »Junior Marketing Guru«. Für meine E-Mail-Signatur war mir dieser seltsame Titel dann doch zu peinlich, deshalb stand da immer »Junior Marketing Manager«. Und da quasi alle Manager waren, gab es keine echte Hierarchie, keine echte Struktur. Die Team Leads waren, theoretisch jedenfalls, einfach diejenigen, die das Team im Rest des Unternehmens vertraten. Sie gaben Anweisungen von oben an die Mitarbeiter weiter, und sie leiteten das Feedback der Belegschaft zurück nach oben. Das sollte eigentlich gute Ideen und schnellere Arbeitsabläufe fördern sowie die Fähigkeit, flexibel zu bleiben, nicht im drögen Alltags- oder Abteilungsdenken zu versinken. Die gesamte Unternehmensstruktur war auf Ideen ausgerichtet, nicht auf Hierarchien.

Bei unseren Townhall-Meetings alle vierzehn Tage versammelte sich die gesamte Firma, um die Status-Updates der beiden Gründer über aktuelle Entwicklungen anzuhören. Das Ganze war so angelegt, dass wir, in der Theorie jedenfalls, unsere eigene Sicht der Dinge einbringen und, sofern gewünscht, die Leitung des Meetings übernehmen konnten. Bei den Townhalls gab es regelmäßig jede Menge Applaus, es war eine Art Gruppentherapie für die gesamte Belegschaft. Jeder ging nach den Meetings mit frischem Elan wieder an die Arbeit, vor allem, wenn Timo redete. Peter, unser französischer Produktleiter, spielte meistens den Moderator und sorgte dafür, dass jeder aufmerksam bei der Sache blieb: »Wir könnten hier alle zusammen scheitern, Leute, steht immer zu dem, was ihr tut, und denkt daran: Wir lernen aus unseren Fehlern.«

Das Bürodesign sollte möglichst cool wirken, offen und stylish, es wirkte eher wie ein Restaurant, nicht wie ein Ort, an dem Software entwickelt und verkauft wird. Die Leute unterhielten sich in diesem typischen Business-Sprech und lachten laut über YouTube-Videos. Es gab eindeutige In- und Out-Gruppen – wer »in« war, hatte die Start-up-Message verinnerlicht, wer »out« war, nicht. Die Start-up-Message war schlicht: »Do it yourself.« Wer das kapiert hatte, konnte danach handeln und die anderen verhöhnen, die es nicht schafften, alles selbst zu machen.

Zum Glück waren im Marketingteam nur nette Leute, die ihre Kollegen niemals von oben herab behandelten. Das Team bestand aus:

- Claudine, Französin, mit 27 das älteste Mitglied in unserer Abteilung und Team Lead, die Mailing-Aktionen, Daten und Analytik für das Marketing übernahm und uns beriet, wie wir unsere Kampagnen zielgenauer ausrichten können. Sie sprach fünf Sprachen und verbrachte ihre Wochenenden mit Gartenarbeit.
- Johannes, Österreicher, 25, war Manager für Produktmarketing und schrieb hauptsächlich Texte zur Verkaufsförderung unseres Tools, er half auch den Kunden bei Fragen zur Nutzung.
- Pablo, Spanier, 23, unser Experte für Google- und Facebook-Werbekampagnen und soziale Medien, seine Hobbys waren die Musik von Kate Bush, biologisch kochen und Clubbing.
- Und ich, Sam, 26, aus dem Vereinigten Königreich, eingestellt als Junior Marketing Guru in einer nicht näher definierten Rolle. Mein Aufgaben-Portfolio und meine Verantwortungsbereiche waren nicht klar definiert – mein Job war es, meinen Job selbst zu definieren.

Wir verstanden uns als Team ganz gut – und wenngleich wir keinen Boss hatten oder irgendwelche formellen Erfordernisse oder Zielvorgaben erfüllen mussten, schien die Dynamik unserer Interaktionen den Laden am Laufen zu halten. Die Rollen waren nicht näher strukturiert, so blieb es uns selbst überlassen, unsere Arbeitsaufteilung zu organisieren.

Zum Glück waren wir alle ganz gut organisiert, und Claudine war sehr verständnisvoll und entscheidungsfreudig, sie half uns, unsere Arbeit zu strukturieren, und obwohl sie Leiterin unserer Abteilung war, erzählte sie einmal, sie verdiene das gleiche Gehalt wie wir.

Pablo konnte hervorragend Online-Inhalte erstellen, die die Leute immer gerne zu teilen oder liken pflegten. Er machte großartige Handyfotos und konnte diesen auch einen professionellen Anstrich verpassen. Zumindest online sah unsere Firma nach außen hin fantastisch aus. Claudine war das Rückgrat unserer Marketingaktivitäten, und Johannes konnte sehr klar, kurz und bündig schreiben, genau richtig für unseren Bedarf im technischen Bereich.

Ich selbst jedoch hatte vor meinem alkoholgeschwängerten Gespräch mit Timo auf der Couch Probleme. Meine Stärken liegen im Bereich Recherche und Schreiben, aber ich schaffte es einfach nicht, meine Nische zu finden. Ich hatte zusammen mit Claudine versucht, basierend auf ihren vorliegenden Daten mögliche Aufgaben für mich zu definieren. Sie erwähnte, ich könnte mich vielleicht beim Schreiben des Blogs einbringen.

Ich schrieb also Blog-Posts, die ein voller Erfolg waren, aber das war natürlich nicht genug. Ich wollte richtiges Marketing machen, nicht bloß nette kleine Fülltexte, deshalb begann ich, über unsere Konkurrenz zu recherchieren. Timo setzte ein kurzes Meeting mit mir an, bei dem er sich meine Arbeit ansehen wollte, und ich zeigte ihm meine Rechercheergebnisse und Planungsdaten, die für die anderen Abteilungen vielleicht von Nutzen sein konnten. Bei dem Meeting meinte er ziemlich mysteriös, ich solle mir keine Sorgen machen und meine zukünftigen Ideen immer zuerst mit ihm besprechen. Er gab mir auch ein paar Seiten einer Rede in englischer Sprache zum Redigieren, die er später vor der versammelten Belegschaft halten wollte.

Ich ging wieder an meinen Schreibtisch. Diesmal entwarf ich einen Plan zum Anschreiben aller potenziellen Kunden, organisierte ein Meeting mit Claudine und einem

Kollegen aus der Vertriebsabteilung. Die Sache ging gut voran, die Sendung war bereits in der Entwurfsphase. Als Timo die Sache mitbekam, stoppte er sie sofort. Stattdessen bat er mich, mehrere Absätze einer E-Mail zu redigieren, die er an alle Kollegen schicken wollte.

So ging das jetzt ständig. Ich arbeitete, entwickelte Ideen, arbeitete das Ganze mit den Kollegen weiter aus, dann pfiff Timo alles wieder zurück und gab mir irgendwelche unbedeutenden Dinge zum Redigieren. Ich kam mir so langsam vor, als wäre ich als Redakteur oder meinetwegen Editorial Ninja eingestellt worden, nur eben viel schlechter bezahlt. Ich schlug vor, mich ums Content Marketing zu kümmern, also Artikel zu verfassen und auch in verschiedenen Magazinen unterzubringen, aber wieder traten Timo und Felix auf die Bremse. Ich war verwirrt: Wieso stampften sie jedes meiner Projekte wieder ein? Zuerst nahm ich das als positives Zeichen: Immerhin zeigte es ja, dass ihnen die Firma am Herzen lag.

Das sollte ich bald ganz anders sehen.

Ping!

Yeah! Wooh! Yo!

Ping!

Yeah yeah! Wooh! Yeah!

Das vernahmen wir jeden Tag aus dem unteren Stockwerk. Es gab dort eine kleine Hotelrezeptionsklingel, die jedes Mal betätigt wurde, wenn entweder die Vertriebsabteilung einen Abschluss unter Dach und Fach gebracht hatte oder das Business Development Team einen Vertrag mit einem neuen Partner unterzeichnet hatte.

Es war immer ein feierlicher Moment, der die Motivation der ganzen Firma steigern sollte. Man stelle sich vor, was los war, wenn die Klingel innerhalb weniger Stunden gleich mehrmals ertönte! Da bekam man doch richtig Lust, sich noch mehr reinzuhängen, oder etwa nicht?

In Wahrheit begann ich zu bemerken, dass ich keine Vorstellung hatte, was mein Job eigentlich genau war, in den ich mich noch mehr reinhängen sollte. Ich stand jeden Morgen um acht Uhr auf der Matte und ging erst gegen zwanzig Uhr abends wieder nach Hause, ich entwarf Pläne, besuchte Meetings, besprach Ideen mit anderen Leuten, aber wenn ich ehrlich bin, sah ich nicht, dass irgendetwas voranging. Jedes Mal, wenn ich wirklich etwas auf den Weg bringen wollte, blies das Management das Ganze wieder ab. Das Ganze fühlte sich immer mehr an wie ein Kafka-Roman.

Ich brauchte endlich ein Projekt.

Ping!

Yeah! Wooh!

Wenn ich nach unten ging, wo die Vertriebsleute ständig auf die Glocke hauten und lautstark ihre Erfolge feierten, wurde ich von einem lauten Knurren empfangen. Es war das Knurren einiger Hunde im Büro, die ständig bellend und lärmend durch die Räume zogen (sie waren alle noch ziemlich jung). Das sollte eigentlich nur ein wenig gute Laune bei der Belegschaft verbreiten (die Hunde waren wirklich süß), aber natürlich lenkten sie auch von der Arbeit ab. Einer davon, ein kleiner Welpe namens Leo, kaute einmal auf einem Kabel herum und zog einen TV-Bildschirm aus der Wand, der dann auf dem Boden zerschellte. Der Besitzer, Philip aus dem Vertriebsteam, schimpfte bloß: »Böser Hund, böser Hund«, und nahm ihn für einen Spaziergang mit nach unten. Den Schrott des Fernsehers musste jemand anderes aufräumen.

Let's talk about Work

Unsere Interaktion mit der übrigen Belegschaft und die Interaktion der übrigen Belegschaft untereinander fand über zwei Kanäle statt: mündlich (geordnet wie in den Meetings und Status-Updates und spontan, meist in hoher Lautstärke quer über die Schreibtische hinweg) oder online, also per E-Mail und über ein Instant-Messaging-Tool namens R-Byte Talk.

R-Byte Talk ist ein bekanntes Kommunikationstool, mit dem Firmen ihre internen Gespräche nach Projekten strukturieren oder wie auch immer das jeweilige Unternehmen dies handhaben möchte. Es hilft, wenn man unmittelbar mit Leuten in einem anderen Büro reden will, ohne einen ellenlangen E-Mail-Thread starten zu müssen. R-Byte Talk war bei uns die wichtigste Kommunikationsform. Bei mündlichen Bürogesprächen ging es oft einfach darum, Ideen zu artikulieren, bevor man sie dann in R-Byte Talk genauer definierte und plante.

Dabei gibt es natürlich ein Problem: Wenn auf einer Plattform wie R-Byte Talk fortwährend jeder mit jedem spricht, dann a) arbeiten die Leute nicht, während sie reden, und b) kostet das Ganze einiges an Dynamik und Energie. Anstatt schnell und spontan zu diskutieren, wie das nächste Produkt-Update wohl aussehen würde, wurde die gesamte Firma mit Nachrichten von Leuten zugeschüttet, die das Ganze nutzten wie ein soziales Netzwerk. Es wurden sinnfreie Gespräche übers Trinken, über Fußball und Partys und dergleichen geführt.

Manchmal bekam ich eine abfotografierte Notiz von Timo, die er in der U-Bahn von Hand geschrieben und mir via R-Byte Talk geschickt hatte. Der Text war meistens kaum lesbar und enthielt in der Regel Banalitäten wie:

»Lass dir neue Marketingideen einfallen.« Klar, dass derart konkrete Vorgaben meine Inspiration zum Arbeiten ins Unermessliche steigerten!

Wir taten alles, um dafür zu sorgen, dass nur relevante Dinge in R-Byte Talk besprochen wurden: Geeignete Kanäle wurden angelegt, damit die Benutzer sehen konnten, was das Marketingteam gerade machte, oder wenn ein neues Projekt in der Mache war, wurde ein neues Projektteam in R-Byte Talk zusammengestellt, damit das Ganze dort diskutiert werden konnte. Es lief aber immer auf das Gleiche hinaus: Der Kanal wurde entweder mit irgendwelchem Blödsinn zugemüllt – gelegentlich unterbrochen durch Nachrichten, die wirklich mit der Arbeit zu tun hatten – oder er wurde überhaupt nicht genutzt. Zu einem Problem wurde auch, dass neu eingestellte Mitarbeiter diese Praxis des Zumüllens einfach übernahmen, sobald sie konnten – man wollte ja schließlich dazugehören.

Die Systeme und Ideen, die die Abläufe in der Firma bestimmten, hätten eigentlich für mehr Effizienz sorgen sollen. Stattdessen wurden wir immer zersplitterter und unkommunikativer.

Wollte ich bestimmte Informationen vom zuständigen Mitarbeiter einholen, musste ich darüber hinaus erst einmal herausfinden, was die bevorzugte Kommunikationsmethode des Ansprechpartners war. E-Mails funktionierten nicht bei allen, und manche konnten sogar ernsthaft sauer werden, wenn man nicht wusste, wie sie es gerne hatten.

Ein weiteres Problem war, dass die Jobs und Aufgaben der einzelnen Kollegen ähnlich klar definiert waren wie meine: Ganz gleich, was ihre Jobbezeichnung sagte, jeder machte alles Mögliche. Genau wie wir im Marketing arbeiteten alle mehr oder weniger intuitiv, und sie produzierten Daten auf der Basis dieser Intuition. Und auch wenn ich täglich ermuntert wurde, ich sollte Dinge »einfach machen« und die Firma gut vermarkten: Wenn ich dann etwas machte, war es falsch, und mich traf der Zorn des Kollegen, dem ich auf die Zehen getreten war.

Es drehte sich immer wieder um dasselbe: Du bekamst nirgendwo Hilfe, man erwartete einfach von dir, dass du selbst Bescheid wusstest. Das wurde, wohlgemerkt, vorausgesetzt, ohne dass darüber geredet wurde. Und dann wurdest du ermuntert, dich selbst zu verwirklichen, die Dinge in die Hand zu nehmen. Aber wenn du nicht selbst doppelt und dreifach kontrolliertest, was du gerade machtest, erzeugtest du unweigerlich ein Problem für andere Kollegen. Wenn du aber mit diesen nicht effizient kommunizieren konntest, war es ziemlich schwer zu klären oder abzusichern, dass das, was du machtest, auch in Ordnung war. Am Ende wurdest du noch dafür ausgelacht, wenn du überhaupt nachfragtest. Schließlich hättest du das ja auch selbst wissen können …

Wie auch immer: Ich hatte schon früher schwierige Phasen im Job durchgemacht, und ich hatte sie überwunden. Als mir klar wurde, dass Rivalchemy die Richtung der Arbeit, die man von mir erwartete, in keiner Weise vorgab, forschte ich nach Anhaltspunkten, wie meine Erfahrungen in strukturierter Arbeit in der Start-up-Welt von Nutzen sein könnten.

Zielgruppen. Öffentlichkeit. Ich wollte unser Publikum auf qualitativer Ebene durchschauen, so konnte ich helfen, unsere Kunden – aktuelle und potenzielle – mit den Informationen zu versorgen, die ihnen ein positives Bild von Rivalchemy vermittelten.

Ich forderte von allen einschlägigen Kollegen und Abteilungen Infos an, für wen das betreffende Produkt sich wohl eignen würde. Ich bekam keine aussagekräftige Antwort, gerade mal eine oder zwei kurze Mails, die nicht viel mehr verrieten als »Unternehmen und Verbraucher«.

Ich bat Timo und Felix persönlich um mehr Infos, damit ich anfangen konnte, zielgenauer zu arbeiten, aber auch ihre Antworten waren nicht sehr erhellend. »Deutsche Firmen, junge Männer«, meinte Timo, als ich ihn fragte, für wen das Produkt gedacht war.

Nun, gab es da nicht noch andere Zielgruppen?

Und wie war es mit der Presse? Wir mussten auch hier unsere Zielgruppe identifizieren, damit wir sie in geeigneter Weise ansprechen, unsere Produkte effektiv vermarkten und unsere Außendarstellung optimal gestalten konnten.

Ich bekam immer die gleiche oberflächliche Antwort: »Mach einfach Marketing.« Es war ungefähr so, als würde dir jemand sagen: »Sieh zu, dass du den Berg runterkommst«, wenn du noch nie im Leben auf Skiern gestanden hast.

Wieso interessierte sich niemand für die Arbeit, die doch erledigt werden musste? Mein Frust ob der fehlenden Hilfsbereitschaft meines Arbeitgebers wurde immer größer, meine Lust auf die angeblich so große Sache in der deutschen Technologieszene immer kleiner.

Ich fragte mich: Was konnte ich denn überhaupt tun? Was konnte ich erreichen, ohne von den anderen Abteilungen die notwendigen Informationen zu bekommen und ohne ihnen auf die Füße zu treten? Was konnte ich tun, das nicht von Timo sofort wieder abgeschmettert werden würde?

War das alles mein Fehler? Vielleicht. Vielleicht war ich einfach nicht clever oder kreativ oder hartnäckig genug. Oder vielleicht war mein Wille, auf strukturierte Weise Arbeit zu liefern, exakt das, was die Start-up-Welt nicht sehen wollte.

Die Einzigen, die sichtbar mit Erfolg arbeiteten, waren die Leute vom Vertrieb. Sie schienen genau und ohne Anleitung zu wissen, was zu tun war: verkaufen. In ähnlicher Weise, wenn auch nicht ganz so erfolgreich, fand das Business-Development-Team neue Partner und entschied dann, ob sie mit diesen kooperieren wollten. Warum war es so schwierig, im Marketingteam auf einen grünen Zweig zu kommen?

Ich wollte Meetings mit Kunden veranstalten, um deren Bedürfnisse besser zu verstehen. Die Vertriebsleute lehnten zuerst ab, aber als sie in meinem zweiten Monat feststellen mussten, dass ich in der Sache hartnäckig blieb, ließen sie mich bei einigen unangemeldeten Anrufen dabei sein. Die Arbeitsweise des Vertriebsteams sah so aus: Sie hatten Headsets auf, riefen Festnetzanschlüsse von Firmen an, unangemeldet, baten darum, »den IT-Chef« sprechen zu dürfen, und der wurde dann bearbeitet. Im Erfolgsfall drückte einer auf die Klingel, und der Name des neuen Kunden tauchte in einer geteilten Excel-Datei auf. Der neu akquirierte Kunde wurde an Timo und Felix gemeldet, die den Vertrag persönlich an die Firma schickten.

Mit eigenem Headset und in die Leitung des Vertriebstypen geschaltet (ich war bei Verkaufsgesprächen auf Englisch dabei, wenn der zuständige Vertreter des Kunden kein Deutsch sprach) begann ich zu verstehen, wieso ständig jemand auf die Rezeptionsklingel schlug: Die Vertriebsleute versprachen den potenziellen Kunden schlicht und einfach das Blaue vom Himmel. Das war nicht die Art von Geschäftsgebaren, das ich gewohnt war. Normalerweise hatte ein Unternehmen eine Vorstellung von seinem Zielkunden, man hatte eine zumindest einigermaßen klare Vorstellung davon, für wen ein solches Produkt von Nutzen sein könnte. Man ließ von einer Marktforschungsagentur ermitteln, welche konkreten Produkte die betreffenden Kunden oder Verbraucher wohl kaufen würden, welche Werbebotschaft das Produkt gut verkaufte und welche Konkurrenten man im Auge behalten musste. Diese Ermittlungen der Agenturen waren nicht beliebig, sie sammelten und analysierten große Datenmengen und führten richtige Interviews mit Zielgruppen.

Hier, bei unserem Start-up, schien jeder eine ganz andere Vorstellung davon zu haben, wie man das Geschäft betreibt: »Verkauf ihnen, was sie hören wollen, das Produktteam kümmert sich dann später um die Details.« Im Prinzip logen die Vertriebstypen einfach über die Fähigkeiten des Produkts und rechtfertigten dies damit, dass es ja ein digitales Produkt war und theoretisch so angepasst werden konnte, dass es alle Versprechungen erfüllte. Und das Vertriebsteam versprach in der Tat ständig Funktionen, die überhaupt nicht existierten, manchmal waren es wirklich dreiste, gewaltige Lügen, die sich oft auch noch widersprachen.

War das der Grund, weshalb das Unternehmen dem Marketingteam nicht weiterhelfen konnte? Aus Angst, sie müssten konkrete Vorteile des Produkts benennen?

Do it yourself

Ich fühlte mich eigentlich immer nur dann als Teil eines Teams, wenn ich mit den anderen zusammen Fußball schaute.

Das Büro war komplett mit Fahnen dekoriert, deutsche Flaggen überall. Die anstehende Weltmeisterschaft weckte einige Erwartungen. Da wir ein internationales Team waren, sah man auch kleinere Fahnen von Griechenland, Spanien und Frankreich.

Es herrschte das allgemeine Gefühl vor, dass die Deutschen gewinnen würden – was sie dann ja auch taten. Immer wenn vor Spielen der Deutschen der Beamer startklar gemacht wurde, herrschte eine allgemeine Euphorie. Die messerscharfen Pässe von Toni Kroos, die souveräne Führungsrolle von Philipp Lahm, Mesut Özils Ballkontrolle mit dem linken kleinen Zeh – und alles während der Arbeitszeit –, das war Start-up-Kultur, wie sie sein sollte: jede Menge Spaß, großartiger Teamgeist, nicht beschränkt durch die handelsüblichen Arbeitszeiten.

Aber nach den Spielen kehrte wieder der Alltag ein, und ich war einer brauchbaren Antwort auf meine Fragen noch immer kein Stück näher gekommen: Wer war unsere Zielgruppe? Warum war es so schwierig, in dieser Firma zu arbeiten?

Jeder hatte eine andere Antwort, und mir begann zu dämmern, dass diese Antworten einfach bloß Ausdruck der jeweiligen Persönlichkeit waren. Die Machotypen im Vertrieb pflegten zu sagen, alles und jeder war unsere Zielgruppe, jedem konnte man etwas verkaufen, wenn man es nur draufhatte. Die Chefs stellten die Gegenfrage, wer denn nicht mit einem solch fantastischen Produkt arbeiten wollen würde. Das Business-Development-Team lachte meist nur und meinte, natürlich würden die Partnerunternehmen das Produkt an ihre Kunden verkaufen wollen.

Ich wollte direkte Treffen mit den Kunden arrangieren. Mir wurde gesagt, das sei nicht meine Aufgabe. Für den Kundenkontakt seien andere zuständig, und wenn wir den Eindruck erwecken würden, wir wüssten nicht exakt, was die Kunden wünschen, würden sie das Vertrauen in uns verlieren und zur Konkurrenz gehen.

Wer waren denn unsere Konkurrenten? Natürlich hatte auch darauf jeder eine andere Antwort.

Ich hatte also feststellen dürfen, dass das Start-up-Unternehmen in gewisser Weise schon recht hatte, wenn es behauptete, flexibel zu sein: Es war so flexibel, dass es für jeden alles Mögliche sein konnte. Natürlich wurde dieses Chaos in der Start-up-Community als positive Sache gefeiert. Es zeigte doch, dass die Firma voll auf »Dynamik« und »Wachstum« gepolt war.

Aber wie auch immer: Ich musste irgendwie meine Arbeit erledigen, und ich hatte nach meinem hart erkämpften Lauschposten im Vertrieb nun wenigstens eine diffuse Vorstellung davon, wer unsere Kunden waren, also bestand die Aufgabe darin, nach Gemeinsamkeiten dieser Kunden zu forschen. Wenn ich mir ein klareres Bild von unseren Kunden machen konnte, konnte ich potenziell Profile entwerfen, wen wir als Zielgruppe ansprechen sollten, um das Produkt auf sinnvollere Weise verkaufen zu können, als die Vertriebsleute dies taten.

Ich versuchte, an Daten über unsere Kunden zu kommen – und natürlich ergab sich das nächste Problem: Für die Speicherung und Verwaltung von Kundendaten gab es kein standardisiertes Verfahren, jeder im Vertrieb und jeder im Business Development hatte eine andere Antwort darauf, wie viele Kunden es waren und wie unsere Daten geführt wurden. Es entbehrte nicht einer gewissen Ironie, dass eine Firma, die das Datenmanagement optimieren wollte, nicht einmal in ihren eigenen Kundendaten Ordnung halten konnte.

Immer wenn ich Timo um Hilfe bat, sagte er einfach, ich solle auf meine Fähigkeiten vertrauen. Und wenn ich zu Felix ging, schickte er mich regelmäßig weiter zu Timo.

Ich hatte das sehr bestimmte Gefühl, im Ego eines anderen – Timo nämlich – zu verschwinden. Ich machte einfach, was er wollte, redigierte irgendwelche Textschnipsel und erfasste Daten in Excel-Tabellen. Mir entglitt immer mehr die Vorstellung, was mein Job war und, noch wichtiger, was ich eigentlich wirklich wollte. Gleichzeitig stand ich unter Druck, messbare Erfolge mit meinen Marketingbemühungen zu erzielen. Ich musste Zahlen liefern.

Einmal vertraute ich mich beim Mittagessen den anderen im Marketingteam an. Ich gestand ihnen, dass es mir unmöglich erscheine, die Firma effektiv zu vermarkten, wenn ich nicht wisse, für welches Publikum, dass das aber niemanden in der Firma zu interessieren scheine. Ich sagte ihnen, dass ich jedes Mal, wenn ich ein Projekt in Angriff nähme, vom Management zurückgepfiffen würde, obwohl mir gesagt worden sei, dass genau das meine Aufgabe sei. Ich war es nicht gewohnt, einfachste Informationen bei meiner Firma erfragen zu müssen, und ich war es auch nicht gewohnt, jede einzelne Entscheidung mit dem Management abklären zu müssen. Aber es wurde immer klarer, dass ich nur so vorankommen konnte. Ich musste mir langsam, aber sicher Informationen und Genehmigungen von der Firma besorgen.

Als ich das erzählt hatte, herrschte völlige Stille am Mittagstisch: Die anderen sagten, ihnen sei es ganz genauso gegangen, und dann hätten sie irgendwie ihre Nische gefunden und messbare Daten erarbeitet, die sie bei den Townhall-Meetings präsentieren konnten.

Meine Teamleiterin Claudine sagte: »Die Marketingabteilung bekommt keine Hilfe. Denen ist das egal, die hängen sich einfach ans Telefon und verkaufen das Produkt an die Kunden. Die Marketingabteilung und die Produktabteilung sind mehr oder weniger aufgeschmissen. Am Ende machen wir einfach nur noch das, was Timo und Felix von uns wollen. Peter, der Leiter der Produktabteilung, ist extrem angefressen, er hat absolut keine Kontrolle über das Produkt. Sie kommen ihm inzwischen noch nicht einmal mehr mit ihrem üblichen ›Do it yourself‹.«

»Aber wie geht dann überhaupt irgendwas in der Firma voran? Wieso dann dieses ständige Ritual, dieses Gerede vom ›selber machen‹, was soll das?«, fragte ich.

»Sieh mal, Sam. Keiner weiß da genau, was er tut, sie posaunen immer nur ihre angeblichen Erfolge heraus, damit sie nicht gefeuert werden. Sie wollen dir nicht helfen, weil sie nicht wollen, dass du ihnen ins Handwerk pfuschst. Du musst halt irgendwas Allgemeines finden, worüber du in der Townhall berichten kannst, und das dann machen.«

Wenn ich sie richtig verstand, arbeitete also in dieser glitzernden neuen Welt von Daten und harten Fakten jeder einfach nach Gefühl. Anstatt flexibel und innovativ zu sein, taten die Leute einfach nur so, als würden sie wahnsinnig effektiv arbeiten. In dieser Welt, in der wir heute leben, in der zielgenaue Werbung angeblich sogar die Macht hat, Wahlen zu beeinflussen, schmissen wir einfach unsere halb garen Produkte den Kunden vor die Füße wie die Marktschreier auf dem Wochenmarkt.

Pablo, unser Social-Media-Experte, hüstelte nervös. »Leute, ich kann euch nur sagen – mir ging es exakt genauso. Ich kam in die Firma, es war das pure Chaos, sie hatten keine Position für mich, keine Aufgabe. Sie sagten mir einfach, ich solle machen, was ich wolle. Ich bin mehrmals in Schwierigkeiten geraten, weil ich Dinge in den sozialen Medien schrieb, mit denen sie nicht einverstanden waren. Dabei ging es nur um Kleinigkeiten, Sachen wie, wir seien »Europas führendes Produkt im Bereich Datenanalyse«. Aber sie wollten nicht gern als europäische Firma gesehen werden. Bei einem Meeting drohte mir Timo, mich zu feuern, wenn ich es nicht auf die Reihe kriege. Und als ich sagte, ich bräuchte mehr Infos und

Orientierungshilfe, meinte er wieder, ich solle einfach tun, was ich für richtig halte – aber dann kriegst du wieder Probleme, und du erkennst absolut keine Grenze zwischen richtig und falsch mehr.«

Ermutigung sah anders aus …

Ich hatte mehrere Bücher und Artikel von Experten zu dem Thema gelesen, wie man ein Start-up-Unternehmen vermarkten konnte, und ich beschied mich mit dem, was ich in meinem Zuständigkeitsbereich tun konnte: Ich konzentrierte mich darauf, die Firma bekannt zu machen. Dazu stellte ich Listen von Fachjournalisten auf, die ich kontaktieren und um Berichte über uns bitten würde, auch wenn wir noch keinen wirklich überzeugenden Weg hatten, uns umfassend zu vermarkten. Ich würde auch weiterhin Blog-Posts über unser Produkt, unsere Firma schreiben, auch wenn diese zumeist aus nicht viel mehr als kurzen Gesprächen bestanden, die das Produktteam mit mir zu führen geruhte. Und schließlich würde ich eine weitere Liste aufstellen mit Veranstaltungen, bei denen Timo und Felix als Redner auftreten konnten.

Und das wurde zu meinem Job, jeden Tag, vier Monate lang: Infos über Journalisten zusammenklauben, die für ins interessant sein konnten, diese in eine Excel-Tabelle schreiben und Veranstaltungen finden, bei denen Timo auftreten konnte, diese in eine weitere Excel-Tabelle schreiben und die Veranstalter kontaktieren und dann noch Blog-Posts für die Firmen-Website schreiben.

Zu meinem Erstaunen war Timo völlig zufrieden damit, dass ich einfach eine Tabelle mit Journalisten führte. Auch bei den Townhalls kam das sehr gut an, dass ich einfach Daten von Journalisten in Tabellen erfasste, denn das war messbar, und allein die Anzahl meiner Blog-Posts schien für das Team bereits von Wert zu sein, obwohl mir klar war, dass die Anzahl dieser Posts und die Anzahl der Journalisten absolut nichts zu bedeuten hatten. Beides zeigte keinerlei Steigerung unserer tatsächlichen Marketingeffektivität an. Alle waren begeistert, dass ich Timo bei kleineren Events am Rednerpult untergebracht hatte.

Aber das war es auch schon. Ohne eine Einweisung und konkrete Arbeitsanweisungen in irgendeiner Form geriet ich immer wieder ins Schwimmen, stellte dumme Fragen und verbrachte meine Zeit mit dem Versuch, die einfachsten Elemente des Jobs zu durchschauen. Meine Arbeitstage waren alles andere als dynamisch und innovativ – ganz im Gegenteil: Sie begannen und endeten mit der Bearbeitung von Excel-Tabellen. Ich sagte mir, ich müsse einfach auf mich selbst vertrauen. Aber jede Idee, jedes Projekt, mit dem ich kam, wurde entweder von Timo genehmigt und von Felix abgelehnt, oder es wurde von Felix genehmigt und von Timo abgelehnt. Es gab einfach keinen Weg, meine Projekte durchzubringen.

Ich ging meine Liste durch und kontaktierte Journalisten, fragte, ob sie Interesse hätten, ein Firmenprofil zu bringen – vorher hatte ich online einen Artikel darüber gelesen, wie man am besten auf Journalisten zugeht. Nach meiner Schätzung meldete sich im Durchschnitt auf fünfzig kontaktierte Journalisten gerade mal einer bei mir zurück, entweder mit einer höflichen Absage oder mit der Frage, wie ich an seine oder ihre E-Mail-Adresse gekommen sei. Ein oder zwei Mal erhielt ich eine Nachricht, man freue sich, dass die Firma einige Monate zuvor in der Presse gewesen sei, und ob sich denn seitdem irgendetwas Neues getan habe? Nein, die Antwort war ein klares Nein.

Das war's also, ich verließ mich auf meine Intuition, die besagte, das sind die Dinge, die ich machen konnte, also machte ich sie. Das Ganze baute eben nicht, wie die Welt der Technologie ständig behauptete, auf belastbaren Daten oder harten Fakten auf.

»Hey, Sam, komm, das Deutschlandspiel fängt an!«, schallte es von irgendwoher. Ich ließ einfach alles stehen und liegen und sah mir mit den anderen das Spiel an. Aber während die Euphorie im Verlauf der WM immer weiter wuchs, begann ich mir einige ernste Fragen zu stellen. Die Start-up-Firma kam mir einerseits fast wie ein Zuhause vor, mit all den Sofas und den Porträts an der Wand. Es sah aus, als würde das Spaß machen, mit den stundenlangen Gesprächen mit Kollegen auf der Couch. Zwölf Stunden am Tag verbrachte ich dort, wie alle anderen auch, und wie alle anderen auch brachte ich nichts auf die Reihe. Da fragte ich mich irgendwann, ob Start-ups vielleicht nur nach Arbeit aussahen, aber in Wirklichkeit gar keine waren.

Start-up-Arbeit ist weder effizient noch innovativ

Unternehmen geben ihren Mitarbeitern normalerweise Aufgaben und Ziele vor – Dinge, die sie erledigen müssen, wenn sie ihren Job behalten wollen. Start-ups nicht. Die geben ihren Mitarbeitern einen Aufgabenbereich, ein allgemeines Betätigungsfeld, auf dem die Mitarbeiter dann ihre eigenen Ziele abstecken und erreichen sollen. Es ist also Flexibilität gefragt: Aufgaben, Verfahren, Ideen, alles muss sich verändern können, und zwar schnell.

Das ist jedenfalls die Idee dabei.

Mein normaler Tagesablauf bei Rivalchemy hieß, ich saß an meinem Schreibtisch und arbeitete mit meinem

Team, und ansonsten waren wir mehr oder weniger auf uns allein gestellt. Es gab keine Ziele, keine Aufgaben, keine Projekte – nichts Konkretes, was die Firmenleitung von uns hätte haben wollen. Stattdessen bekamen wir alle gesagt, was grundsätzlich von uns erwartet wurde, schlicht und einfach die Vermarktung des Unternehmens mit messbaren, positiven Ergebnissen. Dieses Ausmaß an Freiheit hört sich vielleicht großartig an, stellte aber in Wirklichkeit eine sehr große Herausforderung dar, besonders wenn, wie bei uns und bei den meisten Start-ups, folgende Bedingungen zutreffen: a) Die Abteilung hat kein eigenes Budget zur Durchführung großer Projekte. Und b) das Unternehmen wird trotz angeblicher Offenheit sehr wohl hierarchisch geführt, was wiederum bedeutet: Am Ende jonglierst du deine bescheidenen kleinen Ideen und Projekte durch das Management, das deine Arbeit in jeder Phase genehmigen muss – und das eben immer wieder nicht tut.

Angesichts der herrschenden Erwartungen mussten wir jedoch messbare Daten vorweisen, die im Idealfall die Fortschritte der Firma in Sachen Marketing belegten. Also meldeten wir einfach Woche für Woche die Zahlen, die wir hatten: die Zahl der Follower, die Tweets, die Erfolge einbrachten. Was auch immer unsere Jobs waren – Jobs, die wir wohlgemerkt selbst definiert und je nach den Ansprüchen von Timo und Felix wieder umdefiniert hatten –, irgendwie fanden wir messbare Daten, die wir vermelden konnten.

Meine Mitbewohner nannten mich bereits spöttisch »Computerdisplay-Manager«, denn im Grunde tat ich ja den ganzen Tag kaum etwas anderes, als auf den Bildschirm zu starren. So witzig das war, es tat auch ein bisschen weh – vermutlich, weil es den Nagel auf den Kopf traf.

Und dann wuchs das Unternehmen auch noch. Es kamen immer neue Leute dazu, deren Aufgaben unklar waren. Wachstum signalisiert den Investoren eine positive Entwicklung, und es zeigt, dass es der Firma gut geht, aber es schafft keine solide Arbeitsumgebung, in der jeder weiß, was Sache ist.

Einmal kam ich ins Büro und musste feststellen, dass, sozusagen über Nacht, gleich eine ganze Truppe neuer Leute dazugekommen war. Es waren Praktikanten, und sie belegten die Hälfte des Großraumbüros im oberen Stockwerk. Als ich fragte, was sie denn machten, sagten sie mir, das ganze Team sei mit der Bearbeitung von Beschwerden betraut. Anstatt das Produkt und den Kundenservice in Ordnung zu bringen, blähte die Firma einfach ihre Beschwerdeabteilung mit billigen Arbeitskräften auf.

Klingt das nach Innovation oder Effizienz?

Natürlich nicht.

Wie man sieht, werden in Start-ups aufkommende Probleme alles andere als innovativ angegangen. Vielmehr wird die Inkompetenz in einem Bereich des Unternehmens dadurch behoben, dass man die Komplexität in einem anderen Bereich noch erhöht. Der Vertrieb macht Versprechungen über das Produkt, von denen er weiß, dass sie gelogen sind? Kein Problem, man verschlimmert einfach diese Inkompetenz durch Einstellung von Praktikanten, die natürlich nie eine Einführung darüber bekommen haben, wie mit Beschwerden umzugehen ist!

Wir behaupteten, unsere Technologie sei innovativ und unsere Firma effizient, doch in Wahrheit war alles, was jeder Einzelne in der Firma tat, aufwendig und schwerfällig. Das ideale Unternehmen hingegen, die Traumversion, die wir gerne in unserer Firma sehen wollten, wurde in den Strategiemeetings zelebriert. Und wenn ich sage »die wir gerne sehen wollten«, dann war das bei mir in meinen ersten paar Monaten wirklich der Fall – trotz der ineffizienten Arbeitsmethoden, trotz des Mangels an Kommunikation, trotz der fehlenden Flexibilität und der sehr eingeschränkten Möglichkeiten, irgendwo Innovationen zu verwirklichen. Ich redete mir immer noch ein, meine Zeit, in der ich meine Ideen würde verwirklichen können, würde schon noch kommen.

Die Strategiemeetings, die in jedem Projekt nahezu täglich stattfanden, verliefen ungefähr wie folgt:

- Jemand organisierte ein Meeting und einen geeigneten Raum via Google, alle nahmen teil.
- Wir redeten dreißig Minuten lang über die großartigen möglichen Ergebnisse, die wir erreichen könnten.
- Wir stellten eine Liste mit den nächsten Schritten und »To-dos« auf.
- Nichts wurde fertig, weil jede Idee zuerst von Timo und Felix begrüßt und gefördert, am Ende aber wieder abgeschossen wurde.

Eine Verliererkultur also, nichts wurde zu Ende gebracht, einmal abgesehen von nutzlosen Tätigkeiten, frei von jedem Sinn und präsentiert mit dem Nebelhorn für ein Team, das ebenso ungläubig wie gelangweilt auf den nächsten Thrill wartete. Was soll an dieser sogenannten neuen Start-up-Welt glanzvoll oder innovativ sein?

Beim Lunch nach der Party

Und doch gab es selbst in diesem Quasidauerzustand betrieblicher Erstarrung und professionellen Chaos ein organisatorisches Prinzip: das Selbst. Wie Timo auf der Party zu mir gesagt hatte, oblag es jedem Einzelnen selbst, sich um jeden Preis zu optimieren, sich die besten Formen der Organisation im Alltag zu erarbeiten, Projekte selbstverantwortlich in die Hand zu nehmen und dem Unternehmen zu sagen, was zu tun war.

Ich begrub also meine Beschwerden über die Firma und beschloss, die Dinge nun wirklich selbst in die Hand zu nehmen.

Eigentlich war der Moment, in dem ich diesen Entschluss fasste, der Tag nach der Party, genauer: die Mittagspause.

Nachdem wir am Tag nach der Party das Büro wieder in Ordnung gebracht hatten, beschlossen wir vier vom Marketingteam, es sei Zeit fürs Lunch. Wir tankten in der Mittagssonne bei starkem vietnamesischen Tee und Hühnchen mit sahniger Erdnusssoße neue Energie. Wir lachten trotz unseres Katers über die Ereignisse vom Vorabend und darüber, wie Klaus (einer aus dem Vertriebsteam) und Felix mit der neuen asiatischen Werkstudentin flirteten.

»Sie lächelte immer nur, sie wusste überhaupt nicht, wie sie reagieren sollte«, lachte Johannes.

»Und Klaus meinte so: ›Weißt du, ich liebe die japanische Poesie‹, und sie antwortete bloß: ›Ach ja, wie schön, ich komme übrigens aus Hongkong, aber macht nichts, alles gut‹«, erzählte Pablo.

»O Mann, hast du gesehen, wie sich Felix und Klaus gegenseitig taxiert haben? Das war der pure Zweikampf, wer ist der Stärkere – in der blauen Ecke: Felix, in der roten Ecke: Klaus«, sagte Claudine.

»Hey, ich habe gesehen, wie du dich mit Timo unterhalten hast, da schien es um was Ernstes zu gehen. Worüber habt ihr gesprochen?« fragte Johannes.

»Ach nichts«, sagte ich. »Einfach nur, damit wir uns besser kennenlernen, würde ich sagen.«

»Er ist manchmal echt nervig, weißt du«, sagte Pablo. »Er wollte wirklich jedes einzelne Mädchen in der Firma ins Bett kriegen. Und Felix genauso. Die sind echt ziemlich pervers drauf.«

»Timo ist eklig«, sagte Claudine. »Ich warne dich, Sam. Sei nicht überrascht, wenn sie dich übers Ohr hauen wollen. Bei denen musst du echt aufpassen.«

»Was willst du damit sagen?«, fragte ich.

»Na ja, ich meine, wenn sie dich mögen, helfen sie dir, aber wenn nicht, lassen sie dich schuften, bis du schwarz wirst.«

Sie wandte sich wieder ihrem Essen zu.

»Wie genau meinst du das? So kannst du das nicht stehen lassen!«, sagte ich.

»Na überleg doch mal. Für die ist das Gründen dieser Firma eine spannende Sache. Es gibt ihnen ein gutes Gefühl. Aber die eigentliche Arbeit machen – das wollen sie nicht. Richtige Arbeit ist langweilig. Etwas weggeschafft zu kriegen, das ist langweilig. Die wollen bloß, dass es aussieht, als hätten sie etwas geschafft, dass jeder glaubt, sie wären erfolgreich, aber in Wirklichkeit geht es für sie bloß um den Kick, darum, Macht auszuüben. Am Anfang bekam die Firma einen Haufen Presse, so wie alle neu gegründeten Start-ups. Aber jetzt müssen sie den Laden aktiv vermarkten. Und da wissen sie nicht, wie sie es anstellen sollen. Felix will es so machen, Timo genau anders herum. Am Ende würgen sie die Ideen des jeweils anderen ab, und gleichzeitig kommen sie dir mit ihrem ›Do it yourself‹, du kennst das ja. Das ist bescheuert. Total bescheuert. Ich hasse es, ehrlich. Und wenn es dann mal schwierig wird, schieben sie die ganze Schuld auf dich.«

»Okay, aber wenn dir das klar ist, wieso kündigst du dann nicht?«, fragte ich.

»Das werde ich tun«, sagte sie. »Eines Tages«, fügte sie hinzu und aß weiter.

Ich richtete den Blick in die Ferne und blendete die Stimmen der anderen aus, um mich an das zu erinnern, was Timo gesagt hatte.

Das Problem lag auf der Hand: Ich hatte mich geirrt! Ich bekam nur deshalb nichts geregelt, weil ich immer um Erlaubnis bat. Das machte die Arbeit im Start-up so nervtötend. Deshalb langweilte mich meine Arbeit auch so.

Ich würde mir selbst mein eigenes Projekt erschaffen.

Endlich ein eigenes Projekt!

Timo und Felix ließen am folgenden Montagmorgen wissen, dass demnächst, innerhalb einer Woche, eine große Produktankündigung anstehe. Leider hatte Peter, der Leiter der Produktabteilung, just an diesem Wochenende seinen Ausstieg aus der Firma beschlossen. Er wolle an anderen Dingen arbeiten, sagte er.

»Macht nichts«, sagte Timo, »wir werden immer Problemlösungen finden!«

Das war meine Chance.

Ich wollte das Marketing für das Produkt in die Hand nehmen und einen Entwurf vorlegen, wie dieses Marketing aussehen könnte. Je nachdem, wie groß das Produktrelease sein würde, könnten wir entsprechende Informationen und Materialien für die Presse vorbereiten, und ich konnte das Ganze an meine Kontaktliste mit Fachjournalisten senden.

Außerdem sah ich mir online noch einmal einige Artikel über die Pressevermarktung von Start-ups an. Ich wusste, dass die Beschreibungen unserer Firma und unseres Produkts eine gewisse sprachliche Überarbeitung vertragen konnten, jedenfalls wenn wir das Ganze effektiver an den Mann bringen wollten.

Ich beschloss, mich darum zu kümmern. Rivalchemy hat mich eingestellt, weil ich gut recherchieren und gut schreiben konnte. Nun, hier saß ich also, recherchierte Methoden und plante, gute Texte zu verfassen. Ich fühlte mich wohl bei dem Gedanken, dass dieser Ideenreichtum anerkannt werden würde.

Ich erstellte eine Gruppe bei R-Byte Talk. Ich bat Timo und Felix, zusammen mit mir das anstehende Produktrelease zu besprechen, ich wolle mit dem Marketing zeitig am Ball sein und müsse deshalb so viel wie möglich über das Produkt wissen. Außerdem konnte ich ihnen dann gleich meine neuen Ideen zur Beschreibung des Unternehmens präsentieren. Noch für die gleiche Woche wurde ein Meeting mit ihnen angesetzt. Ich bereitete in der Zwischenzeit alles vor, was ich bis dahin hatte, und verbrachte die Abende damit, eine Präsentation auszuarbeiten, die ich den Chefs vorlegen könnte.

Ich hatte nur Timo und Felix um eine Besprechung gebeten, aber als ich den Meetingraum betrat, erwarteten mich ungefähr zehn Leute. Die Team Leads waren da, der Developer Ninja, der BisDev Wizard. Ich fragte, was das Ganze solle.

»Wir sind hier wegen deiner Präsentation«, sagte der Developer Ninja.

Ich wollte gerade anfangen, da flog die Tür auf: »Sorry, bin spät dran«, sagte Timo. Er war verschwitzt und trug Sportkleidung. »Ich trainiere immer noch für den Ironman.«

»Wie war es denn heute?«, fragte Alex, Backend Ninja.

»Zehntausend, knapp drunter. Aber es wird besser. Aber wem erzähl ich das? Du bist doch der King des

Ironman, oder nicht? Wie viele hast du gemacht? Drei?«, sagte Timo.

»Drei in diesem Jahr«, sagte Alex. Alles lachte.

»Ich staune über mich selbst, ganz ehrlich. Letztes Jahr kam ich kaum mit dem Hintern aus meinem Stuhl, und dieses Jahr laufe ich Zehntausender – erstaunlich, was man schaffen kann, wenn man sich nur fordert. Sorry, ich wollte euch nicht unterbrechen. Wo waren wir?«, sagte Timo.

»Ich war gerade dabei zu fragen, warum so viele Leute hier sind«, sagte ich.

»Ach ja«, sagte Timo und begann auf seinem Handy herumzuspielen. »Ich habe alle hier gefragt. Meetings sind besser, wenn mehr Leute dabei sind – das erspart mir, hinterher den Leuten alles noch mal zu erklären.«

Ich schloss meinen Laptop an den Projektor an und erzählte, frei und ohne Notizen, das eine oder andere zu den vorbereiteten Folien.

»Warte grad mal einen Moment«, sagte Timo und ging aus dem Raum, das Handy am Ohr.

»Oh«, sagte Alex, »Meeting schon vorbei?«

Alle waren einverstanden und gingen zurück an ihre Schreibtische.

Ich bat Timo und Felix noch mal um ein Meeting.

Sie sagten, wir könnten das gerne am nächsten Tag machen.

Am nächsten Morgen kam ich zur Arbeit, checkte meine Mails, aktualisierte den Twitter-Feed der Firma und postete in den sozialen Medien Material, das Appetit auf mehr machen sollte und andeutete, dass etwas Großes bevorstand. Und ich wartete auf Timo und Felix. Das Meeting war auf zehn Uhr angesetzt, aber als der Termin nahte, bekam ich eine Absage – und dann noch eine. Wir sollten uns stattdessen zum Mittagessen treffen –

das müsse ich verstehen, wichtige Meetings, das könne ewig dauern.

In der Mittagspause gingen wir zu dritt zu einem sudanesischen Imbiss und bestellten Falafel mit einer Spezialsoße.

»Also, worüber wolltest du sprechen?«, fragte Timo und biss in sein Sandwich.

»Na, den Produktstart«, antwortete ich.

»Okay«, sagte Felix, »was hast du?«

»Na ja, ich dachte – ihr habt gesagt, wir wären in der Presse nicht präsent genug, und da dachte ich mir, ich kümmere mich drum. Wir beschreiben uns bisher nicht so gut, wie es sein könnte. Deshalb habe ich eine Präsentation mit Änderungsvorschlägen für das Firmenmaterial zusammengestellt, ich hätte auch ein paar Ideen für die Marketingstrategie – ich habe eine Präsentation hier auf meinem Laptop.«

»Du hast deinen Laptop dabei?«, wunderte sich Felix.

»Ja, sorry, ich meinte …«

Felix fiel mir ins Wort. »Wir sind hier zum Essen«, belehrte er mich.

»Ich zeig's euch dann später, aber das Wichtigste ist doch, dass ich jetzt auch das neue Produkt in den Griff kriege und dann das Marketing entsprechend planen kann«, sagte ich.

»Was soll das heißen: ›entsprechend planen‹?«, fragte Felix.

»Na ja, Marketing speziell für das Produkt eben – wir können dann etwas für die Presse machen und das auch an die Kunden schicken, Newsletter und solche Sachen. Es geht eben darum, mehr über das Tool zu erfahren, um es dann besser verkaufen zu können«, sagte ich.

Stille.

Felix und Timo tauschten kurze Blicke aus. Felix' Handy klingelte, und er entschuldigte sich, um den Anruf entgegenzunehmen.

»Hör zu, Sam«, sagte Timo – ich dachte: O nein, jetzt schmeißt er mich raus! –, »wir wissen deine Bemühungen in der Sache zu schätzen, was für die Presse machen und so, aber ehrlich gesagt sind wir ein wenig überrascht.«

»Ach ja?«, fragte ich.

»Ja«, sagte Timo. »Wieso willst du bloß das Produkt vermarkten? Wieso bloß kleinere sprachliche Veränderungen?«

»Ich verstehe nicht ganz«, sagte ich.

Er legte mir den Arm um die Schulter und starrte mich genauso an wie kürzlich auf der Couch. Dann sagte er: »Wieso sagst du mir nicht, wie das Produkt sein sollte? Wir bauen es dann, du sagst uns einfach, wie du dir es vorstellst.«

Es gab eine Pause. Straßenlärm war zu hören und Felix, der immer noch telefonierte. Ich wartete auf das Lachen, die Auflösung der Pointe. Mein Boss wollte mich doch bloß verarschen, oder?

»Wieso sagst du nichts?«, fragte Timo.

»Sorry, es ist nur … Du erwartest von mir, dass ich euch sage, wie das Produktrelease aussehen soll? Du sagtest, du würdest es ankündigen. Wie soll ich dir denn sagen, welches Produkt wir bauen sollen?«

Keine Antwort. Nur bohrende Blicke.

Mir wurde ganz flau im Magen, als mir klar wurde, dass er es ernst meinte.

»Sorry, Timo, du willst ernsthaft, dass ich euch sage, was ihr bauen sollt? Nur um Missverständnisse zu vermeiden«, fragte ich.

»Ganz genau – und offen gestanden sind wir leicht enttäuscht, dass du uns dafür überhaupt hierher geschleppt hast. Für nichts«, sagte er.

»Ich habe mit dem Produkt unmittelbar nichts zu tun. Und auch sonst: Wir haben bisher nicht das Geringste in Sachen sauberer, gründlicher Marktforschung gemacht. Jedes Mal, wenn ich eine Studie organisieren wollte, wer unsere Kunden sind und was sie wollen, habt ihr mich zurückgepfiffen. Und jetzt soll ich euch erzählen, wie das Produkt aussehen soll – das ist doch verrückt«, sagte ich.

»Was ist daran verrückt?«, fragte er.

»Alles, was ich gerade gesagt habe. Ich habe die letzten Monate im Grunde nichts weiter gemacht, als ein paar Textschnipsel für euch zu redigieren – und jetzt soll ich für euch ein Produkt bauen?«, fragte ich.

»Nun«, sagte Timo, »wie ich schon immer sage – Selbstoptimierung.«

»Wieso keiner der anderen Entwickler? Wenn Peter weg ist, müsste euch ein anderer aus dem Produktteam sagen können, was zu tun ist«, sagte ich. »Das ergibt doch absolut keinen Sinn. Wie kommt ihr ausgerechnet auf mich?«

Er starrte mich durchdringend an und sagte dann mit todernster Stimme: »Du sagst uns, wie das Produkt aussehen soll, oder du bist gefeuert.«

Das war der pure Irrsinn. »Die haben sie nicht mehr alle«, dachte ich. Mein Kopf war plötzlich völlig leer, selbst die Straße, die Autos, den Lärm nahm ich nicht mehr wahr.

Timo biss in sein Sandwich und meinte mit vollem Mund: »Du hast eine Woche Zeit. Die Investoren wollen Wachstum sehen. Die brauchen Produktreleases, ganz egal, was genau da drinsteckt. Sieh zu, dass du dich dahinterklemmst.«

Felix kam wieder dazu.

»Sorry, Leute, meine Mutter. Was hab ich verpasst?«, fragte er.

»Er möchte, dass ich dem Produktionsteam sage, wie das nächste Produkt aussehen soll, damit sie es bauen können«, sagte ich. Felix sah mich verdutzt an.

»Was war noch mal dein Job?«, fragte er.

»Junior Marketer«, sagte ich.

Er zuckte mit den Achseln.

»Na, dann lernst du jetzt wohl besser, wie man Produktmanager wird«, sagte er.

Beide lachten, und wir verzehrten weiter unsere Falafeln. Sie unterhielten sich auf Deutsch, und ich wartete darauf, dass sich das Ganze als eine Art Aprilscherz herausstellen würde. Tat es aber nicht.

Mir fiel wieder ein, was Claudine gesagt hatte. Alle möglichen Gedanken rauschten mir durch den Kopf. Ich stellte fest, dass sie mir immerhin etwas zu tun gaben, einfach weil sie Termine für die Investoren einhalten mussten. Irgendetwas ankündigen, auf Teufel komm raus. Selbst wenn sie sämtliche Entwickler gefeuert hätten, würden sie irgendetwas ankündigen. Und weil sie selbst keine Ideen hatten, nötigten sich mich dazu, mir das nächste Produktrelease aus den Rippen zu schneiden. Wenn es ein Erfolg würde, würden sie sagen können, es sei ihre Idee gewesen – wenn es schiefging, konnten sie mir die Schuld geben und waren gegenüber den Investoren aus dem Schneider.

Plötzlich tat es mir, so blöd es klingen mag, leid um die Präsentation, die ich zusammengestellt hatte. Nicht wegen all der Arbeit, die ich investiert hatte, sondern wegen der Präsentation für das Produktmaterial.

Wie schade.

Wie blöd.

Der Großstadtlärm meldete sich wieder zurück. Autos, Baustellen, Flugzeuge.

Der reine Horror. Der Horror der Erkenntnis, wo ich stand und was ich nun zu tun hatte: eine eigene Produktidee für ein Unternehmen vorzulegen, obwohl ich keinerlei Erfahrung mit solchen Aufgaben besaß und obwohl ich ganz bestimmt nicht dafür eingestellt worden war.

Warum blieb ich bei der Firma? Ich hätte einfach gehen sollen. Ich weiß auch nicht. Versprechen konnte man schließlich alles. Die Vertriebsleute konnten lügen und Versprechungen machen, und hinter den Kulissen machte ich das Produkt. Mir dämmerte allmählich, dass es keinen Bedarf an Marketing für irgendwelche Zielgruppen gab, es kam nur darauf an, zu zeigen, dass die Firma wuchs.

Ping!

Yeah!

Wooh!

Als wir wieder ins Büro kamen, hatte Johannes etwas mitzuteilen: »Claudine ist weg.«

»Was soll das heißen, weg?«, fragte ich.

»Sie hat gekündigt. Sie ist einfach gegangen. Gerade eben.«

»Gekündigt?«, fragte ich. »Wieso?«

»Musste wohl sein«, sagte Pablo. »Sie hat schon die ganze Zeit so traurig ausgesehen.«

Ich setzte mich an meinen Laptop, von den jüngsten Ereignissen ein wenig aus der Bahn geworfen. Ich öffnete mein E-Mail-Programm, eine Mail von Timo war da. Sie bestand aus einem einzigen Satz:

»Sam, du hast eine Woche!«

2

DER GROSSE HYPE

Hey, Tim,

los geht's! Ich ziehe nach Berlin. Yep, ich stürze mich ins Abenteuer! Ich habe heute meinen Job gekündigt, bin also Ende des Monats frei, fliege rüber und fange ein neues Leben in der Bundeshauptstadt an. Es ist verrückt!

Natürlich sind da noch ein paar Dinge zu regeln: Ich brauche eine Wohnung, ich brauche einen Job. Hast du eine Idee, wo ich anfangen könnte zu suchen? Ich habe was angespart, um mich für ein paar Monate über Wasser zu halten, aber irgendwann muss ich Geld verdienen. Ach ja: Kann ich eine Woche bei dir wohnen?

Danke!

Sam

Lieber Sam,

WTF? Du ziehst wirklich nach Berlin? Na endlich, Alter! Ich sag dir seit Ewigkeiten, dass du raus musst aus dieser großen, langweiligen Stadt. Berlin, Mann, yeah! Das wird genial.

Du kannst bei mir pennen, solange du willst (ich nehme mal an, du bleibst länger als eine Woche). Ich lebe in einem Stadtteil namens Neukölln, ein bisschen runtergekommen, aber echt cool. Bring 'nen Schlafsack mit, mit zusätzlichem Bettzeug kann ich leider nicht dienen.

Genial, dass du kommst, Alter! Endlich raus aus dem langweiligen Job, raus aus deinem langweiligen Leben, raus aus London! Mach dich auf die Socken, du findest hier garantiert einen Job bei einem Start-up.

Gruß

Timmy!

Ich hatte meine Entscheidung, aus London wegzugehen, irgendwann Ende Januar 2014 getroffen, und im März 2014 war alles Notwendige erledigt: Job gekündigt, Miete bezahlt und Kaution zurückbekommen, große Abschiedsfete mit den Kumpels, unter der Geschichte mit der Exfreundin endgültig einen Schlussstrich gezogen. Tim kannte ich schon aus Unizeiten. Er war schon eine Weile in Berlin und schien hauptsächlich am Feiern zu sein.

In einem Start-up sollte ich also sicher einen Job finden? Aber was war ein Start-up genau?

Ich begann zu googeln.

Der erste Treffer war eine Definition aus einem Online-Businesslexikon: »Ein Start-up ist ein junges Unternehmen in den Anfängen seiner Entwicklung. Start-ups sind üblicherweise kleine Firmen und werden zu Beginn von wenigen Gründungsmitgliedern oder einer Einzelperson finanziert und betrieben. Diese Unternehmen bieten ein Produkt oder eine Dienstleistung an, die zum gegenwärtigen Zeitpunkt auf dem Markt nicht oder – nach Ansicht der Firmengründer – nur in unzureichender Weise angeboten werden.«[4]

Okay, wir kamen der Sache näher.

Zweiter Treffer: Wikipedia.

»Die Finanzierung wird dabei häufig wegen der hohen Risiken nicht über klassische Banken organisiert, sondern über Förderbanken und innovative Finanzierungsformen wie Wagniskapital und Crowdfunding.

Oft haben die Start-ups es dabei mit einem jungen oder noch nicht existierenden Markt zu tun und müssen erst ein funktionierendes, skalierbares Geschäftsmodell finden. Haben sie dieses gefunden und etabliert, gelten sie allgemein nicht mehr als Start-up.«[5]

Gut, okay.

Nun hatte ich zumindest eine vage Vorstellung davon, was Start-ups waren, auch wenn ich erst nach rund sechs Monaten bei Rivalchemy erkennen würde, was es mit dem Arbeiten für ein Start-up wirklich auf sich hatte …

Doch nicht nur für mich war und ist die Frage »Was ist ein Start-up?« etwas, an dem ich nicht vorbeikam, ob ich nun wollte oder nicht. Der Begriff wird so häufig verwendet und er ist mit einem derart großen medialen Bohei und mit weitreichenden kulturellen Vorstellungen von neuen Formen der Arbeit und Technologie sowie Annahmen über Millennial- und Jugendkultur verbunden, dass anscheinend immer dann, wenn jemand unter vierzig Jahren eine Firma gründet, diese Firma automatisch als Start-up gilt.

Google Trends zeigt, dass das Interesse der Amerikaner an Start-ups im Jahr 2004 seinen Höhepunkt erreichte und seither stetig abnimmt.[6] Die entsprechende Suche in Deutschland zeigt für das Jahr 2004 ein beachtliches Interesse, das danach zuerst abnahm. Seit Juni 2010 steigt allerdings das Interesse an Start-ups in Deutschland wieder drastisch an.[7] Dasselbe gilt für Frankreich.

Diese unterschiedlichen Trends spiegeln vermutlich die Tatsache wider, dass Start-ups in Amerika ein ganz normaler Teil der Unternehmenskultur sind, in Europa dagegen sind sie immer noch etwas, das die Leute nicht so recht verstehen.

Für mich war das Verlockendste an Start-ups die dahinterstehende Philosophie. Wir wissen, wie klassische Unternehmen von außen betrachtet aussehen: Es gibt ein fertiges Produkt oder eine komplette Dienstleistung, ansprechend und werbewirksam verpackt. Wir gehen davon aus, dass das Unternehmen auf einem Geschäftsmodell und einer strikten Hierarchie gründet. Im Gegensatz dazu schien das Internet zu verlangen, dass bei Start-ups nicht nur das Produkt nicht komplett fertiggestellt, sondern auch, dass das Geschäftsmodell wandlungsfähig sein muss, ebenso wie die Unternehmensstruktur, die Kultur, der Stil und die Werte. *Flexibilität, Innovation, Kreativität!* Die Fähigkeit, in Echtzeit zu testen, ob ein Produkt funktioniert: Die Verbraucher sollen Einfluss nehmen können! Die Möglichkeit, das Geschäftsmodell in Echtzeit zu verändern: Die Mitarbeiter sollen viel mehr Einflussmöglichkeiten haben! Es war ein radikaler Ansatz für den Umgang mit Arbeit: Du bist nicht mehr Befehlsempfänger und führst aus, was du »von oben« gesagt bekommst, du arbeitest so, wie es dir angemessen erscheint, du leistest deinen Beitrag zum Unternehmen, du gestaltest es nach deinen eigenen Vorstellungen mit, machst es so quasi zu deinem eigenen.

Ein Grundgedanke dabei ist Schnelligkeit. Durch Eliminieren unnötiger Strukturen, die bei größeren Unternehmen zur Belastung werden – Machtstrukturen, Abteilungsprozesse, Budgetgrenzen –, sind Start-ups in der Lage, effizienter und innovativer zu arbeiten. Ideen können überall im Unternehmen aufkommen und, wenn sie etwas taugen, unverzüglich weiterentwickelt und umgesetzt werden. Wenn mit dem Produkt etwas nicht stimmt (aufmerksam darauf kann zum Beispiel eine Kundenreklamation machen), kann dies unverzüglich behoben werden. Der Entwickler wird auf den Fehler hingewiesen und behebt ihn sofort. Keine überlangen Arbeitszeiten, keine langwierigen Planungsbesprechungen – wir machen es einfach.

Inmitten jener Rezession, in der wir alle jeden Job annahmen, der uns über den Weg lief, lag hier das Versprechen, dir deinen Job selbst gestalten zu können und die Firma gleich mit. Wenn ich noch irgendwelche Zweifel gehabt hatte, ob es die richtige Entscheidung war, von London wegzugehen und die endlosen Reihen von Regalen mit Aktenordnern, den ermüdenden, monotonen Klang des Fotokopierers, die Stille im Büro, unterbrochen nur durch gelegentliches Seufzen und das Klappern der Tastaturen, hinter mir zu lassen, hatte dieses Versprechen meine Zweifel endgültig zerstreut.

Ich hatte das Gefühl, dass in der alten Arbeitswelt die Menschen nur dazu da waren, diese piependen Maschinen zu bedienen und zu überwachen. Ich wollte die Dinge selbst in die Hand nehmen, dynamisch sein. Ich wollte radikale Ideen hören. Ich wollte radikale Ideen entwickeln. Ich wollte Musik und Kreativität um mich haben. Ich wollte die ganzen sperrigen und schweren Kästen der Maschinen, die mich umgaben, nicht mehr sehen und das Ganze durch den schlanken, schnellen Laptop ersetzen.

»Wie lange brauchst du noch für die neue Präsentation?« Michael, mein Boss bei der Werbeagentur, platzte ungeduldig ins Büro.

Ich war froh, auf dem Absprung zu sein.

Frühjahr 2014: Neue Stadt, neues Glück

Für mich hieß Berlin Freiheit.

Ich ging durch die Straßen und genoss die entspannte Art und Weise, in der die Bewohner ihre Stadt einfach für alles zu nutzen schienen, was ihnen in den Sinn kam. Manche machten Hindernisläufe auf Parkplätzen, andere spielten im Freien Gitarre, die Leute legten Gemüsebeete in Parks an und nutzten noch das kleinste Fleckchen öffentlichen Grüns, sie tanzten und machten Party. Was für ein Gegensatz zu London. In London war alles dicht gepackt, organisiert, alles ausgeschildert, klar, geordnet, dem kommerziellen Zweck untergeordnet. Nirgendwo Leben oder ein spontaner Impuls. Du konntest dich nicht einfach irgendwo hinsetzen und den Tag genießen, für alles musstest du zahlen. Straßenmusiker wurden verhaftet, wenn sie keine Lizenz vorzeigen konnten. Deine Stadt gehörte dir nicht. Du gehörtest ihr.

Und in Berlin, ja, hier in der City, sobald der Frost die Bürgersteige aus seinem Griff entlassen hatte und wieder Blätter an den Bäumen sprossen, war die Stadt frei. Du konntest einfach zum Tempelhofer Feld gehen, ein Bier in der Hand, Freunde treffen, zusammen grillen. Du konntest dir die Nacht um die Ohren schlagen oder das ganze Wochenende lang Party machen, auf den Markt gehen und Leute treffen.

Und vor allem: Die Leute freuten sich, wenn sie dich sahen, mit dir etwas unternahmen, mit dir zusammen waren. Berlin strahlte das Gefühl aus, in einer Kleinstadt zu leben, vertraut, ruhig, ganz normaler Alltag, nur eben auf das Format einer Großstadt projiziert.

In den ersten Wochen nach meiner Ankunft im März kam ich in Tims Wohnung in Neukölln unter, bis ich schließlich ein Zimmer in einer internationalen WG ebenfalls in Neukölln fand, in einer kleinen Wohnung nicht weit von der S-Bahn-Station. Meine drei Mitbewohner waren alle Studenten, Mitte zwanzig und studierten Postkolonialismus, das ist eine Mischung aus Soziologie, Gender Studies und Kunstgeschichte, sowie Schauspiel und Chemie. Sie nahmen an, ein Nichtstudent würde ein wenig Balance und Pragmatismus in die Wohngemeinschaft bringen.

Die nächste Herausforderung bestand darin, die Sprache zu lernen, und ich meldete mich sofort für entsprechende Kurse an und machte auch bald große Fortschritte.

Blieb noch das Wichtigste: Ich musste einen Job finden.

Mai 2014: Die Start-up-Messe – Teil 1

Die Jobmesse sollte in einem Gebäude an der Spree stattfinden. Es war eine Lagerhalle in Friedrichshain, und in der Umgebung standen Gebäude mit Logos, die jeder auf der Welt kannte. Bloß nicht, dachte ich bei mir, da gehst du von London weg und landest wieder in der Welt der Großkonzerne, deren einzige Sprache, die alle beherrschen, das Branding ist. Aber dann entdeckte ich zum Glück die eigentliche Lagerhalle, und da war kein Firmenlogo oder sonst irgendetwas zu sehen, das auf Big Business schließen ließ.

Touristen fotografierten die Berliner Mauer. Leute torkelten betrunken die Warschauer Straße entlang. Als ich den Fabrikbau erreichte, überraschte es mich kaum, ein paar Junkies dort herumlungern zu sehen. Sie trugen abgewetzte, zerrissene Klamotten, und sie tranken. Ich lächelte der Gruppe zu.

Einer aus der Gruppe sprach mich auf Deutsch an.

»Sorry«, sagte ich und antwortete mit meinem kaum vorhandenen Deutsch. »Ick versteh nickt.«

»Okay, English?«, fragte einer.

»English«, bestätigte ich.

»Gehst du etwa da rein, Mann?« fragte der Wortführer. Er war klein und ganz in Schwarz gekleidet. Er erinnerte mich ein wenig an meinen Freund Tim, bei dem ich die ersten Wochen untergekommen war.

»Ja«, sagte ich, »wieso?«

»O Mann, das weißt du vielleicht nicht, aber die wollen den Laden hier dichtmachen«, antwortete er und wies auf das Gebäude vor uns. »Die Leute da drin – die, die das alles hier in Büros verwandeln wollen.«

»Ich glaube, ich versteh dich nicht«, sagte ich.

»Das ist ein Kulturzentrum – die ganze Straße war mal ein kulturelles Zentrum – ein Ort, an dem die Einheimischen sich aufhalten konnten. Wir hatten schon die tollsten Raves da drin, in dem Bau – erst hatten wir's besetzt, dann gemietet, aber jetzt wollen die Besitzer das Gebäude an irgendwelche Investoren verkaufen, und die wollen Büros daraus machen.«

»Okay. Aber eine Umwandlung in Büros ist ja wohl nicht so schlimm, oder? Ich meine, das bringt doch Jobs, oder nicht?«, fragte ich.

»Ja, aber Jobs für wen?«, gab der Typ zurück.

»Na ja, Leute wie … mich«, sagte ich.

»Schön für dich, aber sorry, ich hoffe, ich klinge jetzt nicht wie ein Nazi, aber: Bist du aus Amerika?«

»England«, sagte ich.

Die Gruppe versammelte sich um mich herum. So langsam wurde mir die Sache unheimlich.

»England, ja, nicht Deutschland, also wie viele Jobs, denkst du, bekommen Leute von hier, aus der Stadt? So wie meine Kumpels hier, wer gibt uns 'nen Job?«, fragte der Typ.

Langsam wurde ich unsicher. War das doch etwa einer von der fremdenfeindlichen Sorte? Danach sah er eigentlich nicht aus. Vielleicht war er ja einer von den Linken, für die tatsächlich »zuerst das Fressen kommt, dann die Moral«.

»Ah okay, aber weißt du, du hättest auch keinen Job gehabt, wenn das hier nichts weiter als ein Kulturzentrum wäre – dann würdest du es auch bloß zum Feiern nutzen«, gab ich zurück.

»Ja, und?«, sagte der Typ. Seine Kumpels begannen ungeduldig zu werden.

»Ich denke schon, dass es so irgendwie besser ist – ich meine, du kannst auch woanders Party machen, aber auf die Weise entstehen hier Jobs für uns, nicht wahr«, sagte ich.

»Du schnallst es nicht, Mann. Es geht darum, wem die Stadt eigentlich gehört – wenn die Leute von hier wollten, dass das ein Bürohaus wird, wäre alles in Ordnung. Aber sie wollen lieber ein Kulturzentrum. Wenn ihr also Büros daraus macht, wenn irgendein privater Investor daherkommt und etwas daraus macht, um Geld rauszuschlagen, dann sagst du: ›Prima, die Leute, die hier zu Hause sind, können mich mal.‹ Oder nicht?«, antwortete er.

»Okay, ich verstehe, was du meinst, aber letztendlich könnte der Stadt ja wirklich Schlimmeres passieren. Ich meine, was ist dagegen zu sagen, wenn Leute hier arbeiten und hier leben wollen? Sagen wir mal, Leute wie ich. Wir verdienen Geld und geben es hier aus – das ist doch irgendwie gut für alle, oder? Und ich bin sicher, auch ihr könntet hier Jobs kriegen, wenn ihr euch bewerbt.«

»Du raffst es echt nicht, Mann, du bist längst jenseits von Gut und Böse«, sagte er und winkte ab, was wohl hieß, dass ich mich vom Acker machen sollte. Für ihn war ich jemand, der nur ans Geld dachte. Ich blickte auf seine verlotterten Kumpels, und mir wurde klar, dass das gerade gar keine herumhängenden Junkies gewesen waren, sondern Aktivisten. Mit Parteien hatten sie nichts am Hut, das war nun mal ihre Form der politischen Aktion. Ich hatte durchaus Sympathie für seine Ansichten: Es war wichtig, dass die Anwohner in ihrem Viertel das Sagen hatten. Aber das hieß doch nicht, dass man keine Ausländer ins Land lassen durfte. Gerade dieses allgemeine Klima von Internationalität und Toleranz war es doch, was mich unter anderem nach Berlin gelockt hatte.

Mit einem gewissen Selbstvertrauen schlenderte ich ins Lagerhaus.

Am Empfang saßen ein paar Leute auf einer Couch im skandinavischen Design. Man begrüßte mich mit einem Lächeln, und ein Mädchen in der Mitte der Sitzgruppe stand auf und fragte mich: »Hallo, Sir! Du bist vermutlich wegen der Jobbörse hier?«

»Ja«, sagte ich fröhlich. Endlich mal eine vernünftige Frage, dachte ich erleichtert, und keine blöde Anmache, nur weil ich auf der Suche nach einem Job war.

»Sehr schön. Nimm dir was zu trinken, da geht's lang«, sagte sie und führte mich zusammen mit einem männlichen Kollegen durch eine große Halle.

Auf das Getränk verzichtete ich, ich ging ihr einfach hinterher.

Sie hieß Toni, ihr junger Kollege Joe. Sie sagten, sie seien seit ein paar Jahren in Berlin und arbeiteten nun als Freiberufler für Start ups, sie schrieben Artikel für Blogs und Magazine, machten aber auch Gigs, wenn es sich ergab, so wie heute, und arbeiteten dann als Messehostessen. Ihr heutiger Arbeitgeber war der Messeveranstalter, ein in Berlin ansässiges Start-up-Magazin, hinter dem diverse Investoren standen, die auch massiv in die vielen Start-ups auf der Messe investierten.

Von Joe und Toni erfuhr ich, dass die Veranstaltung auf zwei Etagen stattfand und dass achtzig Start-ups hier vertreten waren. Jede Firma hatte einen kleinen Stand, an dem sich die Jobsuchenden mit den Inhabern treffen konnten.

Das, erklärte mir Toni, sei ein sehr wichtiger Punkt. Die Besitzer waren persönlich hier: Das durfte ich nicht unterschätzen. Das Wichtigste an der ganzen Veranstaltung, meinte sie weiter, sei das Networking. Ich müsse darauf achten, bei den Besitzern einen bleibenden Eindruck zu hinterlassen. Dazu müsste ich vor allem meinen USP klar und deutlich herausstellen.

»Meinen *was*?« fragte ich.

»Unique Selling Point – dein Alleinstellungsmerkmal«, übersetzte Toni. »Was dich von der Masse abhebt.«

»Na ja, ich denke, ich spreche ganz gut Englisch«, sagte ich.

Die beiden sahen sich an.

»Nein« sagte Joe, »das ist kein Alleinstellungsmerkmal – kein bisschen. Niemand wird dir bloß deshalb einen Job geben. Du musst irgendetwas gut können. Was hast du zuletzt gemacht?«

»Ich war Kundenbetreuer bei einer Werbeagentur in London«, sagte ich kleinlaut.

»Okay, da hätten wir doch ein brauchbares Merkmal: Du kannst gut mit hochwertigen Informationen umgehen und aus diesen ein solides Projektmanagement entwickeln, du kannst recherchieren, und du hast jede Menge *soft skills*. Kommt das ungefähr hin?«, fragte Toni.

Ich nickte.

»Prima«, sagte Joe, »dann stürz dich ins Getümmel.«

Die Jobbörsen, die ich von der Uni kannte, waren immer voller aalglatter junger Männer in Anzügen, die aus ihren Ständen hervor über uns Studis hinweglächelten. Sie waren sarkastisch, das erkanntest du sofort. Als ob ihre Blicke sagen wollten: Aber sicher doch, *ausgerechnet du* bekommst mitten in der Wirtschaftskrise einen Job. Hier dagegen schienen die Leute ganz locker drauf zu sein und ehrlich erfreut, dass du da warst. Sie kamen hinter ihren Ständen hervor und sprachen mit den kleinen Gruppen von Leuten um sie herum, die Hände in den Hosentaschen. Sie suchten Blickkontakt und schienen wirklich zuzuhören.

Bevor ich aber überhaupt den ersten Stand erreicht hatte, wurde ich von einer gewaltigen Menschenansammlung aufgehalten. Ich drängelte mich durch bis zum anderen Ende. Wie sich herausstellte, standen all die Menschen an ein paar Tischen, auf denen es aussah, als hätte sich ein Roboter darauf übergeben. Die Tische waren bedeckt von einem unentwirrbaren Kabelsalat. Neben den Tischen stand ein Werbebanner mit der Aufschrift »Ladestation«. Die Tische waren dazu da, um ein paar Minuten herumzustehen, sein Handy aufzuladen und sich nebenher – ein wenig gezwungen – mit den anderen Besuchern zu unterhalten. Bevor ich mich fragen konnte, wieso ausgerechnet hier und jetzt Dutzende Leute Bedarf haben sollten, ihre Handys aufzuladen, wurde ich von einer Frau mit Tablet in der Hand angesprochen.

»Willkommen auf der Jobmesse. Erst mal: Deutsch oder Englisch?«, fragte sie.

»Englisch bitte«, sagte ich.

»Englisch, dachte ich mir. Also: Welcome. Wir wollen dafür sorgen, dass jeder am richtigen Stand für seinen gewünschten Job landet. Fülle auf deinem Handy bitte diese Umfrage aus. Wenn du diesen QR-Code scannst, gelangst du zum Fragebogen. Das kannst du natürlich am Ende erledigen, aber bitte nimm auf jeden Fall teil, das hilft uns, solche Events in Zukunft optimal zu strukturieren.«

»Ja, schön, aber ich habe kein Smartphone«, sagte ich.

Sie sah mich von oben bis unten an.

»Du kommst also nach Berlin, um für ein Start-up zu arbeiten, und hast kein Smartphone? Okaaay. Ja dann –

hmmm. Da drüben sind die Stände, geh am besten einfach hin und rede mit den Leuten. Viel Glück!« Sie begrüßte die Leute hinter mir.

Inzwischen begann das Ganze mich etwas – um nicht zu sagen: sehr – zu nerven. Aber ich wollte nicht einfach aufgeben. Schließlich war das eine Jobbörse: Wer geht da schon wirklich gerne hin?

Jeder Stand bestand im Grunde aus einem Tisch und ein paar Stühlen, im Hintergrund ein paar Firmenposter. Die Namen auf den Postern waren die Namen der Unternehmen, wirkten aber zugleich wie eine Art geheime Maschinensprache, in der sich Computer unterhalten, wenn keine Menschen in der Nähe sind: GM_r, Lexo-Mexo, Q-dank, Yap Yap, Z4.

Die Firmenvertreter standen entweder hinter den Tischen und telefonierten mit ihren Smartphones oder sie sprachen mit einer kleinen Gruppe von Leuten. Alle trugen das jeweilige Firmen-T-Shirt und Jeans, und alle tranken Energydrinks. Nebenbei: Das mussten goldene Zeiten für die Bedrucker von Billig-T-Shirts sein. Auf jedem einzelnen prangte nur ein einziges Symbol, das Markenlogo, Firmenname und ein kurzer Slogan standen auf der Rückseite. Die Mitarbeiter schienen ungefähr in meinem Alter zu sein, und wenn da nicht die Firmen-T-Shirts gewesen wären, hätte ich nicht sagen können, wer hier nach einem Job suchte und wer einen zu vergeben hatte.

Ich ging zu meinem ersten Stand.

Das war einer der etwas stärker bevölkerten. Leute in hippen Klamotten nutzten ihn als eine Art Treffpunkt, und die Typen hinter dem Tisch sahen aus, als wüssten sie nicht recht, was sie tun sollten: Sie waren froh, dass ihr Stand so gut besucht war, aber ganz eindeutig auch unglücklich darüber, dass ihr Stand auch von vielen Nichtstuern bevölkert war. Einer der Besitzer lächelte mir zu, zuckte mit den Achseln und machte über die Leute hinweg freundlich und halb flüsternd einen Versuch, ein Gespräch mit mir in Gang zu bringen.

»Du kennst Box-Lid?«

Ich lachte und schüttelte den Kopf – es war nur zu offensichtlich, dass wir beide miteinander reden wollten, er als Arbeitgeber, ich als potenzieller Mitarbeiter, aber zwischen uns stand eine Barriere aus menschlichen Körpern, die zu durchbrechen es mir nicht gelang.

Ich sehe mich selbst als selbstsicheren Menschen, es ist aber nicht meine Art, mich ins Rampenlicht zu drängen. Stattdessen sind es die Lautsprecherkollegen, die ihre Erfolge herausposaunen und Meetings verlangen, um ihre unsäglich dummen Ideen präsentieren zu können, die vorankommen, und die Introvertierten haben keine Ahnung, wieso.

Mit sechzehn Jahren war ich überrascht, einen Schulpreis für die beste Leistung in Englisch zu bekommen. Bis dahin hatte ich nie Herausragendes abgeliefert. Ich nahm meinen Preis entgegen, samt Händedruck des Schulleiters, und setzte mich wieder hin. Aber ich musste nochmal nach vorne, um Preise für Mathe, Naturwissenschaften und noch ein paar andere Fächer abzuholen. Ich habe fast alles abgeräumt und wurde rot angesichts der Aufmerksamkeit, die mir zuteilwurde. Trotz des bewundernden Raunens, das durch die Reihen ging, wenn ich den nächsten Preis einheimste (ein Klassenkamerad rief »den kriegt bestimmt Sam!«, als der Preis im Fach Sport für das beste *Mädchen* anstand, und die ganze Aula lachte), und obwohl ich wusste, dass mir niemand etwas Böses wollte und alle mir mein gutes Abschneiden gönnten, ging ich den Rest des Tages allen aus dem Weg – die Aufmerksamkeit war mir einfach zu viel.

Und so lief ich auch auf der Start-up-Messe einfach weiter, enttäuscht von meinem mangelnden Durchsetzungsvermögen. »Heute besorge ich mir einen Job«, versuchte ich mich selbst innerlich zu pushen. Es war okay, sich in den Vordergrund zu drängen, vorbei an den ganzen Leuten, die nur herumstanden. Ich musste das Wort ergreifen. Ich musste meinen USP artikulieren. Ich ging langsam durch die Menge der Jobsuchenden, bis ich einen Stand sah, der mir irgendwie ansprechend erschien.

»Hi.«

Diese Stimme kam von der Seite, aber ich wusste, dass ich gemeint war. Ich drehte mich um und sah einen sehr kleinen Typen an einem der Stände stehen.

»Oh, hi«, sagte ich.

»Hast du schon von Vot-R gehört?«, fragte er.

»Wo holt ihr bloß diese ganzen komischen Namen her?«, gab ich zurück. »Ich mein ja nur, es ist doch verrückt. Alle diese Namen klingen irgendwie nach Science-Fiction, wenn man sie alle hintereinander liest, kommt es einem nicht einmal mehr wie Sprache vor.«

Ich hatte eigentlich erwartet, ihn mit diesem kleinen Trick zum Einstieg etwas aus der Spur gebracht zu haben, aber er schien gar nicht weiter überrascht – er lachte.

»Ja, ich weiß, was du meinst. Das Branding kann dich echt erschlagen. Ich kann mich nicht mehr an das Buch erinnern, aber die Namen von Medikamenten darin hören sich an wie Science-Fiction-Götter: Votrimax, Leviroth und so weiter.«

Was war das denn? Sollte dieser Wicht mit der Brille wirklich irgendwie interessant sein?

»Klingt wie Martin Amis«, sagte ich. »Magst Du ihn?«

»Ach, na ja. Er ist ganz okay. Seine Weltsicht ist mir zu pessimistisch. Ich denke, mir sind andere Autoren wie

Joseph Heller oder Saul Bellow lieber – Amerikaner, die mit ein wenig Chaos klarkommen und dabei immer noch lächeln können. Nimm's mir nicht übel.«

»Kein Problem. Du klingst, als hättest du Englisch studiert«, sagte ich.

»Habe ich, in den USA, Columbia. Du hörst dich britisch an, hab ich recht? Also sei nicht böse«, sagte er.

»Schon klar. Ich hatte gedacht, die Leute bei den Startups sind alles Technologie-Nerds?«

»Ja, sind sie auch irgendwie – jeder auf seine Weise –, aber das heißt ja nun nicht, dass wir unkultiviert wären. Ich meine, sieh mal, ich habe an der Columbia studiert und bin dann auf Computerwissenschaften in L. A. umgestiegen, dann habe ich als Praktikant gearbeitet, bis ich im Silicon Valley einen richtigen Job fand, und dann kam ich zurück nach Deutschland und habe Vot-R gegründet.«

Der Kerl machte mich neugierig. Er klang so gebildet und intelligent, so ganz anders als die herablassenden Businesstypen in ihren Anzügen, die ich von den Jobbörsen an der Uni kannte.

»Wie alt bist du?«, fragte ich.

»Sechsundzwanzig«, sagte er.

»Echt jetzt, sechsundzwanzig? Genau wie ich«, sagte ich.

»Cool! Und was machst du so?«, fragte er.

»Im Moment – nichts, um ehrlich zu sein. Ich bin gerade von London hierher gezogen und versuche, mir ein bisschen Berliner Luft um die Nase wehen zu lassen«, sagte ich.

»Sehr schön. Dann erzähl mal, was für ein Job dir vorschwebt«, sagte er lächelnd.

»Weiß ich, ehrlich gesagt, gar nicht genau. In London war ich Kundenbetreuer bei einer Werbeagentur, ich kann also gut mit Kunden umgehen, habe Ahnung von Projektmanagement, und ich habe Geschichte studiert, recherchieren und schreiben kann ich also ganz gut.«

Er nickte und überlegte, was er von mir halten sollte. Dann sagte er: »Du wärst genau der Richtige entweder für Content-Erstellung im Marketing oder mit ein wenig extra Schulung auch ein guter Partnermanager.«

Ein Partnermanager war nichts anderes als ein Kundenbetreuer. Das wollte ich aber nicht wieder machen, deshalb sprachen wir noch eine Weile allgemein über die Branche und die Jobsituation, bis ich mich verabschiedete.

Der Tag schleppte sich dahin.

Ich lernte Holger Kunze kennen, CEO einer Firma, die dir half, genau die Musik zu hören, die zu deiner aktuellen Stimmung passte.

Ich lernte Florian Schmidt kennen, Inhaber einer Firma, die es Unternehmen ermöglichte, die Nummer eins in jeder Suchmaschine zu werden, wenn der Benutzer nach vergleichbaren Unternehmen suchte.

Ich traf Luke Bryce, einen amerikanischen CEO, der ein Datenanalysetool für den Körper produziert hatte, das Menschen mit bestimmten Gesundheitsproblemen half.

Ich traf Felix und Timo von Rivalchemy, und jeder von beiden erzählte mir, in welcher Weise die Zukunft ihnen – und, wenn ich bei ihnen mitmachte, auch mir – gehören würde.

Ich hatte eigentlich immer das Gefühl gehabt, dass die Zukunft in gewisser Weise beschlossene Sache war. Es gab große Unternehmen, so wie es auch Universitäten und Regierungen gab, es würde sie einfach immer geben. Coca-Cola war ebenso Realität wie die Universität in Oxford, die Lloyds Bank existierte ebenso wie das britische Unterhaus. Wohin ich auch schaute, jede Revolution war gescheitert, Occupy war gescheitert, der Arabische Frühling, auf den wir alle einige Hoffnung gesetzt hatten, hatte sich gegen sich selbst gewandt und wurde täglich immer schlimmer und hässlicher. Aber vielleicht hatten die beiden ja recht. Vielleicht lag die Revolution ja hier, in dieser Lagerhalle. Vielleicht waren diese Jungs hier diejenigen, die den üblichen Verdächtigen die Macht und die Zukunft aus der Hand nehmen konnten, und sei es nur in bescheidenem Maßstab. Vielleicht redete ich ja deshalb mit ihnen. Immerhin erzählten sie mir, die Zukunft warte nur darauf, von uns in die Hand genommen zu werden, und die Revolution sei bereits im Gange.

Ich wollte nicht nur einen Job, ich vermute, ich wollte ihnen auch einfach glauben.

Felix und Timo wollten nicht bloß Abteilungen und Hierarchien auflösen, nicht bloß mit allem Althergebrachten aufräumen, sie wollten die althergebrachte Denkweise über Bord werfen, die da lautete: »Die Welt ist, wie sie ist, und wir können sie nicht verändern.« Sie gingen vielmehr davon aus, dass Individuen, wenn sie richtig organisiert zu Werke gingen, mithilfe von Technologie Dinge schaffen konnten, die die vorhandenen Methoden und Verfahren überwanden. Diese Haltung war ein Import aus Amerika, aus dem Silicon Valley, wo nicht nur Technologien und Unternehmen entstanden, sondern auch überaus erfolgreiche Philosophien geboren wurden. Im Grunde war die Idee etwas recht Einfaches, Bewährtes und durch und durch Amerikanisches: Das Individuum würde, indem es ganz rational seine eigenen Interessen verfolgte, Ideen entwickeln, die am Ende allen zugutekamen. Nicht nur war alles – absolut alles – reif dafür, überwunden zu werden, alle Individuen konnten bei dieser Unternehmung am besten dadurch ausgerüstet werden, dass sie so viel wie möglich über sich selbst erfuhren, und zwar anhand quantitativer Daten, und damit konnten sie sich selbst in jeder Hinsicht immer weiter verbessern. Auf diese Weise würden sie immer intelligenter, belastbarer, schneller werden als die anderen, und sie würden das intelligenteste, schnellste und belastbarste Produkt erzeugen, das der Konkurrenz in jeder Hinsicht überlegen sein würde.

Es war diese Philosophie, die man nach Deutschland transplantiert hatte. Das ganze Land sollte so aus den Angeln gehoben werden, um diese neue Art des Denkens, diesen neuen und radikalen Individualismus zu verankern.

Ich tauschte mit Timo und Frank Kontaktdaten aus.

Es lebe der Individualismus!

Lohnarbeit ist tot. Du arbeitest nicht für ein Start-up, um am Monatsende dein Gehalt überwiesen zu bekommen. Das hat nichts mehr vom Achtstundentag, den du auf deinem Hintern absitzt und an dem du erledigst, was man dir aufgetragen hat, und abends gehst du nach Hause.

So läuft das bei Start-ups einfach nicht.

Start-ups wollen, dass jeder, der für sie arbeitet, ein radikaler Individualist ist, der die Freiheit hat, seine eigenen Ideen zu entwickeln und einzubringen. Sie wollen, dass jeder, der für sie arbeitet, so kreativ und arbeitswütig ist wie sie selbst. Sie wollen Unternehmer. Wenn du der Typ bist, der immer in Schwierigkeiten kommt, weil er zu viel macht, weil er zu viele Ideen hat, bist du wahrscheinlich genau der Richtige.

In meinem früheren Job wurde mir bisweilen gesagt, mein Enthusiasmus sei ein bisschen lästig, weil er offenbare, dass mein Vorgesetzter kein Gefühl für seinen eigenen Job habe. Nach und nach wurden mir die Flügel gestutzt. Irgendwann war mir einfach alles egal, weil mir klar wurde, dass die Welt um mich herum gar nicht wollte, dass ich Ideen oder Kreativität an den Tag legte. Sie wollte bloß, dass ich mich konform verhielt.

Und hier stand ich nun auf der Jobbörse und redete mit einem Typen, der eine App entwickelt hatte, die Barcodes auf Büchern scannte, damit Studenten sie schneller in ihren Arbeiten referenzieren konnten. Das war seine erste Idee gewesen. Jetzt verdiente er Geld, indem er den Leuten half, ihre Rechnungen zu strukturieren und zu bezahlen. Die Kunden zahlten fünf Euro monatlich dafür, dass ihre sämtlichen Daten an einem Ort gespeichert und ihre Budgets nicht überzogen wurden. Wieso war *er* auf diese Idee gekommen und nicht ich?

»Sieh mal, wir beide sind ungefähr gleich alt. Ich denke, es liegt letztendlich an zwei oder drei Dingen: Erstens bist du wohl kein Computerfreak, deshalb weißt du nicht, welche Möglichkeiten es alles gibt. Zweitens hast du wahrscheinlich Ideen, aber du bleibst nicht dran oder arbeitest sie nicht weiter aus. Überleg mal, hast du jemals eine Idee gehabt und dann nichts weiter daraus gemacht, und dann stellst du eines Tages fest, dass irgendeine Firma genau deine Idee in die Tat umgesetzt hat?«

»Ja, seltsam«, antwortete ich, »als Kind dachte ich, man könnte doch irgendeine Art von Geräuschquelle am Schlüsselbund anbringen und einen Schalter am Kühlschrank oder so. Und jedes Mal, wenn du deine Schlüssel verlierst oder verlegst, drückst du auf den Schalter, das Geräusch ertönt, und du findest deine Schlüssel wieder. Und das Verrückte ist – gerade eben habe ich so etwas gesehen, komplett als App, von irgendwelchen Leuten entwickelt. Du aktivierst die App, und das Ding zeigt dir auf der

Karte oder irgendeinem Lageplan, wo dein Schlüssel ist«, sagte ich.

»Siehst du, du kennst also die Situation. Und du bist in gewisser Hinsicht selbst schuld: Du hast deine Idee nicht weiterverfolgt«, sagte er. »Aber der dritte Punkt, und das meine ich wirklich nicht böse: Du hattest vermutlich nie das Gefühl, du dürftest deine Ideen überhaupt in die Realität umsetzen. Du dachtest wahrscheinlich immer: Ach nein, Ideen sind was für die Businessleute, für mich ist das nichts.

War ich beleidigt? Nein. Na gut, ein bisschen vielleicht, denke ich mal. Aber viel von dem, was er sagte, überzeugte mich. Wieso hatte ich meine Ideen nicht verfolgt? Wieso hatte ich nicht mit meinen Erfolgen geprahlt? Warum war ich keiner von denen geworden, die immer laut und öffentlich über ihre Vorhaben sprechen? So läuft das doch, wenn man etwas auf die Reihe kriegen will, oder etwa nicht?

Den größten Andrang bei der Jobbörse gab es bei einer Bekleidungsfirma. Die Firmenleute am Stand traten eindeutig glamouröser auf als alle anderen. Hier gab es keine T-Shirts mit Logos. Alle waren hier schicke und adrette Hipster. Ich wusste nicht, um wen oder was es dort ging – es gab keine der üblichen Poster mit Slogans oder Logos, nur ein handgefertigtes Banner, das mit Klebeband über dem Stand angebracht war:

SCHEISS AUF DIE ARBEIT. SEI KREATIV.
WENN DU DENKST, DU HAST ES DRAUF.

Die Leute hinter dem Stand waren anscheinend die Sorte Typen, um die ich in der Schule lieber einen großen Bogen gemacht hatte. Unnahbar, schön, seriös, cool. Sie waren herausgeputzt wie die Leute in Werbespots: makelloses Hemd, perfekte Frisur. Ich war sofort neidisch und wütend: Für wen hielten die sich denn? Die sollten hier ihre Jobs an den Mann bringen und kein Schaulaufen veranstalten. Ob *wir* es draufhatten? Ob *wir* gut genug waren für sie? Also bitte – waren denn *die* überhaupt gut genug für *uns*? Aber weshalb regte ich mich auf? Wer wollte schon bei so einem Laden arbeiten?

Nun ja, die Schlange vor dem Tisch gab eine klare Antwort.

Die Leute der umliegenden Stände waren inzwischen gelangweilt vom Anblick der Riesenschlange am Tresen gegenüber. Wie sehr, erkannte man daran, welche Hektik aufkam, wenn dann doch einmal jemand bei ihnen stehen blieb. Das geschah jedoch so gut wie nie. Stattdessen sah ich einen Firmengründer, der eine Frau in der Schlange fragte, ob sie sich für einen Job in seiner Firma interessieren könnte, er würde ihr den Job geben, sie brauche nur aus der Schlange zu treten und herüberzukommen. Sie lächelte freundlich und meinte nur: »Ich will hier mein Glück versuchen.«

Ich musste herausfinden, was das für ein Laden war.

Ich suchte den ganzen Stand ab nach einem Firmennamen, konnte aber keinen finden. Schließlich trat ich von der freien Seite her an die Theke …

»Hey, willst du dich etwa vordrängeln?!« rief jemand aus der Schlange.

»Nein, nein«, sagte ich, »ich wollte nur wissen …«

»Hey, der Typ will sich vordrängeln!«, rief ein anderer.

»Nein, ich will doch bloß …«

»Hey, Mann, wir warten hier alle, Vordrängeln ist nicht. Stell dich hinten an«, sagte ein Amerikaner ganz vorne in der Schlange.

Inzwischen waren sogar die Leute am Firmenstand auf mich aufmerksam geworden und blickten mich an. Mir schoss das Blut in den Kopf.

»Ich wollte bloß wissen, wie dieser Laden hier heißt«, sagte ich.

Fast alle brachen in Lachen aus.

Das Mädchen hinter dem Stand sagte: »Der Nächste! Name und Nationalität, was für einen Job suchst du?«

Der Erste in der Schlange ging zum Stand und sagte: »James, aus Spanien – Backend-Entwickler«.

»Okay, Hammes«, antwortete sie, »davon haben wir reichlich. Lass uns deinen Lebenslauf da, und wir melden uns bei dir, wenn wir Bedarf haben. Tschau.«

Das lief mir zu sehr wie in der Highschool, und ich wandte mich ab, um nach einer langweiligen Arbeit zu suchen, ein Start-up, das Verkehrsampeln produzierte oder so was in der Art. Irgendein Typ packte mich am Arm.

»Hey, das war witzig«, sagte der Typ.

»Was war witzig?«, fragte ich.

»Was du eben gesagt hast«, sagte er.

»Was habe ich denn gesagt?«, wunderte ich mich. »Dass du den Namen der Firma nicht kennst«, sagte der Typ. »Was für nen Job suchst du denn?«

»Äh, weiß auch nicht so genau. Irgendwas im Bereich Marketing oder Recherche, würde ich sagen. Ich habe noch keinen konkreten Plan.«

»Okay – du hast einen kräftigen Akzent. Engländer, richtig?«, fragte er.

»Yeah, aus London. Bin gerade erst hierher gezogen«, sagte ich.

»Ah, sehr schön. Ich bin aus New York. Was hast du denn in London gemacht?«, fragte der Typ.

»Kundenbetreuer bei einer Werbeagentur. Im Moment suche ich was Neues.«

»Also, halten wir mal fest. Du bist witzig, du bist risikofreudig, und du bist offen, was deine künftige Arbeit betrifft? Wenn du mich fragst, passt das perfekt zu POp«, sagte er.

»Zu was?«, fragte ich.

»Haha – der Witz schon wieder. Hi. Steven Smith, CEO von POp«, sagte er und reichte mir die Hand.

Ich schlug ein. Er war perfekt gekleidet. Alle starrten mich an – und diesmal schauten sie interessiert.

Kleine Geschichte der Start-ups und der Digitalisierung

Wenn sesshaft werden in unserer Kultur das ist, was einst das Erlegen eines Wildtiers oder das Führen eines Krieges war, also ein Weg, erfolgreich in die Welt der Erwachsenen aufgenommen zu werden, dann sind Start-ups eindeutig Teil eines ganz gegensätzlichen Lebensentwurfs. Es gibt kein Wild, das zu erlegen, keinen Krieg, der zu führen wäre. Alles, was es gibt, bist du selbst, und die Notwendigkeit, dein eigener Herr zu werden, Herr deiner Arbeit zu sein und für immer jung zu bleiben.

Es hat durchaus einigen Charme, sich von althergebrachten Lebensentwürfen abzuwenden – du bewahrst deine Freiheit, du belastest dich nicht mit Kindern, du genießt das Leben, wie es dir passt. Warum solltest du in einem muffigen Anwaltsbüro arbeiten wollen oder einer angestaubten Behörde, wenn du bei der Arbeit auch ganz entspannt du selbst sein kannst?

Eng mit dieser Vorstellung einher geht die Annahme, dass du, wenn du für ein Start-up arbeitest, eigentlich gar nicht richtig arbeitest. Du bist kreativ, produktiv, ausdrucksstark und jugendlich. Aber du arbeitest nicht. Arbeiten ist was für alte Leute: Die arbeiten, lassen sich nieder, sind langweilig. Aber wir sind jung. Wir sind die Zukunft.

Selbst das kleinste, unbedeutendste Start-up, das mit Technologie zu tun hat, liegt im Land der Helden. Im Hintergrund thronen immer und überall die Riesen, titanische Gestalten, die das Land beherrschen, die weiter sehen, größer denken und die Leute mit ihrem schieren visionären Genius inspirieren. Steve Jobs, Peter Thiel, Mark Zuckerberg, Elon Musk: das sind die Alexanders, die Napoleons, die unbesiegbaren Helden und Eroberer der Gegenwart. Die Unternehmen, die sie gründeten, waren am Anfang nichts weiter als Ideen, aufgebaut mit dem technologischen und innovativen Genie dieser Individuen. Sie stiegen zu den profitabelsten Unternehmen der Welt auf und veränderten die Welt.

Das Genie dieser Männer, ihr ganz individuelles Talent ist untrennbar mit dem Start-up-Ideal verbunden: Du bist ein radikal freies Individuum, das mehr und besser kreiert, denkt und arbeitet als der Rest der Welt und das von den Leuten um sich herum verlangt, ebenso getrieben und selbstoptimiert zu sein. Du gibst dich niemals mit alten Gewissheiten zufrieden wie die Leute in althergebrachten Konzernen. Du spulst nicht einfach nur dein Arbeitspensum ab wie die Leute im staatlichen Sektor.

Und weil du für all das nichts weiter brauchst als einen Laptop, kann das grundsätzlich jeder. Genauer: jeder, der sich selbst gelehrt hat, die eigenen Defizite zu überwinden. Jeder Mensch mit einem Laptop kann zum Milliardär werden, zum Ölbaron, zum König von Europa. Früher schauten wir zu Leuten wie JFK auf, die uns inspirierten, zum Mond zu fliegen, heute schauen wir auf Leute wie Elon Musk – Unternehmer!

Das Leben muss exzessiv gelebt werden, gearbeitet werden muss nonstop, das eigene Ich muss gezähmt und diszipliniert werden, um sich voll entfalten zu können. Es geht um Disziplin durch Spaß, Erfolg durch Freude, Geldverdienen durch Innovation.

Und das ist nur ein kleiner Teil der vielen heißen Luft, die durch diese Branche wabert.

Auf diese Weise kannst du Leute davon überzeugen, für dich zu arbeiten und für dich Geld zu verdienen: Du sagst ihnen, sie hätten selbst die Kontrolle über ihre Arbeit, du sagst ihnen, sie könnten Großes bewirken. Derweil bietest du ihnen schlechte Bezahlung, miese Zukunftsaussichten und keinerlei Sicherheiten. Du sagst ihnen, das macht nichts, weil du aus ihnen eine bessere Version ihrer selbst machen würdest. Ein hochwertiges Arbeitserlebnis in entspanntem Arbeitsumfeld – was will man mehr?

Aber um zu verstehen, wie Start-ups überhaupt entstehen konnten, müssen wir einen Blick zurückwerfen, auf eine der folgenreichsten und umfassendsten Revolutionen in der Menschheitsgeschichte: die digitale Revolution.

Start-ups kamen just in der Zeit auf, als sich die Welt auf allen notwendigen Feldern veränderte: Computer waren allgemein erschwinglich geworden und so leistungsstark, dass sich schon mit einfacheren Modellen Programme aufbauen ließen. Die Tatsache, dass diese Computer Laptops waren, bedeutete, dass die Menschen zusammen mobil sein konnten, ihren Arbeitsplatz quasi immer bei sich hatten.

Computerwissenschaften und andere Studiengänge für Entwickler wurden an der Uni eingerichtet, der Arbeitsmarkt quoll geradezu über mit voll ausgebildeten, talentierten jungen Leuten. Nationale Grenzen verloren immer mehr an Bedeutung, wie etwa in der EU. Eine Menge Kapital wartete nur darauf, investiert zu werden. Die Menschen hatten erkannt, dass es genug Nischen im Markt gab, um neue Produkte zu bauen. Das Internet hatte den Unternehmen einen Rahmen gegeben, in den sie ihre Ideen einpassen konnten. Und besonders wichtig: Es gab eine starke kulturelle Unterstützung für die Idee der digitalen Welt, wie sie die Unternehmer hervorbrachten.

Es war eine monumentale Umstellung – von der Tätigkeit in großen Gebäuden, erledigt von Mitarbeitern in Anzug und Krawatte, hin zur Arbeit im Café mit einer Handvoll Kids und ihren Laptops. Doch die Tatsache, dass diese Umstellung nach und nach erfolgte, mit schleichenden Technologien und schleichenden Fortschritten, sorgte dafür, dass das immense Ausmaß dieser Veränderung so schwer zu ermessen war.

Erst ein Schritt zurück zeigt das ganze Ausmaß dieser Entwicklung. Noch vor hundert Jahren zogen die Menschen Pflüge durch den Ackerboden, schlugen mit Hämmern Kohle aus felsigem Gestein, verkauften selbst angebautes Gemüse im eigenen Laden. Wie ist es so weit gekommen, dass wir mit einem einzigen Tastendruck jedes Produkt bestellen, jeden Film starten, jeden Fakt aufrufen können, den wir haben wollen? Es ist das undenkbare Ergebnis des größten Experiments in der Geschichte der Menschheit, mit Namen: Internet.

Überleg mal, womit du telefonierst. Mit dem Haustelefon? Sicher nicht. Wie siehst du nach, ob neue Nachrichten von Freunden angekommen sind? Mit dem Laptop, mit dem Smartphone. Vielleicht auch auf dem Tablet. Gehst du noch zur Bank, um Rechnungen zu bezahlen? Gehst du zum Briefkasten, um Briefe einzuwerfen? Womit machst du Fotos? Hast du dir je diese schicke Spiegelreflexkamera gekauft, die du mal haben wolltest? Wie trägst du Verabredungen in den Terminkalender ein, wie stellst du deinen

Wecker, wie erfährst du, was in der Welt los ist? Überlege einmal, wie du deine Klamotten kaufst, wie du dich ernährst. Wann hast du das letzte Mal eine CD gekauft? Weißt du überhaupt noch, wie sich das anfühlt, wenn du etwas anprobierst, bevor du es kaufst? Warum bist du immer so abgelenkt? Keine Bange, es gibt sicher eine App, die dir hilft, dich besser zu konzentrieren. Wann hast du begonnen, so viel von dir selbst, deinen alltäglichen Routinen, deinen Gewohnheiten, deiner Aufmerksamkeit preisgegeben? Preisgegeben an ein paar Geräte?

Das ging langsam, so langsam, dass dir, nachdem sie sich in dein Leben geschlichen hatte, nie aufgefallen ist, wie massiv diese Veränderung war.

Ich weiß schon, es langweilt dich – es ist langweilig, von der neuen Digitallandschaft zu hören oder von den Kommunikationsmöglichkeiten der Zukunft, von Fiberglaskabeln oder Fernsehern mit noch brillanterer Auflösung, von immer intelligenteren Geräten, immer weiter schwindender Aufmerksamkeit. Aber das Ausmaß des Wandels ist beispiellos, genauso die Geschwindigkeit, mit der er sich vollzogen hat, vom rein analogen oder auch technologisch auf einfachem Niveau lebenden Menschen zu einem, der sein ganzes Leben mit einem einzigen Gerät in der Hand organisieren kann.

Ende 2017 hatten knapp sechzig Prozent der Haushalte weltweit Internetzugang. Über die Hälfte der Weltbevölkerung nutzt auf diese oder jene Weise das Internet. Am Ende desselben Jahres besaßen über ein Drittel der Menschen weltweit – weltweit! – ein Smartphone. Das heißt, dass in den Schwellenländern, wo die Lebensbedingungen oft schwierig und belastet sind, wo vielleicht sogar grundlegende Ressourcen wie Elektrizität nur eingeschränkt verfügbar sind, viele Menschen trotzdem ein Smartphone haben.

2017 wurden allein 1,4 Milliarden neue Smartphones gebaut und ausgeliefert – neue wohlgemerkt, ohne die, die es bis dahin schon gab. Das entspricht in etwa der Bevölkerungszahl von ganz Afrika.[8]

Diese Telefone laufen größtenteils auf einem von zwei Betriebssystemen: iOS von Apple und Android von Google. Das sind die Gehirne dieser Smartphones. Sie wickeln all die komplexen Datentransformationsprozesse ab, solange die Hardware aktiv ist. Laptops und Tablets laufen ebenfalls vermehrt auf von Apple und Google entwickelten Softwaresystemen, dennoch behält Microsoft hier einen signifikanten Marktanteil. Diese Systeme ermöglichen Entwicklern die Produktion benutzerfreundlicher Applikationen, besser bekannt als »Apps«, separate Programme, die unterschiedliche Funktionen ausführen, sei es nun Onlineshopping oder spontanes, kostenloses Messaging mit jemandem am anderen Ende der Welt.

Aber Digitalisierung meint nicht nur Smartphones und Laptops, die Apps und Daten nutzen. Es gibt eine riesige Palette intelligenter Produkte, ein »Internet der Dinge«, das die Art und Weise verändert, in der Menschen auch ältere Güter nutzen. Digitale Waschmaschinen, digitale Mikrowellengeräte, *Smart TV*, *Smart Home*, und all das erzeugt Daten und Informationen, die dem Benutzer helfen können, diese Maschinen nach Belieben zu steuern und die individuelle Nutzung exakt auf den eigenen Bedarf zuzuschneiden.

Du kannst den Fernseher so programmieren, dass er nur die Sendungen zeigt, die du sehen willst, oder den Toaster, damit er deinen Toast exakt nach deinen Vorstellungen zubereitet. Wir Menschen haben Technologien entwickelt, die Autos ohne Fahrer fahren lassen, wir nutzen immer stärker Virtuelle Realität, und wir sind nicht mehr weit entfernt von der Entwicklung von Technologien, die uns von der Notwendigkeit der Arbeit überhaupt befreien könnten.

Diese Tools und ihre Softwarefunktionen führten auch zu Veränderungen in der Geschäftswelt. Mitte bis Ende der Neunzigerjahre kamen erstmals Online-Unternehmen auf, die alle möglichen Dienstleistungen anboten, von personalisierter Software bis zur Möglichkeit, Bücher online zu verkaufen. Massive Finanzspekulation mit diesen Unternehmen erzeugte eine Blase, die irgendwann platzte – die berühmte »Dotcom-Blase«. Die meisten dieser Firmen waren in der Gegend um San Francisco ansässig, und es überlebten nur ein paar wenige davon, die dann Teil der Technologiegiganten wurden, die wir heute kennen, wie Amazon oder Adobe.

Dotcom-Firmen hatten insgesamt fast zwei Billionen Dollar[9] an Wert vernichtet, als die Blase geplatzt war. Unnötig zu erwähnen, dass die Investoren ziemlich zurückhaltend waren, als es um die Finanzierung neuer Online-Unternehmen ging. Zu ihrer Ermutigung trug allerdings in den folgenden Monaten bei, dass einige dieser Online-Firmen gut liefen und Wachstum generierten. Unternehmen wie Amazon begannen gegen Ende 2002 vierteljährliche Nettogewinne auszuweisen,[10] und dieser Trend hält bis heute an (und wurde auch durch die Finanzkrise nicht aufgehalten). Anders ausgedrückt: Es gab durchaus Unternehmen, die die Zeichen der Zeit erkannt hatten.

Wenn man es also schaffte, die Technologie, die Fähigkeiten der Entwickler und ein Team vernünftig zu organisieren, konnten daraus profitable Unternehmen entstehen. Wie konnte man aber herausfinden, ob die Produkte dieser Unternehmen am Markt einschlugen und ob sie damit Gewinne generieren konnten? Dies musste nach dem Prinzip *Trial and Error* erfolgen. Deshalb mussten die Firmen darauf vorbereitet sein, Korrekturen vorzunehmen: Sie mussten also wie Firmen betrieben werden, die Produkte und Dienstleistungen verkauften, gleichzeitig jedoch kontinuierlich ihre Abläufe verfeinern, um sich perfekt auf den Markt einzustellen.

Und das sollten die Start-ups werden.

Möglichkeiten auf diesem Markt, aktiv zu werden, gab es für diese Start-ups dabei reichlich. In der alten Welt der Wirtschaft mussten die Leute in der realen Welt miteinander kommunizieren, wodurch Jobs entstanden. Wenn du zum Beispiel ein Zugticket buchen wolltest, bist du entweder zum Schalter am Bahnhof gegangen oder hast einen Kundenberater des Bahnunternehmens angerufen. Die Servicelücke lag hier in der Kommunikation: Ein Unternehmen konnte diesen Prozess digitalisieren und Bahntickets anbieten, die die Kunden selbstständig buchen konnten. Das bedeutete, dass die Jobs am Bahnschalter und am Bestelltelefon verschwanden und dafür Jobs in dem neuen Unternehmen entstanden.

Auch heute noch gibt es viele ähnliche Lücken in der Geschäftswelt, die von Start-ups problemlos automatisiert werden können. Wenn sie die Ineffizienz bestimmter Geschäftsmodelle ausnutzen, kann man sagen, dass sie in diesen Teil der bestehenden Branche »disruptiv« eingreifen, die Struktur des Marktes verändern, den Laden aufmischen. So kann zum Beispiel jemand sein Auto in ein Taxi verwandeln, einfach indem er die Standorttechnologie in Smartphones nutzt, oder eine Firma kann anderen Unternehmen Kredite anbieten, ohne den Umweg über Banken gehen zu müssen. Auf diese Weise bieten Start-ups nicht selten eine bestimmte Methode an, etwas zu erledigen – und nicht etwa ein neues Produkt. Sie verkaufen einen Weg, an Kredite zu kommen, keine neue Form von Krediten.

Es kommt zur Entkopplung des Produkts oder Dienstes von seinem traditionellen Kontext. Der große Nutzen liegt darin, ineffiziente Dienste zu eliminieren. Es ist nicht effizient, zur Post zu gehen und dort per Einzahlung seine Rechnungen zu begleichen: Mach es doch einfach mit dem Smartphone. Es ist nicht effizient, am Straßenrand zu stehen und wild mit den Armen zu rudern, um ein Taxi zum Anhalten zu bewegen: Bestell einfach eines mit dem Smartphone. Es ist *old school*, mit den Fingern in der schmutzigen Erde zu überwachen, wie viel Wasser deine Pflanzen brauchen: Ein innovatives Tool, drahtlos verbunden mit deinem Smartphone, liefert dir absolut präzise Daten.

Start-ups sagen einfach Folgendes: Unsere bisherige Art zu leben war ineffizient. Handys, Daten und andere Technologien machen es möglich, sein Leben produktiver, effizienter und besser zu führen. Aus all den Ineffizienzen, die gegenwärtig existieren, können wir Firmen aufbauen.

Im Kontext dieser Veränderungen sind Start-ups eigentlich etwas ganz Normales: Es sind einfach Unternehmen, die sich eine neue Lebensweise und neue Chancen zunutze machen, die sich dank neuer Technologien ergeben. Da es Unternehmen sind, die sowohl ihr Produkt als auch ihr Geschäftsmodell testen, können sie ihr Produkt jederzeit verbessern und aktualisieren, und sie können immer entscheiden, das Unternehmen aufzulösen oder zu expandieren, oder die ganzen Arbeitsprozesse auswechseln, wenn irgendetwas nicht funktioniert. Solche Firmen nennt man schlank, agil, flexibel. Das ist das Markenzeichen der Start-ups, und dieses Ideal nehmen auch größere Konzerne dankbar auf, so etwa die Einzelhandelsriesen in ganz Europa, wie John Lewis in Großbritannien oder Metro in Deutschland. Dort werden Managementmethoden und Kreativgruppen getestet, die sozusagen den Kern der Start-up-Kultur imitieren.

Es ist eine Kultur, die sich nicht auf die Spitze der Hierarchie stützt, wenn es um die Entwicklung einer Idee geht, die vor der Veröffentlichung auf ihre Praxistauglichkeit geprüft wird. In dieser Kultur ist prinzipiell jeder Mitarbeiter des Unternehmens befähigt, eigene Ziele zu setzen und zu verfolgen, und der kürzeste Weg von der Idee bis zur Umsetzung ist darin möglich. Konstante Verbesserung, konstantes Experimentieren durch dezentrale Hierarchie.

Hierarchie – Teil 1: Hopp oder top?

Filmautoren (vielleicht sollte man besser sagen: schlechte Filmautoren) haben eine bestimmte Methode, die unerträgliche Wirkung einer dumpfen Hierarchie zu vermitteln. In einem anonymen Büro blafft ein Typ seinen Untergebenen an: »Johnson, wo bleiben die Berichte, die ich angefordert habe?«, worauf der junge, noch nicht ganz ausgereifte Held kleinlaut antwortet: »Ähm, Johannson, ja, hier, bitte schön, Sir«. Die ganze Szenerie hat etwas sehr Überzeugendes – das sterile Büro, das makellos gebügelte Hemd, die entmenschlichende Wirkung des unendlich großen, unendlich langen Gebäudes. »Raus mit dir, Kumpel«, wollen wir laut schreien. »Geh raus und sei frei!«

Diese Bilder sind dazu da, die belastenden, absoluten, erdrückenden Effekte der Hierarchie zu zeigen. Was sie nicht zeigen, ist die Tatsache, dass diese Hierarchien, so kontraproduktiv und innovationsfeindlich sie sein mögen, zu einem bestimmten Zeitpunkt in der Geschichte *rational* waren. Klare Trennlinien zwischen verschiedenen hierarchischen Ebenen, wobei der Großteil an Autorität und Macht in der Hand des CEO (und des Aufsichtsrats, dem er rechenschaftspflichtig ist) liegt. Nach unten wird es immer weniger, bis zu den machtlosesten und unbedeutendsten im ganzen Firmenkonstrukt: Praktikanten, Reinigungspersonal, Kantinenpersonal. Die haben Informationen zu liefern und Aufgaben zu erfüllen, die von oben angeordnet werden, so funktioniert Arbeit.

Das mag nicht unbedingt politisch wünschenswert sein, aber der Sinn dahinter dürfte klar sein.

Doch angesichts unserer täglichen Ration politischer Rhetorik, die uns daran erinnert, dass wir in den freiesten und aufgeklärtesten Zeiten der Geschichte leben, begannen sich klassische Unternehmen gleichsam in puncto Führungskultur ziemlich veraltet und ewig gestrig zu fühlen. Außerdem begannen Psychologen, die sich mit Unternehmen und Organisationen beschäftigten, substanzielle Argumente vorzubringen, die dafür sprachen, dass in Organisationen mit gut ausgebildeten Akteuren eine flache Hierarchie das Erzielen von Ergebnissen begünstigt. Schon im Jahr 1972 postulierten Edwin E. Ghiselli und Jacob P. Siegel von den Universitäten in Kalifornien beziehungsweise Toronto flachere Hierarchien, weil diese produktiver seien als die traditionellen Hierarchien.[11] Der Gedanke war recht einfach: Arbeiter sind letztendlich menschliche Wesen – und produzieren bessere Leistungen unter Bedingungen, die es ihnen ermöglichen, kreativ zu sein, im Unterschied zu Bedingungen, die sie zwingen, unter strenger Überwachung eine festgelegte Anzahl Aufgaben zu erledigen.

Es war ein völlig neuartiger Ansatz – du befreist deine Mitarbeiter von psychologischen Hemmnissen und kannst beobachten, dass sie sich wie nie zuvor in ihre Arbeit stürzen. Du zwingst sie nicht, vorgegebene Aufgaben zu erledigen, du fragst sie, was sie denken, du lässt ihnen Freiraum für eigene Ideen, du gestattest ihnen, Dinge zu erkunden –

und die Produktivität nimmt tatsächlich zu. Genau diese Denkweise hat Entwicklungen hervorgebracht wie die Blockchain und, auf andere Art, auch Wikipedia. Das Internet stellt so etwas wie einen anarchischen Ort dar, eine dezentrale Autorität, wo die Menschen entweder selbstständig arbeiten und auf diese Weise zum Erfolg eines Gesamtprojekts beitragen (Blockchain), oder sie kooperieren im ursprünglichen Sinn (Wikipedia).

Start-ups passen auf sehr natürliche Weise in ein solches Hierarchiemodell. Warum?

Start-ups sind tendenziell klein. Du kannst zwei Leute in einem Raum sitzen haben oder zweihundert, die über zehn Länder verteilt sind, und die Organisation ist noch immer recht einfach zu managen. Es ist nicht wie bei einem multinationalen Konzern, wo sich zehntausend Leute über hundert Länder verteilen. Die Firma wird daher nicht die komplizierten und in diverse Abteilungen aufgeteilten Strukturen aufweisen, die dazu führen, dass Menschen in unterschiedlichen Bereichen auch getrennt voneinander arbeiten. Das Unternehmen ist immer noch klein genug, um effizient betrieben werden zu können.

Start-ups bauen sich, wie wir bereits gelernt haben, im laufenden Betrieb auf. Sie haben keinen perfekt definierten Businessplan, bevor sie sich an die Arbeit begeben, und sie haben auch keinen perfekt definierten Betriebsplan. Am Anfang lässt sich noch nicht einmal ohne Weiteres absehen, welche Teile des Produkts und der Firma sich insgesamt durchsetzen werden und welche der Überarbeitung bedürfen. Es ist zu Beginn beispielsweise nicht klar, dass die Marketingabteilung erstklassige Fähigkeiten im Bereich Social Media hat, aber im Bereich Newsletter schwächelt – du wirst dann also für diesen Bereich ein paar Leute einstellen müssen. Es ist nicht klar, dass das Produkt zwar toll aussehen, aber nur begrenzte Funktionalität aufweisen wird, also wirst du hier mit neuem Personal nachbessern müssen. Von vornherein eine in Stein gemeißelte Hierarchie zu haben ergibt deshalb nicht zwangsläufig Sinn.

Im Grunde kann man sich das Ganze so vorstellen: Du willst dein Zimmer streichen. Du bereitest dich vor, also kaufst du Abdeckpapier für die Böden, Klebeband für die Leisten, Farbe, Pinsel und Walzen, und dann legst du einfach los. Jetzt stell dir vor, du willst nicht nur ein Zimmer streichen, sondern ein ganzes Haus bauen und dieses dann streichen. Wo sollst du anfangen? Nun, natürlich mit der Idee, es zu bauen – den Rest kannst du mithilfe anderer Leute erledigen. Geld für den Hausbau besorgen, Baugrube für das Fundament ausheben, Rohre verlegen und so weiter. Am Ende kaufst du dann Farbe und Walzen. Der Witz dabei ist: Du kannst das unmöglich alles alleine machen, jedenfalls nicht schnell, also holst du Hilfe und gibst den Leuten bestimmte Aufgaben, lässt sie aber ansonsten selbstständig arbeiten. Andernfalls wirst du dich im »Mikromanagement« verzetteln – du müsstest jedem genau sagen, wie man Mauern baut, in welchem Winkel die Rohre verlaufen müssen und so weiter – das kostet Zeit und Energie und vergeudet das Talent deiner Helfer. Start-ups benötigen genauso viel Arbeit, deshalb kannst du auch als Firmengründer nicht alles alleine machen.

Start-ups als solche sind kreativer und innovativer als bestehende Großunternehmen: Sie warten nicht auf Anweisungen von oben, sie entwickeln alles innerhalb der Firma selbst. Die »flachen Hierarchien« der Start-ups werden immer wieder hervorgehoben – und natürlich spricht dieser Punkt junge Leute an, die im Glauben aufgewachsen sind, Hierarchien wären schon für sich genommen irgendwie lästig und antiquiert. Freiheit, Selbstverwirklichung, individuelle Identität, das sind die Ideale, mit denen die jüngeren Generationen groß wurden. Und ein bisschen auch ich. Wer wissen will, warum Start-ups so aussehen und funktionieren, wie sie aussehen und funktionieren, muss auch verstehen, dass Popkultur und Internet die Verbreitung der Vorstellung von Identität als erste und wichtigste Priorität im Leben entscheidend vorangebracht haben. Alles andere muss sich dieser Priorität unterordnen oder selbst Ausdruck der Identität sein. Mit der Arbeit verhält es sich genauso. Die Motivation zur Arbeit besteht für junge Leute mindestens zum Teil einfach in der Erkenntnis, dass sie selbst nicht in der Anonymität des großen Bürogebäudes unseres Filmautors untergehen.

Hierarchie – Teil 2: Zwischen Hype und Wirklichkeit

Große Ideale, gewiss, und es sind Ideale, die ja im Grund gar nicht so falsch sind. Die Wahrheit aber ist, dass diese Ideale in Start-ups vollkommen deformiert werden.

Start-ups proklamieren Flexibilität und Schnelligkeit durch minimale Strukturen, dezentrale Autorität durch flache Hierarchien, aber in Wirklichkeit existiert sehr wohl eine Hierarchie, und zwar eine sehr direkte. Gerade ohne irgendwelche Strukturen werden die Mitarbeiter auf ganz unmittelbare Weise mit dieser Hierarchie und Autorität konfrontiert.

Die Firmenleitung will noch immer Entscheidungen treffen, deshalb bleibt die Macht genauso konzentriert wie in den traditionellen Unternehmen. Sie regieren die Firma, geben Anweisungen, verlangen, dass bestimmte Dinge erledigt werden. Die Chefs werden also entweder das Ideal der flachen Hierarchie als bloßes Lippenbekenntnis behandeln, oder sie machen es wie Felix und Timo: Sie behaupten einerseits ständig, sie würden keine Projekte vorgeben oder Forderungen stellen, und es sei Sache des Mitarbeiters, seinen Job zu definieren, verlangen dann aber, dass die Mitarbeiter ihrerseits – ohne klare Vorgaben – alle möglichen eigenen Projekte, Produkte und messbare Ergebnisse hervorbringen, die über die Möglichkeiten ihrer Position und Expertise weit hinausgehen.

In einer solchen Situation wird die Persönlichkeit des führenden Kopfes zum beherrschenden Prinzip. Es mag ja eine flache Hierarchie geben insofern, als einzelne Mitarbeiter nicht fest mit unterschiedlichen Machtbefugnissen ausgestattet sind, aber letztendlich bestimmen der CEO und die Firmenleitung, was zu tun ist.

Wenn der CEO ein netter Mensch ist und seine Leute freundlich und respektvoll behandelt, wird es vermutlich auch in der Firma insgesamt entsprechend freundlich und respektvoll zugehen. Wenn nicht – Pech gehabt. Letztendlich werden die Mitarbeiter anhand des Bedarfs optimiert, den der Arbeitgeber vorgibt, nicht anhand des tatsächlichen Bedarfs der Firma oder einer Struktur oder gar der grundsätzlich erforderlichen Effizienz. Die Mitarbeiter erlernen Gewohnheiten, Arbeitsstile, Diskussionsmethoden, Arbeitszeiten und Freizeit allesamt ganz neu, und zwar so, wie der Chef es haben will: Genau das meint letztendlich der Begriff der Selbstoptimierung – die Mitarbeiter sind quasi rund um die Uhr den Launen des Arbeitgebers ausgeliefert.

Und wenn keine festen Strukturen da sind, keine Personalabteilung, die die Rechte der Arbeitnehmer schützt, kann der Arbeitgeber im schlimmsten Fall den Angestellten mobben und ihm jede Möglichkeit nehmen, seine Sache zu vertreten. Am Ende wird der Mitarbeiter zu hören bekommen, dass er sich entweder am Riemen reißen oder gehen soll. Rücksichtnahme gibt es nicht. Das ist die Welt der Start-ups. Wenn du deine Rechte durchsetzen willst, suche dir einen Job in einer Behörde oder einem Ministerium.

Ich weiß schon. Das klingt nach Herumjammern, als wollte ich nur mein Leid klagen. Aber darum geht es nicht. Ich will einfach klarstellen, wie meine Erfahrungen mit der Start-up-Welt waren.

Start-ups gründen darauf, die mühsam erkämpften Rechte und Sicherheiten, die den Mitarbeitern zustehen, obsolet zu machen. Sie schulen ihr Personal nicht, und sie geben ihm auch keine klare Orientierung für die Arbeit. Es ist das pure Chaos, und nein, es ist kein kreatives Chaos. Es frisst deine Seele auf, es ist sterbenslangweiliges Chaos. Das Chaos des Lärms, das Chaos des Egos. Start-ups sind größtenteils einfach eine Spielwiese, auf der Unternehmer ihren Traum vom Firmeninhaber ausleben können – sie bauen billige Produkte unter Nutzung prekärer Arbeitsverhältnisse, und irgendwann verkaufen sie die Firma an irgendwelche Investoren.

Auch ich war einer jener jungen Leute, die diesem Hype auf den Leim gegangen sind.

So arbeitet das Geld – und so arbeiten wir

Start-ups brauchen Geld. Sie können dieses selbst investieren – das sogenannte »Bootstrapping« – oder, und das kommt häufiger vor, sie tauschen in mehreren Investitionsrunden Eigentumsanteile an der Firma gegen Investitionen.

Jeder Entwicklungsschritt im Wachstum eines Start-ups wird als Phase bezeichnet, und jede Phase hat klar definierte Meilensteine und Zielvorgaben. Um das Unternehmen von der Idee bis zur Marktreife zu führen, wird in jeder Phase Geld benötigt, damit die Firma überhaupt aus den Startlöchern kommt.

Dafür gibt es unterschiedliche Möglichkeiten.

Wenn die Firma auf mehrere Inhaber verteilt ist, teilen sie sich auch die Anteile am Unternehmen. Das sind die Co-Firmengründer, in der Regel nur wenige Personen. Neue Investoren können, falls einer der Mitbegründer aussteigen will, theoretisch die Anteile dieses Mitbegründers erwerben und so selbst zum Mitbegründer werden.

Sofern gesetzlich zulässig, können auch Freunde und Verwandte in die Firma investieren, im Tausch für Anteile.

Wahrscheinlicher ist jedoch, dass das Start-up am Anfang auf dem Wege einer sogenannten »Seed-Finanzierung« Geld einzuwerben versucht. Da das Start-up neu am Markt auftritt, braucht die Firma eine Finanzspritze, um bestimmte Meilensteine erfüllen zu können, zum Beispiel um erste Mitarbeiter einzustellen. »Business Angel« sind einzelne Investoren, die sich im Austausch für Firmenanteile in das Unternehmen einkaufen. Allerdings beginnen heute auch institutionelle Risikokapitalgeber, sich in die Seed-Finanzierung einzuklinken.

Im Verlauf des Unternehmenswachstums verändern sich auch dessen Ziele. Die Ziele der Seed-Finanzierung laufen üblicherweise auf Einstellungen, Fertigstellen einer ersten Produktversion (das sogenannte »Minimum Viable Product«, also wörtlich das »minimal überlebensfähige Produkt«) und die Markteinführung dieses Produkts hinaus. Erst wenn diese Ziele erreicht sind – und das beobachten die Investoren natürlich mit Argusaugen –, geht es weiter zur nächsten Finanzierungsrunde (die »Serie-A-Finanzierung«). Hier steigen Risikokapitalgeber ein, um mit ihrem Geld die Erreichung neuer Ziele möglich zu machen: Ertragssteigerung, Vergrößerung des Teams, erfolgreiche Markteinpassung und so weiter.

Während die Firma diese Phasen durchläuft, werden ihre Unternehmensziele immer traditioneller. Die »Serie-B-Finanzierung« drängt die Firmen, ihre Geschäfte auf Wachstum auszulegen und nach Bedarf zu erweitern. »Series C« ist normalerweise für die Internationalisierung reserviert. Jedes Mal, wenn neue Investoren einsteigen, werden Firmenanteile ge- oder verkauft. Theoretisch gibt es keine Obergrenze für die Anzahl der Finanzierungsrunden. Normalerweise gehen aber Start-ups nach der »Serie-C-Finanzierungsrunde« an die Börse oder fusionieren mit bereits bestehenden Firmen.

Der Börsengang ermöglicht den Investoren, die Anteile am Unternehmen halten, diese Anteile am freien Markt zu handeln; anders ausgedrückt: Sie brauchen nicht bis zu einer weiteren Investitionsrunde zu warten, um ihre Anteile wieder zu Geld zu machen. Hier besteht nun die Chance, dass das Unternehmen, wie etwa Facebook oder SAP, sobald es an die Börse geht, die Anteilseigner mit unfassbarem Reichtum segnet. Start-ups sind damit, ebenso wie Immobilien, typische Spekulationsobjekte.

Es gibt auch Mikro-Industrien, die sich um das Leben der Start-ups herum aufbauen: Hierbei geht es um Orte, an denen mehrere Unternehmer unter einem Dach zusammenleben und -arbeiten können, während sie mit der Gründung ihres Unternehmens beschäftigt sind. Und es gibt Unternehmen, die in den frühen Phasen – neben der Finanzierung – ein gewisses Maß an Anleitung und Orientierung bieten: »Inkubatoren« sind Unternehmen, die Start-ups in den Frühphasen zu Wachstum verhelfen, »Akzeleratoren« leisten dasselbe in den späteren Phasen des Start-ups.[12]

Puh, all diese Informationen muss man erst einmal verdauen, und beileibe nicht alles davon ist so richtig aufregend, aber es ist wichtig zu verstehen, wie dieser Druck, Wachstum zu erzielen, Meilensteine zu erreichen, konkretes Wachstum per Vertrieb und messbare Daten nachzuweisen, wie all dies Einfluss darauf hat, wie Start-ups denken, wie sie »ticken«. Da sie auf den freien Fluss von überschüssigem Kapital und auf niedrige Zinsen angewiesen sind, müssen sie schnellstmöglich in die Wachstumsphase eintreten. Weil sie, wie jedes Investitionsobjekt, eine Rendite erwirtschaften müssen. Die Produkte, in die investiert wird, brauchen dafür keinen sinnvollen Zweck zu erfüllen, sie müssen noch nicht einmal effektiv oder auch nur innovativ sein. Sie müssen nur Erträge und rasches Wachstum versprechen.

So stellt etwa eine App, die die Auslieferung von Fast Food vereinfacht, keine wirklich neue Erfindung dar. Pizza und anderes wird seit Jahrzehnten den Kunden ins Haus geliefert. Innovation und Effizienz werden damit lediglich zu Werbebotschaften, die dazu dienen, die jeweilige Dienstleistung mit Fortschritt gleichzusetzen.

Da Start-ups von Investmentrunde zu Investmentrunde leben, müssen sie in der Lage sein, ihre Ziele zu erreichen, um die weitere Finanzierung zu sichern. Jede neue Runde ist allerdings mit neuem und intensivem Druck verbunden, und jede Runde bringt bestimmte zeitliche Vorgaben mit sich.[13]

Gründer und Unternehmen müssen dafür sorgen, dass der Laden läuft und möglichst wächst, und sie stehen ständig unter Druck, Wachstum auszuweisen. Gute Manager können dieses Wachstum sehr wohl erreichen. Wenn sie nicht gut sind, werden sie zwar ihr Unternehmen mangelhaft führen und kein Wachstum generieren, zugleich aber sich selbst einreden, sie wären erfolgreich.

Und da Wachstum das primäre Ziel ist, werden auch die Mitarbeiter praktisch alles tun, um zu zeigen, dass sie zu diesem Wachstum beigetragen haben, selbst wenn sie sich dazu nutzloser oder bedeutungsloser Messdaten bedienen müssen. Diese nutzlosen Messdaten kommen aus nutzlosen Jobs, zum Beispiel solche, die ich und viele andere in Start-ups zu erledigen genötigt sind. Derweil werden wir zur Arbeit motiviert – oder gedrängt –, indem man uns mit den bedeutungslosen Klischees der Start-up-Szene bombardiert: »Pack es an, bleib flexibel, optimiere dich selbst.«

Die Notwendigkeit, von Anfang an schnell zu wachsen, führt außerdem dazu, dass Firmen nach Wachstum streben, ohne über die dafür erforderlichen Strukturen »normaler« Unternehmen zu verfügen. Natürlich können sie mit einer Handvoll Leuten und deren Laptops loslegen, aber dann brauchen sie Mitarbeiter, die das Produkt verkaufen, sie brauchen Vermarkter, sie brauchen neue Website-Entwickler, sie brauchen Personal – und alle kommen dazu, ohne dass es irgendwelche Regeln gäbe, und versuchen dann, sich zu einem normalen Unternehmen zu formen.

Aber was soll's? Bloß weil ein paar Abteilungen nicht existieren, soll das ganze Unternehmen zum Scheitern verurteilt sein?

Moment, das meine ich gar nicht. Ich meine Folgendes: Da Start-ups verzweifelt darauf aus sind, ihre Strukturen zu minimieren, nutzen sie dafür am Ende das eine Kapital aus, das sie haben: Menschen.

Und weil sie auf junge Leute attraktiv wirken, nutzen sie junge Leute aus.

Schlechtes Management und fehlende Strukturen erzeugen Inkompetenz, die durch Komplexität noch verschärft wird. Diese Probleme versucht das Unternehmen zu beheben, indem es weitere – inkompetente oder nicht ausreichend instruierte – Leute einstellt, die den ursprünglichen Fehler wieder aus der Welt schaffen sollen. Dazu kommt, dass das Start-up selbst nicht selten Arbeit an Menschen in anderen Unternehmen, bisweilen sogar in anderen Ländern outsourct, weil diese Arbeiten derart standardisiert sind (zum Beispiel Dateneingabe), dass sie die hohen Arbeitskosten im Land des Start-ups nicht rechtfertigen. Und wenn sie das nicht tun, setzen Start-ups sehr oft und wo immer möglich Praktikanten und Werkstudenten ein.

Ich behaupte nicht, dass alle Start-ups die Sache falsch angehen. Manche machen es richtig, behandeln ihre Mitarbeiter fair und erzeugen gute Produkte, die effizient sind und gute Dienste leisten. Aber die Misserfolgsrate von Start-ups ist schon haarsträubend, und ein wichtiger Grund dafür ist schlechtes Management. Weltweit gesehen liegt die Rate des Scheiterns von Start-ups bei rund 75 Prozent, und zwei Drittel dieser Flops stellen sich im ersten Jahr der Firma ein. Außerdem wird es durch die gewachsene Marktmacht der Platzhirsche für Start-ups immer schwerer, erfolgreich zu sein.[14]

So gesehen baut die schnelllebige, supermoderne Hightechwelt von morgen auf dem Druck zur Generierung von Renditen auf, und dies setzt sich um in inkompetente Unternehmensführung, die wiederum betriebliche Komplexität erzeugt, die nur durch Billigarbeit am Laufen gehalten werden kann.

Hallo, Zukunft, du siehst ja so faszinierend aus! Das Morgen ist strahlend!

Die Sprache des Hypes

Im Englischen gibt es im Slang den Begriff des »Hypeman«. Das sind die Typen, die bei Konfrontationen hinter den Kontrahenten stehen und »Gib's ihm!, zeig's ihm!« brüllen. Das sind die Leute, die letztendlich dafür sorgen, dass die Fäuste fliegen.

Start-ups haben ihre eigene Version vom Hypeman. Man könnte glatt sagen, die ganze Branche fuße auf dem Hypeman-Prinzip. Nur schreien diese Leute hier nicht: »Gib's ihm!«, sie schreien: »Start-ups«, »Technologie«, »Zukunft«. Vom CEO bis zum Investor, vom Journalisten bis zum Mitarbeiter, alle treten sie öffentlich in den Medien auf und schreien die Brillanz der Branche heraus. Der Hype lockt Investoren und Medien an. Er weckt das Interesse des Benutzers. Der Hype sorgt erst dafür, dass Mitarbeiter dort arbeiten wollen.

Technischer Fortschritt ist real. Die Welt verändert sich unablässig. Der Witz dabei ist nur: Vielleicht sind Start-ups ja gar nicht die Antriebskräfte dieser Veränderung. Es sind die üblichen Verdächtigen – Universitäten, Großkonzerne, das Militär –, die diese Veränderungen vorantreiben.

In der Theorie sind die Behauptungen, die über Start-ups aufgestellt werden, durchaus wünschenswert, sie sind gut. Die Freiheit der Mitarbeiter ist etwas Wünschenswertes. Den Mitarbeitern die Kontrolle über ihre Jobs zu geben ist etwas Wünschenswertes. Die Fähigkeit, unnötigen Prozessaufwand zu eliminieren, ist etwas Wünschenswertes. Und das Potenzial, interessante und nützliche Produkte zu schaffen, ist etwas Wünschenswertes. Das Problem ist nur: Meistens bleibt die Wirklichkeit hinter den vom Hype beschworenen Idealen zurück. Genau wie bei den fliegenden Fäusten in britischen Pubs ist der Hype völlig aufgeblasen.

Das ist nicht der Weltmeisterschaftskampf im Schwergewicht. Das sind zwei Besoffene, die schwerfällig aufeinander losgehen, und nebenbei gehen ein bisschen Mobiliar und ein paar Biergläser zu Bruch.

Der Hype um Start-ups ist nichts weiter als ein Schleier, der die Tatsache verdeckt, dass viele dieser Unternehmen in Wirklichkeit einfach unproduktiv und ineffizient sind und ihre Mitarbeiter ausbeuten. Am deutlichsten zeigt sich dieser Hype in der Sprache: Disruption. Revolution. Innovation. Proaktiv. KI. Big Data. Virtual Reality. Umsatzsteigerung. Maximierung. Momentum. Kreativwirtschaft, Bootstrapping. Deck. Grip. Cyberspace, New Economy, Gamification, viral, Outsourcing, Soft Skills, Agilität, Influencer, Narrativ, Assessment, briefen, ergebnisorientiert, Expat, Venture-Capital.

Ganz offensichtlich produziert die Businesswelt eine extrem hässliche Sprache. Wir leben nicht mehr in der Zeit des Füllfederhalters, als geschäftliche Belange noch in Nettigkeiten verpackt daherkamen. Wie in allen Branchen und Unternehmen umgibt Prozesse, Projekte und Management ein Vokabular, das jeden Bezug zur Realität verloren hat. Kein Mensch wendet sich des Nachts sorgenvoll zu seinem Lebenspartner um, weckt ihn oder sie sanft und sagt dann: »Schatz? Kannst du mir helfen, bitte. Ich muss durch Optimierung meiner Gehirnfunktionen den Wert des Im-Bett-Liegens maximieren. Ich bräuchte deinen Support, um meine eigene physische Existenz besser hacken und auf diese Weise mit optimalem Grip die Kurve zum temporären Bewusstseinsverlust zu kriegen, damit ich angemessen dekomprimieren und meine Zielvorgaben für morgen proaktiv anpacken kann.«

Doch die Sprache der Technologie- beziehungsweise der Start-up-Welt ist in dieser Hinsicht besonders interessant, denn sie dient vor allem einem Zweck: Sie soll die

Begrenzungen des geschäftlichen Handelns kaschieren, sie soll das Publikum mit dem Gefühl zuschütten, die Technologie wäre dermaßen machtvoll, eine derart fantastische Lösung, dass es, um sie zu beschreiben, eben eines ungewöhnlichen Vokabulars bedarf.

Begriffe wie »Big Data« und KI (»künstliche Intelligenz«) demonstrieren eine Kraft und Effektivität, die sich der gewöhnlichen Sprache entzieht. Diese Begriffe holen die Zukunft zu uns, sie illustrieren die schiere Gottgleichheit der neuen Technologie, die hinter der Fassade des Unternehmens schlummert. Hier werden Dinge möglich, die du dir niemals hättest träumen lassen. Du musst sie nur machen lassen. Bleib lieber auf sicherem Abstand. Vielleicht solltest du eine Schutzbrille tragen.

Dabei verbirgt sich hinter diesen Begriffen in den meisten Fällen nur viel heiße Luft: Die meisten Firmen, die mit solchen Technologien prahlen, haben mit ihnen überhaupt nichts zu tun. Und dass sie eben nichts mit diesen Technologien zu tun haben, liegt schlicht daran, dass wirklich bahnbrechende Entwicklungen unglaublich teuer sind – Start-ups haben dieses Geld eben nicht.

Ein Beispiel zum inflationär gebrauchten Schlagwort »KI«: Laut einer Schätzung der Technologie-Beratungsfirma Ruby Garage aus dem Jahr 2017 kostete schon die Erstellung eines einfachen, technologisch eher schlichten Chatbots, also eines computerbasierten Systems, mit dem es möglich ist, zu kommunizieren, bis zu 12 000 Dollar.[15] Nicht wirklich ein Schnäppchen, wenn man auch einen Menschen für 30 000 Dollar pro Jahr einstellen könnte, der den gleichen Job mit ungleich größerer emotionaler Feinabstimmung erledigt und viele weitere Aufgaben noch dazu. Die Verwendung von Begriffen wie »KI« ruft jedoch Presse und Investoren auf den Plan, und sie vermittelt den

Verbrauchern die Überzeugung, es müsse sich um eine Technologiefirma handeln. Dabei wird hier in den meisten Fällen die Arbeit mühsam von Hand erledigt, von Menschen aus Fleisch und Blut.

Das vielleicht Interessanteste an dieser Sprache ist jedoch: Hinter den Kulissen, unter den Mitarbeitern des Start-ups selbst, kommt sie kaum vor. Die Leute unterhalten sich so normal wie nur möglich: Sie müssen schließlich mit ihren Projekten zu Potte kommen. Nach außen jedoch, sobald man das Büro verlassen hat, zelebriert man eifrig diese schreckliche, hässliche heiße Luft des Start-up-Neusprech.

Das schlimmste Wort von allen ist »Disruption«. Es bedeutet nichts weiter als »neue Herausforderungen in einer Branche, hervorgerufen durch eine neue Denkweise oder eine neue Methode, ein bestimmtes Ziel zu erreichen«.

Als Adam Smith einst im 18. Jahrhundert postulierte, man könne Menschen in einem logischen Prozess arbeitsteilig so organisieren, dass sie bestimmte einzelne Arbeitsschritte ausführen, die am Ende zur Produktion von Stecknadeln führen, hat er »eine Disruption in der Stecknadelindustrie ausgelöst«, er hat sie revolutioniert, wenn man so will, und mit ihr die Managementprozesse insgesamt.

Aber mit diesem Wort wird derart oft alles Mögliche beschrieben – und nicht etwa, weil es Bedeutung transportieren würde –, es ist ein Signalwort, nichts weiter: Es soll einfach heißen »auch wir sind innovativ, auch wir nutzen Technologie«. Die Branche packt die Dinge auf ganz neue Weise an: *Disruption!*

Die Start-up-Sprache gehört zu den besonders enervierenden und ärgerlichen Merkmalen dieser Szene. Sie ist so leicht zu parodieren, dass die Witze darüber inzwischen noch nicht einmal mehr lustig sind. Außerdem dringen diese Parodien nicht zum Kern der Sache vor: Die Führungsfiguren in den Start-ups reden in ihren Firmen gar nicht so. Und wenn doch, wollen sie damit nur ihre Mitarbeiter glauben machen, all diese Ineffizienz sei normal und Teil des großen Umbruchs – damit diese nicht etwa auf den Gedanken kommen, die Probleme wären durch schlechtes Management entstanden. Mit der ganzen heißen Luft vernebeln sie die Tatsache, dass mit ihren Geschäften irgendetwas nicht stimmt. Es ist ein Weg, kritische Nachfragen abzublocken – auch seitens von Journalisten, die oft nicht hinter die äußere, glänzende Hülle dringen und sich die eigentliche Technologie gar nicht näher ansehen. Sie glauben einfach, was ihnen erzählt wird. Wirtschaftsjournalismus und Start-up-Hype schaukeln sich wechselseitig hoch: Die Start-ups brauchen Medienecho, um den Glanz der Authentizität zu bekommen und ihren Wert für Kunden, Verbraucher und Investoren zu steigern. Wirtschaftsjournalisten sind stets auf der Suche nach dem »nächsten großen Ding«. Sie brauchen Stoff, um ihre Blätter oder Websites zu füllen. Denn selbst wenn dieser Stoff schlecht oder wertlos oder übertrieben ist, klicken die Leute darauf und gehen von dort aus in der Publikation weiter. In vielen Fällen sind diese Inhalte nicht einmal übertrieben, aber doch in gewissem Sinne vorhersehbar: Die Firmengründer erzählen ihre Geschichte, und das Start-up wird als die nächste große »Disruption« in der Branche dargestellt. Zahlen und Messdaten werden präsentiert, ohne auf ihre Glaubwürdigkeit abgeklopft zu werden, denn die Start-ups dienen zwar den großen Medienkonzernen als Material, aber Start-ups als solche gelten nicht als seriös genug, als dass man dort so genau hinschauen müsste wie bei den großen Platzhirschen auf dem Markt.

Der Hype um die Start-ups ist sogar so ausgeprägt, dass in den Medien bisher kaum eine Diskussion über die Tatsache stattgefunden hat, dass es den Start-ups nicht gut geht. Im Mai 2016 berichtete die *MIT Technology Review* über einen Negativtrend bei amerikanischen Start-ups, der darauf zurückzuführen sei, dass die marktbeherrschenden Konzerne inzwischen genug über die Methoden gelernt hätten (Verzicht auf Zwischenhändler, schnelle Entscheidungen ...), mit denen Start-ups ihre Resultate produzierten, und für sie gebe es nicht die Beschränkungen, mit denen Start-ups zu kämpfen hätten: Sie hätten genug Geld.[16] Aber allein das Ausmaß des Hypes um die Start-ups vermittelt den Eindruck, sie wären kerngesund.

Es gibt mithin einen kontinuierlichen Zyklus von Nachrichten, der die Position der Start-ups aufbläht und die Vorstellung bestärkt, sie wären tatsächlich etwas Revolutionäres. Selbst wenn die Produkte nicht funktionieren oder das Geschäftsmodell ineffizient ist.

Die PR-Strategie der Start-ups ist dabei äußerst zynisch. Presseleute inszenieren den jeweiligen CEO großen Zeitschriften und Magazinen gegenüber als den großen »Heiland«, den Erlöser, dessen Technologie all unsere Probleme lösen wird. Manchmal zahlen sie sogar für größere Spalten und bessere Rezensionen, die bisweilen auch fehlerhafte Produkte oder Geschäftsmodelle einfach übertünchen. Der Hype in den Medien hängt aber mithin nicht nur mit obsessiver Heldenverehrung und Unternehmerkult zusammen. Er ist materielle Realität dort, wo es auf möglichst viele Klicks ankommt, für den Journalisten ebenso wie für das Start-up selbst. Die Geschichte vom heldenhaften Unternehmer kann dazu beitragen, dieses Trugbild zu verfestigen.

Modeopfer Berlin – eine Stadt wie jede andere

Geld ist immer auf der Suche, hält die Augen auf, erkundet stets das Terrain, sucht nach Gelegenheiten, in ein neues Projekt zu schlüpfen und zu wachsen. Mitunter hüpft es in einen Computer und baut ein großes Unternehmen auf. Manchmal kriecht es auch in eine alte, heruntergekommene Kneipe und macht daraus einen schicken Frisiersalon. Es errichtet billige neue Apartments, fließt in Produkte aus dem Ausland, müllt den Himmel mit Flugzeugen zu, spürt die neuesten Trends auf – in den Neunzigerjahren Feng-Shui, heute ist es Hygge – und vermehrt sich rasant mit dem Hype, der um sein neuestes Steckenpferd entsteht. Wenn man sich aber das, was hinter einem Hype steht, etwas genauer ansieht, stößt man immer auf Geld. Überall auf der Welt. Dass ausgerechnet Berlin davon ausgenommen sein sollte, ist frommes Wunschdenken.

2017 bekamen Start-ups in Berlin knapp unter drei Milliarden Euro an Investment, das war nur etwas weniger als in London.[17] Die konzentrierte Marketingmacht von Investmentfirmen, Medien und Regierungen richtet sich gezielt auf Europas Metropolen. Besonders jene Städte, die Kapital und Arbeitskräfte mit offenen Armen aufnehmen. Warum wohl? Je interessanter, aufregender, abwechslungsreicher und dabei bezahlbarer eine Stadt nach außen hin erscheinen kann, desto wahrscheinlicher werden die Menschen die Stadt besuchen. Und je internationaler, weltoffener und wirtschaftsfreundlicher ein Ort ist, desto eher werden die Leute auch bleiben. Und je wahrscheinlicher es ist, dass sie bleiben, desto eher lässt sich natürlich auch Geld mit ihnen verdienen.

Berlin ist international, weltoffen, freundlich. 2016 besaß fast jeder fünfte Einwohner Berlins eine ausländische

Staatsbürgerschaft. Die Stadt ist multikulturell und tolerant. Man sieht Werbeplakate in englischer, Ladenschilder in türkischer Sprache. Es gibt die Regenbogenflaggen der LGBT-Bewegung, die stolz vor Clubs, Bars und Wohnhäusern wehen.

Verglichen mit London, wo ich immer das Gefühl hatte, dass irgendwo Gewalt lauert, lief ich in Berlin frei und unbeschwert durch die Straßen. Ich ließ in der Bar Handy und Brieftasche auf dem Tisch liegen, wenn ich pinkeln ging, und fühlte mich niemals unsicher.

Dazu kommen günstige Mieten, Englisch als Arbeitssprache, ein erstklassiges Gesundheitssystem – Berlin ist der ideale Ort, wenn man im Ausland arbeiten möchte. 2017 kostete ein kleines Apartment in Kreuzberg im Schnitt 620 Euro[18] - unfassbar! Eine komplette Wohnung für 620 Euro, das sind rund 550 Britische Pfund. Da müsste man schon viel Glück haben, um für dieses Geld in der Londoner City auch nur ein *Zimmer* zu kriegen.

Und es macht auch einfach Spaß, in Berlin zu leben. Ich brauche nur das Wort »Berghain« zu erwähnen, und jeder denkt an die wilde, aufregende Seite der Stadt. Die Seite, die nach dem Fall der Mauer aufblühte, als die Immobilienpreise stagnierten und neue Subkulturen auftauchten. Du kannst hier ein wunderbares Leben führen, du musst nur bereit sein, dich ein wenig umzusehen.

Doch damit nicht genug. Berlin ist historisch, kreativ, aufregend. Alles Gründe genug, hierher zu ziehen und sich einen Job zu suchen.

Und dennoch. Technologiefirmen, die sich in Berlin niederlassen, in alten Bohemienvierteln wie Kreuzberg und Prenzlauer Berg, tragen ihren Teil dazu bei, diesen Orten alles Leben auszusaugen. Sie machen sich in Gegenden breit, deren Mieten so für die »normalen« Berliner unerschwinglich werden. Auf diese Art und Weise stirbt noch ein wenig mehr von dieser Lebensfreude Berlins.

Überdies ist durch die große Zahl internationalen Publikums, das in die Stadt strömt (aus diesem oder jenem Grund) und Englisch spricht (was im Prinzip kein Problem darstellen sollte), das internationale Start-up auch zu einem Symbol für die schleichende Globalisierung geworden und damit auch zum idealen Feindbild für migrantenfeindliche, rassistische Parteien wie die AfD.

Mir ist sehr wohl klar, dass auch ich meinen kleinen Teil dazu beigetragen habe.

So traurig es mich macht, dies zu schreiben, unterscheidet sich Berlin in dieser Hinsicht, so einzigartig die Stadt ansonsten sein mag, gar nicht so sehr von Oslo, Stockholm, Paris, Rom oder irgendeiner anderen Großstadt, die Investment für ihre Start-ups anlocken will. Städte werden gehypt und wieder fallen gelassen. Gerade während ich dies schreibe, wird Lissabon als die tolle neue Technologiemetropole Europas in Stellung gebracht. Und dazu werden alle ihre kreativen Seiten, ihre historische Schönheit und die billigen Mieten, eifrig beworben.

In Berlin sind vor allem die günstigen Kosten und das hohe Niveau der Englischsprachigkeit die größten Zugkräfte. Das schafft Arbeitsplätze und beschädigt zugleich die Stadt. Die Start-up-Welt sorgt nämlich nicht für die »positive Energie«, die die Stadt von ihr erhofft, und ist in Wirklichkeit recht lahm. Sie akzeptiert das Image einer Aussteigerkultur, aber anstatt Dinge spontan und einfach zum Vergnügen zu tun, ist alles perfekt designt, manikürt und hipstermäßig herausgeputzt.

Das Aussteigerbüro wirkt geschminkt wie die Models im Modekatalog. Die Aussteigerbiere im Park werden zu Drinks in schicken Bars (samt Fotos in den sozialen Medien, damit es alle mitbekommen), das spontane Zusammentreffen mutiert zur Party im exklusiven Club. Diese Notwendigkeit, sich zu zeigen, etwas zu planen, zu formulieren, alles in Perfektion zu präsentieren, alles als »Erlebnis« oder »Lernerfahrung« anzubieten, steht in direktem Kontrast zu den Eigenschaften, die Berlin eigentlich ausmachen: spontan, schmuddelig, politisch, freundlich.

Der Möbeltrick

Apropos Freundlichkeit: Nimm doch bitte Platz.

Wenn du die Augen schließt, kannst du dir sicher vorstellen, dass du zu Hause bist. Bist du aber nicht – du bist in einem typischen Büro eines Berliner Start-ups. In den Büros von Rivalchemy, um genau zu sein. Und als ob es nicht schon schlimm genug wäre, in den oberen Etagen eines ehemaligen Fabrikgebäudes untergebracht zu sein, sieh dir das Dekor an: freiliegende, schwebende Metallstreben halten die Decke, Bücherregale im Industriedesign mit Bildbänden über Fotografie und Kunst. Das Mobiliar stammt von den gängigen Großhändlern und Vertretern des schlichten skandinavischen Stils: schmale hölzerne Füße, grazile Armlehnen, schlanke Polster. Schau dir die Lampen an, die in der Rivalchemy-Fabrik von der Decke hängen – die pure Hipsterbar, oder nicht? Das tief gehängte Semi-Industriedesign. Und dort an der Wand, was haben wir denn da? Ja, Kunst, würde ich sagen – na gut, Filmszenen, als Werbeplakat stilisiert. Hier die Stelle aus *Pulp Fiction*, wo Samuel L. Jackson den jungen Kerl auf seinem Stuhl mit seinem »Say WHAT again!« terrorisiert.

Die hohen Stahlstreben an der Decke unseres Büros erzählen von der Arbeit in einer anderen Epoche, ebenso wie die schweren Türen, die schmalen Treppen, die Schilder, die an die Wände geschraubt sind: »Diesen Bereich nur mit Sicherheitsschuhen betreten!«

Ja, der Schweiß der Industrie lebt hier wieder auf in diesem Hipsterbüro mit flacher Hierarchie. Dafür sorgen auch ein paar blumige Motivationssprüche auf den Postern an unseren Wänden.

- Fail Hard, Fail Fast, Fail Often, and then WIN.
- The most beautiful thing you can wear is a smile.
- Rom wurde nicht an einem Tag erbaut (aber Rom wurde schließlich auch nicht von einem Start-up erbaut).

Du hast bestimmt Durst. Hier geht's lang, unsere Küche bietet eine reichhaltige Auswahl an Softdrinks, eine Kaffeemaschine, und du findest sogar ein Bier, falls dich meine Führung langweilen sollte. Greif zu! Wir teilen hier alles miteinander.

Wir haben auch allerlei Zerealien und Snacks zur Auswahl. Im Kühlschrank findest du diverse Salate und auch was Süßes, das dich wieder in Schwung bringt. Wenn du morgens früh da bist, kannst du gleich hier frühstücken, Kaffee und Müsli, so viel du willst. Auch fürs Mittagessen ist gesorgt. Wenn du abends länger bleibst, hol dir einfach nebenan im Supermarkt was und koch dein Abendessen gleich hier. Oder bestell einfach etwas beim Lieferservice.

Wenn du in der Mittagspause Sport treiben willst, geh eine Runde Joggen, hier kannst du hinterher duschen. Dann gehst du frisch und mit neuer Motivation an die Arbeit. Wenn du eine Mütze Schlaf brauchst, wir haben auch *Nap Pods*, hübsche kleine Sitzsäcke in der Ecke des Großraumbüros. Es gibt auch mehrere Sofas. Mach dir's gemütlich. Ausruhen. Arbeiten. Und wieder ausruhen. Und dann aber auch wieder arbeiten.

Vielleicht war diese Fabrik mal ein Ort, wo Metall auf Metall traf, Maschinenlärm von früh bis spät, aber heute, was hörst du heute? Ganz genau: nur das leise, aber ständige Geplapper deiner Kollegen. Wie erfrischend menschlich!

Komm doch bitte hier entlang, da siehst du den Rest unserer Büroeinrichtung, ganz traditionelles Mobiliar. Nichts Ergonomisches und vermutlich nicht die perfekte Lendenwirbelstütze, aber du kannst schnell und einfach von einem Schreibtisch zum anderen pendeln – und das musst du auch, weil du immer mal wieder wechseln musst, um deine Projekte fertig zu bekommen. Und trotzdem, trotz der Schreibtische und, und, und, es wirkt gar nicht wie ein typisches Büro, oder was meinst du?

Ach das? Dieses Geräusch? Komm hier entlang, ich zeig's dir. Das ist unser »Spielzimmer«. So was hat heute jedes Start-up. Wenn du dich gestresst fühlst und mal ausspannen willst, komm hier rein, hau dich auf einen Sitzsack und hör ein bisschen Musik, oder noch besser, schnapp dir drei Kollegen und spiel mit ihnen eine Runde Kicker.

Okay, ich weiß schon, was du denkst, das ist das tollste Büro, das du jemals gesehen hast. Dein jetziger Arbeitsplatz ist ein einziger, steriler Albtraum von einem Großraumbüro. Beige Wände und endlose Regale voller Aktenordner, da muss es doch einfach ein Traum sein, hier arbeiten zu dürfen, oder etwa nicht?

Doch bevor du jetzt alles hinschmeißt, warte einen Moment! Weißt du, je mehr dir ein Start-up wie dein Zuhause vorkommt, je mehr dich ein Start-up einlädt, mal abzuschalten, desto eher wirst du bereit sein, im Büro zu bleiben und zu arbeiten. Du kannst hier frühstücken – ich habe dir doch all die Zerealien gezeigt, richtig? (Übrigens alles leckere, verarbeitete Lebensmittel voller Zucker.) Da kannst du schon richtig früh in die Arbeit kommen und durchstarten. Nach fünf Stunden kannst du dann dein Lunch hier einnehmen, dich mit Kaffee und Mate-Tee wieder auf Touren bringen, und dann durcharbeiten bis in den Abend. Wenn du müde wirst, mach mal Pause, spiel eine Runde Kicker. Setz dich ein paar Minuten auf das Sofa. Wer wird denn jetzt schon nach Hause gehen wollen.

Schließ die Augen.

Bist du daheim oder im Büro?

Rivalchemy ist durchaus keine Ausnahme. Start-up-Gründer erkannten schon sehr früh, dass das Bürodesign auf die Interessen der Mitarbeiter eingehen muss. Die Gründer achten sehr darauf, dass sich die Büroumgebung vor allem nicht nach Büro, nicht nach Arbeit anfühlt. Sie bieten ein Element des »geordneten Chaos«, so wie diese Themenbars mit ihren Gimmicks. Ihr wisst schon, was ich meine, Bars mit Namen wie »Copacabana« zum Beispiel, die einem ein Strand-Feeling vermitteln sollen, mit Sand auf dem Boden und Muscheln an der Theke. Oder »La Mademoiselle Rouge« (oder so ähnlich) mit Bildern von Toulouse-Lautrec und einem ausrangierten Akkordeon an der Wand.

Es kommt nur darauf an, dass die ganze Arbeit möglichst wenig nach Arbeit aussieht. Sie soll nach Freizeit aussehen, nach Spaß, nach Zuhause. Je mehr diese Unterschiede verschwimmen, desto einfacher lassen sich Mitarbeiter dazu bringen, im Büro zu bleiben, Überstunden zu machen, monotone Jobs zu erledigen – und das alles auch noch völlig okay zu finden.

Das wichtigste Gerät im Start-up-Alltag ist ohne Frage der Laptop: Schon die Tatsache, dass man ihn überall hin mitnehmen kann, wird zum Symbol für die Flexibilität von

Start-ups. Die Mitarbeiter schleppen ihn von einem Raum zum anderen immer mit sich und führen hochbedeutende Diskussionen über Verkaufszahlen und Technik und was weiß ich, und dann setzen sie die gewaltigen Ideen, die ihnen gerade gekommen sind, in höchst kläglicher Weise um (wegen der bereits erwähnten Einschränkungen von ganz oben). Ihre Meetings veranstalten sie in Meetingräumen oder einfach nur auf einer skandinavischen Couch mit dem Laptop auf dem Schoß. Damit haben sie ihren Egowunsch erfüllt, hochwichtige Gespräche in einem zutiefst limitierten Job zu führen und sich dabei mobil zu fühlen – dass bei den Diskussionen am Ende so gut wie nichts Konkretes herauskommt: geschenkt. Macht alles nichts: Die Diskussion als solche war doch wichtig, die Möglichkeit, aufzustehen und den eigenen Schreibtisch zu verlassen, die Möglichkeit, den Teamkollegen zu zeigen, dass du nicht am Schreibtisch klebst, das ist doch schon wichtig, irgendwie. Es ist nicht nur ein Bruch mit dem »alten Denken und Arbeiten« (deine Maschine ist schließlich ein Laptop, nicht so ein riesiger, brummender Kasten), es demonstriert auch eine Dynamik, die man in klassischen Unternehmen vergeblich suchen wird. Dafür, dass man nur auf einem Sofa sitzt, kann sich das doch sehen lassen.

Es gibt tatsächlich Bürodesigner, die Start-up-Gründer in Berlin ermuntern, ihre Büros nach diesen Kriterien auszustatten. Mit anderen Worten: Es erwächst eine Mikrobranche aus dem Bedarf der Start-up-Industrie, ein bisschen heruntergekommen und abgewohnt zu wirken, so als hätten richtige Menschen tatsächlich und spontan mit diesem Ort interagiert, wie sie es in ihrer Wohnung auch tun.

Ich sagte ja schon: Das Geld ist immer auf der Suche.

Das Image der Start-ups: jung, hip, cool, ohne Zukunft?

Doch noch einmal zusammengefasst: Womit locken Start-ups denn nun ganz konkret? Schauen wir uns doch so eine ganz typische Anzeige mal genauer an. Die Annehmlichkeiten und Vergünstigungen, die da winken, wären zum Beispiel:

- die Möglichkeit, deinen Job selbst zu gestalten.
- die Chance, ein neues, aufregendes Unternehmen mit zu formen.
- Drinks, Snacks, Zerealien.
- Abwechslung und Spaß, regelmäßige Team-Events mit deinen Kollegen.
- ein cooles, internationales Team.
- eine Chance, den Onlinehandel mit datengestützten Methoden ganz neu zu definieren.
- extremes Wachstumspotenzial und diverse unternehmerische Einsichten innerhalb eines erfolgreichen Start-ups.
- die Freiheit, innovativ zu sein: Du hast eine Idee, was du verbessern könntest? Greif zu und setze sie um!
- ein erstklassiges Team: Wir arbeiten nicht einfach nur zusammen, jeder ist wichtig, und alle wollen wir Tag für Tag das Beste aus uns und den anderen herausholen.
- einfach großartig sein.

Im Wesentlichen werben solche Stellenausschreibungen gar nicht klar und eindeutig für den Job. Sie demonstrieren vielmehr einfach eine bestimmte Haltung. Die Haltung, die im Sinn der Inhaber mit der Firma identifiziert werden soll: relaxt, abwechslungsreich, anspruchsvoll. Vielleicht ist euch der »revolutionäre« Tonfall in der Anzeige aufgefallen: Der Bewerber um einen Job übernimmt nicht einfach bloß eine Aufgabe, er wird Bestandteil eines umfassenderen kulturellen Trends zur Neugestaltung der Welt.

Und die angebotenen Vorzüge haben allesamt mit Komfort und Lebensqualität zu tun. Essen, Snacks, Partys. Aber irgendwas fehlt, oder? Etwas mit Substanz.

Genau! Das Start-up hat uns noch gar nichts über das Gehalt verraten. Über Schulungen, Weiterentwicklungsmöglichkeiten und auch von langfristigen Aussichten war noch nicht die Rede, nicht von Altersvorsorge oder wohin sich der Job verlagern könnte. Dafür gibt es einen einfachen Grund. Es gibt nichts Langfristiges. Keine Altersvorsorge, keine Stabilität. Und letztendlich dient der Stil, das Drumherum dazu, das zu vertuschen, was an Substanz fehlt.

Frühstück gratis. Bier im Kühlschrank. Ein Tischkicker.

Aber kein Wort, wo du mit diesem Job einmal landen wirst.

Schon möglich, dass ein derartiges Unternehmen gar nicht in der Lage sein kann, langfristige Aussichten, Altersvorsorge … zu bieten. Aber die Risiken, die damit einhergehen, und der Hype, mit dem diese Risiken verschleiert werden, sollten dann doch gründlich hinterfragt werden.

Mai 2014: Vorstellungsgespräch bei POp!

Ein Kunde besucht die Website oder die App eines Unternehmens und füllt dort einen kurzen Fragebogen aus. Dieser Fragebogen liefert einen groben Umriss der Persönlichkeit des Kunden, seiner Gewohnheiten, seiner Vorlieben. Es geht um seine Lieblingsfilme, ob er gerne auf Partys geht, wie sehr er sich für Sport interessiert ... Dann gibt er ein paar spezifische Maße ein, zum Beispiel eines Zimmers, das eine neue Dekoration braucht. Ein Designexperte (ein Algorithmus) produziert dann üblicherweise ein paar auf den Kunden zugeschnittene Resultate – immerhin hat der Kunde Einblicke in seine Persönlichkeit geliefert, da drücken diese Resultate schon aus, wie er sich, möglicherweise völlig unbewusst, sein Zuhause vorstellt – und sein Leben. Ein eher unternehmungslustiger Typ würde also beispielsweise, im Gegensatz zu einem eher altmodischen, ruhigen Charakter, zu den silbernen Art-déco-Badezimmerarmaturen geleitet werden, nicht zu den Kupferarmaturen im viktorianischen Stil. Alle ausgegebenen Ergebnisse könnte man anschließend direkt mit ein paar Klicks über die Website bestellen.

Das war 2014. Die Firma hieß POp! Sie war damals das »nächste große Ding«.

Steven Smith, der CEO, den ich auf der Jobmesse kennenlernte, bat mich in sein Büro zum Vorstellungsgespräch für die Stelle als Werbetexter. Ich hatte bei meinem ersten Praktikum auch kurz in der Kreativabteilung schnuppern dürfen, wusste also ungefähr, was mich erwarten würde.

An diesem Tag im Mai tobte ein verrückter Schneesturm, einer dieser seltsamen, plötzlichen Wintereinbrüche für 24 Stunden, die eben manchmal vorkommen. Meine alte Winterjacke hatte ein Loch in der Achselhöhle – ich war zu faul, es zu nähen; Hauptsache, es sah keiner. Als ich an der Lagerhalle in Kreuzberg ankam, die ein paar Berliner Start-up-Magazine als »eines der heißesten Start-ups in Deutschland« priesen, fand ich die Wärme im Gebäude viel aufregender als den anstehenden Vorstellungstermin.

Ansonsten machte POp! einen ganz guten Eindruck. Es gab nicht nur das bereits beschriebene, typische Start-up-Design. Die ganz offizielle »Vision« des Ladens war, die

Welt zu einem schöneren Ort zu machen. Dagegen war nun wirklich nichts einzuwenden! Andere Firmen haben die Vision, Pakete pünktlich zu liefern oder die besten Flugzeugtrolleys herzustellen, die den Passagieren Kaffee und Tomatensaft an den Platz bringen. Da war die Vision dieser Firma durchaus legitim. Es gab Gerüchte, sie wollten sich vergrößern und auch Lifestyleprodukte anbieten, damit die Kunden auf ihre Persönlichkeit zugeschnittene Spiele und Unterhaltungsmedien kaufen konnten. Was auch immer das bedeutete. Aber das war ja im Grunde nicht so wichtig. Es ging einfach darum, interessant zu wirken und erfolgreich zu sein. Das Geschäft würde wachsen. Es würde ein Teil der Zukunft werden.

Der Gründer von POp!, ein zum Unternehmer mutierter Softwareentwickler aus Amerika namens Steven, sollte mit mir sprechen, nachdem ich zuerst ein Vorstellungsgespräch am Telefon mit Vicky absolviert hatte, einer Britin und Leiterin der Marketingabteilung.

Ich hatte seit der Jobbörse eine Menge über Steven und die Firma gelesen, sowohl online als auch in Fachzeitschriften. Es gab jede Menge Rummel um ihn und sein Unternehmen, und ich war richtig aufgeregt. Er kam mir ganz anders vor als andere Start-up-Gründer. Viele von ihnen sprachen davon, wie sie die ganze Welt auf den Kopf stellen würden. Steven schien einfach nur die Menschen glücklicher machen zu wollen.

Ich hatte mich in Schale geworfen und wartete nun im Anzug am Empfangstresen. Foyers und Empfangsbereiche sind in der Regel groß und hell, ein Mitarbeiter am Empfang nimmt Anrufe entgegen und bietet den Besuchern Kaffee, Tee oder Mineralwasser an, das Licht fließt durch große, blitzblanke Fenster, der weiße Steinfußboden hallt von deinen Schritten wider … Hier war alles anders. Alles wirkte heruntergekommen, wenn auch auf seltsam künstliche Weise. Nacktes Mauerwerk, Kabelstränge, alte Poster, ein nicht mehr funktionstüchtiger Spielautomat – als ob die Firma selbst ihre Deko über die eigene Website und App bezogen hätte.

Es gab jemanden am Empfang, irgendein Typ mit Kopfhörer, der seinen Laptop tatsächlich auf dem Schoß hatte. Er sagte mir, Steven erwarte mich und werde gleich runterkommen. Dann widmete er sich wieder seiner Technomusik. Mein ungutes Bauchgefühl sagte mir, dass ich mit meinem Anzug total overdressed war.

Steven trat aus einem Aufzug.

»Sam! Schön, dass du es geschafft hast – immer noch so begeistert vom Berliner Wetter?«

»Hi, Steven! Ja, hier bin ich – super! Bis jetzt finde ich's wunderbar, von heute mal abgesehen, logisch. Tierisch kalt.«

»Sehr schön. Schicker Anzug übrigens. Du bist der Erste, der sich so in Schale wirft. Komm, ich zeig dir die Firma, bevor wir uns unterhalten.«

Wir gingen nach oben, und Steven erzählte mir, die Firma teile sich das Gebäude mit bestens etablierten Produktionsstudios, einem Verlag, einem Magazin und ein paar Künstlern. Genau da wollte ich hin – mitten hinein in einen Pulk kreativer, produktiver Menschen. Leute, denen es darauf ankam, Dinge zu schaffen, die sich aber auch der Notwendigkeit bewusst waren, erfolgreich zu sein.

Der Aufzug hielt an, wir stiegen aus.

Ich war erstaunt, dass die eigentliche Firma noch deutlich – sehr deutlich – chaotischer wirkte als der Empfangsbereich. Zwei riesige Hallen, in der Mitte verbunden durch eine überquellende Küche, überall unaufgeräumte Schreibtische, Berge von Abfall und – das Erstaunlichste – kein Mensch weit und breit.

Laptops standen auf jedem Schreibtisch, lose Kabel, wohin man schaute, aber keiner schien die Geräte zu nutzen. Dies, dachte ich, musste das chaotische, kreative Unterbewusstsein der perfekten, makellosen Website sein.

»Und hier wird aus der Magie Realität«, sagte Steven. »Da drüben sitzt das Business Development«, er zeigte auf ein paar Schreibtische, »da das Marketing, dort der Vertrieb, die Beschwerdeabteilung, und hier das Management.« Jede dieser Erläuterungen begleitete ein vager Fingerzeig auf diverse Gruppen von unordentlichen, leeren Schreibtischen.

Ich wollte etwas Zustimmendes beisteuern, stolperte stattdessen über ein paar Flaschen, die auf dem Boden standen. Es schepperte und klirrte, ich bat um Vergebung, aber Steven meinte nur: »Nein, uns tut es leid – wir hatten ein Brainstorming heute Morgen, das sind die Überreste davon«. Dass sich der Inhalt einer der Flaschen über den ganzen Boden ergoss, schien ihn nicht weiter zu stören.

»Sorry« sagte ich, »ich kann das aufwischen.«

»Lass nur«, meinte er und ließ die Pfütze ungerührt weiter anwachsen. Die demonstrative Geste, wie wenig ihn dieses Chaos störte, schien ihm wichtig zu sein. Dass ich zu dem Chaos nun meinen Teil beigetragen hatte – was soll's.

Zehn Minuten Small Talk später bat er mich, in einem ruhigen Raum Platz zu nehmen, abgetrennt von den beiden großen Hallen, und verließ das Zimmer. Ich saß auf einem geradezu verboten schicken Ledersofa und wartete darauf, dass mir Steven einen Laptop und eine Aufgabe vorsetzte, um mich zu prüfen. Es vergingen rund fünf Minuten, dann steckte ich den Kopf aus der Tür und sah Steven, wie er im T-Shirt (in der Berliner Kälte wohlgemerkt) auf dem Balkon stand und in ein Handy brüllte. Ich tat, als wäre nichts geschehen, und setzte mich wieder hin.

Ein paar Minuten später war Steven doch wieder bei mir.

»Also dann mal los«, sagte er und drückte mir einen Mac in die Hand, um dann das Zimmer sofort wieder zu verlassen. Ich war davon ausgegangen, dass ich Verkaufsbeschreibungen für einige Produkte von der Firmen-Website erstellen müsste (eine typische Aufgabe), zum Beispiel für eine Lederjacke, einen Rucksack oder ein Sofa – die Beschreibungen würden dann meine Fähigkeiten bei Marketing- und Vertriebstexten demonstrieren. Aber die Aufgabe in dem Word-Dokument hieß: »Verfasse eine Pressemitteilung über die Neuausrichtung des Unternehmens auf eine minimalistische Geschäftsstruktur, in der die betrieblichen Operationen von New York aus gesteuert werden. Verwende branchenüblichen Stil.«

War das wirklich eine Aufgabe für mich? Es kam mir vor wie eine Arbeitsprobe für einen ganz anderen Job. Ich streckte den Kopf aus der Tür, um zu sehen, ob Steven noch in der Nähe war – er stand schon wieder auf dem Balkon und war offenbar ziemlich geladen. Ich rückte die Krawatte gerade, dachte an mein schwindsüchtiges Girokonto, setzte mich hin und googelte »Pressemitteilung verfassen«.

Dann fing ich an. Ich recherchierte, was es für ein Unternehmen wohl bedeuten könnte, seine Strukturen zu minimieren – und ich bediente mich sprachlicher Anleihen bei der Website von POp! Ich brauchte etwa eine Stunde, dann war es geschafft. Ich ging wieder hinaus in die Halle.

Steven saß an seinem Schreibtisch.

»Ach ja richtig, Sam, ich bin gleich so weit« sagte er.

»Hey, vorhin wollte ich eigentlich noch was fragen: Wo sind denn die ganzen Leute?«, wollte ich wissen.

»Oh, die sind weg.«

»Es ist doch erst fünfzehn Uhr.«

»Yep«, sagte Steven. Schon wieder hatte ich den Eindruck, als wollte er mich mit seiner Antwort beeindrucken.

»Ich habe alle für eine ausgiebige Mittagspause in ein Restaurant in der Nähe geschickt – genauer gesagt für den Rest des Tages. Bei uns heißt das ›Free Friday‹. Das hält die Belegschaft bei Laune.«

Ich war beeindruckt. Drei Uhr nachmittags, und die Leute hatten Feierabend. In meinem früheren Job in London wurde exakt erfasst, wie lange man Mittagspause machte – und hier ermutigte der Chef seine Leute dazu, blauzumachen.

»Ich bin fertig«, sagte ich.

»Ich weiß«, sagte Steven.

»Wie meinst du das?«

»Ich hab den Laptop überwacht, auf dem du gearbeitet hast – per Bluetooth, auf diesem Bildschirm hier konnte ich sehen, was du machst. Gut, dass du keine unanständigen Sachen aufgemacht hast. Wir hatten das schon bei mehr als einem der männlichen Bewerber.«

»Aha«, sagte ich. Auf einem Bildschirm sah ich meine Pressemitteilung. In aller Öffentlichkeit gearbeitet zu haben fühlte sich äußerst schräg und unangenehm an.

»Aber kein Problem, wir haben sie trotzdem eingestellt. Also, ich habe deinen Text gelesen und finde ihn gut. Ich möchte dir ein Angebot machen.«

»Ach so, richtig. Super. Im Ernst? Keine weiteren Gespräche? Was ist mit Vicky?« Ich meinte die britische Leiterin der Marketingabteilung, mit der ich auch noch ein Gespräch haben sollte.

»Keine Interviews. Vicky ist auch beim Lunch. Nur eine Frage hätte ich. Hast du ein journalistisches Netzwerk?«

»Äh, nein.«

»Okay, kein Problem. Du kannst eigentlich direkt anfangen. Ich brauche noch ein paar andere Sachen, die du schreiben müsstest, was für die Zeitungen.«

»Heute noch? Okay, aber sollten wir uns nicht erst mal über den Arbeitsvertrag unterhalten, Gehalt und so?«

»Ja, können wir. Später dann.«

»Okay. Aber ist das wirklich ein Angebot?«

»Klar«, sagte er.

Ich war verwirrt. Steven bat mich, den Laptop aufzuklappen und mir Notizen zu machen.

»Ich brauche nur noch ein oder zwei Sachen. Es geht um einen Blog-Post, der exakt das zusammenfasst, was in der Pressemitteilung steht, nur eben mehr im Blog-Stil. Kriegst du das hin?«

»Okay«, sagte ich, immer noch verwirrt.

»Denk daran, dass wir unseren Betrieb in Berlin grundsätzlich auf ein Minimalmodell umstellen. Es geht um Effizienz und Optimierung, du verstehst. Du kannst dir gerne ein Zitat von mir dazu ausdenken.«

»Na schön. Soll das die nächste Aufgabe sein? Dein voller Ernst?«

»Mein voller Ernst. Sieh mal, ich hab dich eingestellt, also sag einfach Ja, wir haben bereits diesen Rechner hier für dich eingerichtet.«

»Ich weiß nicht. Das geht alles ein bisschen sehr schnell, finde ich.«

»Sieh mal – überleg einfach, was du hier alles erreichen kannst.«

»Ich finde das alles eben ein bisschen – schräg. Oder sagen wir, nicht ganz so professionell, wie ich das gewohnt bin.«

»Ach Quatsch, was heißt schon professionell? Wir wollen einfach Dinge auf die Beine stellen!« Die Leidenschaft in seinem Gesicht lässt sich nur schwer beschreiben, aber sie erinnerte mich daran, wieso ich in solchen Firmen arbeiten wollte. Er fuhr fort: »Jeder will Fachleute haben, richtig? Jeder will seinen eigenen, ganz individuellen Service – aber entweder die Leute können sich's nicht leisten, oder sie haben Schiss davor, wirklich jemandem gegenüberzutreten und ihm zu sagen, dass sie gut aussehen möchten. Deshalb sind wir hier – damit die Leute, ganz normale Leute die Chance bekommen, aus ihrem Leben etwas Schönes zu machen.«

Er wechselte unvermittelt das Thema.

»Hab ich dir schon das Kickerzimmer gezeigt?«

Er führte mich in einen angrenzenden kleinen Raum. An der Wand waren Softdrinks bis unter die Decke gestapelt, in der Mitte stand ein Tischkicker, an der Wand gegenüber hing eine Dartscheibe, daneben stand ein – im Gegensatz zu dem im Foyer funktionierender – Spielautomat.

»Damit die Leute auch mal relaxen können«, sagte Steven. »Wenn du ne Pause brauchst, komm einfach hier rein, entspann dich, spiel ne Runde Kicker oder Street Fighter.«

Ich sagte, ich würde ihm am Montag Bescheid geben. Die Stelle interessierte mich, aber ich brauchte ein wenig Bedenkzeit. Steven wirkte enttäuscht.

Ich hatte an dem Wochenende etwas vor, wollte ausgehen, Freunde treffen. Aber irgendwie hatte ich ein seltsames Gefühl. Ich sah mir noch einmal ein paar der Artikel über POp! an. Ich zog kreuz und quer durch Berlin und ernährte mich von billiger Currywurst und Döner. Ich feierte mit Freunden, aber nicht, weil ich etwas zu feiern hatte.

Ich wusste nicht, was ich von der ganzen Sache halten sollte. Der Job machte einen interessanten Eindruck. Die Firma war bizarr, aber verlockend. Steven war exzentrisch, aber freundlich. Offensichtlich war er bereit, mir Verantwortung zu übergeben. Und natürlich war da dieser geniale

Kickerraum, wie eine geheime Kammer in der Pyramide, voller Schätze des Pharaos. Aber irgendwie hatte ich ein ungutes Gefühl.

Am Montag, bevor ich telefonisch zusagen wollte, googelte ich noch einmal den Firmennamen. Und da fand ich es – eine Ankündigung von Steven. Jetzt wusste ich, warum mir nicht wohl bei der Sache war. Die Ankündigung besagte, dass POp! den Firmensitz nach New York verlegen würde, sämtliche Mitarbeiter in Berlin waren entlassen worden. Und vor allem: Was da stand, war meine Pressemitteilung. Exakt die, die ich beim Vorstellungstermin verfasst hatte, mit ein paar kleinen Änderungen hier und da, aber es war eindeutig mein Text. In den sozialen Medien und in Foren wurde eifrig über die Sache diskutiert.

Was tust du in so einem Fall? Du versuchst, deine Gefühle im Zaum zu halten, Wut und Verwirrung, logischerweise – aber was unternimmst du jetzt? Einen Blog schreiben? Einen Aufstand anzetteln? Auf Twitter aktiv werden? Ich hatte keine Ahnung – und kaum einen Euro mehr in der Tasche, also ignorierte ich die ganze, unwirkliche Begebenheit und begab mich wieder auf Jobsuche.

Nach ein paar Tagen kontaktierte ich dennoch einen der Ex-Mitarbeiter, der online seinem Ärger Luft gemacht hatte, und erwähnte meinen Vorstellungstermin bei Steven.

Er antwortete mir umgehend.

> »Ha! Genau so ist er! Typisch. Er wollte dich übers Ohr hauen, hat sich deinen Pressetext unter den Nagel gerissen, ohne zu bezahlen. Vermutlich warst du einer von den Kandidaten von der Jobbörse. Kurz danach wurde die Entscheidung für New York getroffen. Er hat sich wahrscheinlich einfach gesagt, er nutzt alle Ressourcen, die er kriegen kann. Ich wette, er hätte dich am liebsten

hundert Sachen schreiben lassen, bevor er dir erzählt, dass die Firma dichtgemacht hat. Was für ein Arschloch. Sieh dir bloß an, was er mit uns gemacht hat!«

POp! existiert noch immer, in New York. Es ist ein normales E-Commerce-Unternehmen, das Elektrogeräte an – nach eigener Aussage – »Elitekunden« verkauft. Was für ein Unterschied zu den Jahren in Kreuzberg, als es der Firma angeblich darum ging, Exklusivität für jedermann zu ermöglichen. Was wird aus dieser Vision? Was wird aus einer Zukunft, die gar nicht erst die Realität sieht?

Ich las die Pressemitteilung ein weiteres Mal und fand am Schluss den einzigen ganzen Satz, den Steven dazu beigetragen hatte. »Die Zukunft von POp! ist sicher und strahlend. Maßgeschneidertes Shopping ist die Zukunft – und ich sorge mit meinem Team in NY weiterhin dafür, dass die Zukunft Wirklichkeit wird.«

Ein neues Gefühl für Zeit

Wie viele andere, die in Start-ups gearbeitet haben, habe ich den Eindruck, dass ich eine Menge über Zeit lernte.

Viele Start-up-Unternehmer fordern in den Medien in puncto Arbeitszeiten, nicht in Kategorien der Interessen von »Abteilungen« oder »Firmen« zu denken, in denen die Leute zu festen Zeiten zur Arbeit gehen, ihre vorgegebenen Aufgaben erledigen, eine bestimmte Zeit bleiben und erst dann wieder nach Hause gehen. Das, so die Gründer, sei ein Überbleibsel alten Denkens und tunlichst zu vermeiden, wenn man dynamische Arbeitsmethoden verwirklichen wolle: Geh hin, mach deine Arbeit und geh wieder nach Hause – wann immer du willst.

Zeit wird als der Rohstoff gesehen, der sie ja tatsächlich ist: Nur Aufgaben von hoher Priorität müssen zum Abschluss gebracht werden. Alles, was sich auf den Sankt-Nimmerleins-Tag verschieben lässt, sollte auch so behandelt werden.

Dabei ist das nur ein weiteres Beispiel, wie der Hype eine Realität vorgaukelt, die so nicht existiert.

Bei Rivalchemy wurde beispielsweise ziemlich schnell klar, dass niemand im eigentlichen Sinne Arbeit verrichtete. Es gab selbstdefinierte Aufgaben, aber diese Aufgaben waren nicht mit dem Ziel gestellt, die Produktivität zu erhöhen oder bestimmte Ziele zu erreichen, die die Firma voranbrachten. Es waren Ziele, die nur dazu da waren, die Chefs bei unseren Townhall-Meetings zufriedenzustellen (irgendwelche messbaren Daten, die Wachstum signalisierten), oder es waren einfache Routinearbeiten (Daten von einer Stelle an eine andere verschieben etwa).

Ich lernte eine Menge über die Beschaffenheit der Zeit, wie sie sich anfühlt, wenn man einfach nur dasitzt und öde, geistlose Aufgaben abspult, in der vagen Hoffnung, man würde mir irgendwann so sehr vertrauen, dass ich wirklich etwas tun konnte, was meinen Fähigkeiten entsprach. Ich lernte, wie endlos Zeit sich anfühlen kann, als ob die Uhr rückwärts liefe, während du den Namen irgendeines Journalisten von einer Website in eine Excel-Tabelle überträgst.

Und ich lernte auch, wie unendlich kurz sich Zeit anfühlen kann, wenn du eine Arbeit mit einem knappen Termin erledigen sollst, besonders, wenn diese Arbeit überhaupt nichts mit deinem eigentlichen Job zu tun hat – wie etwa, eine sinnvolle Produktidee zu entwickeln.

Aber da kam das neue Gefühl für Zeit in erster Linie gar nicht her. Dieses Gefühl ergab sich größtenteils aus der Vorstellung von Kommen und Gehen. Start-ups behaupten, alles andere als strenge Zeitvorgaben zu machen, doch selbst dann, wenn die Arbeit nur minimal vorankommt und alles andere als motivierend ist, stehen die Leute morgens um acht auf der Matte und bleiben bis abends um acht, weil sie zeigen wollen, wie sehr sie sich ihrem Job verschrieben haben. Sie strengen die grauen Zellen an, sie zermartern sich das Hirn oder was auch immer man an Umschreibungen der Start-up-Leute für schlichtes »Arbeiten« verwenden mag. Diese Begrifflichkeiten sind alles andere als überflüssig: Sie sind wichtig, weil sie beschreiben, wie Leute in Start-ups ihr eigenes Tun wahrnehmen. Wenn du deinen Job, so chaotisch, unlogisch oder bedeutungslos er sein mag, als konstruktives Element irgendeiner Art von »dich ins Zeug legen« oder »kreativ sein« verstehst, gewinnt alles an Bedeutung. Selbst wenn du zwölf Stunden täglich an deinem Schreibtisch sitzt und nichts weiter tust als Daten von einer Datei in eine andere zu verschieben. Wenn du es machst, weil du dich ins Zeug legst, weil du kreativ bist, dann geht es auch immer voran, irgendwie.

Wobei das vermutlich nicht unbedingt etwas Start-up-Typisches ist. Wir haben alle schon in Jobs gearbeitet, in denen niemand der Erste sein wollte, der nach Hause geht, aus Furcht, die anderen könnten ihm das krummnehmen. Wir wissen, wie das ist, wenn du meinst, du musst spätestens um 8:15 Uhr im Büro sein, weil es sonst vor den anderen einen schlechten Eindruck machen könnte. Und keiner möchte der sein, der als Erster nach Hause geht. Es ist ein Teufelskreis, der die Leute am Arbeitsplatz festhält. Aber wenn es bei der Arbeit um »sich ins Zeug legen«, »kreativ sein« und »sich abrackern« geht statt um »normale« Arbeit – dann wird es noch ein bisschen schwerer, als Erster den Computer herunterzufahren und zu gehen.

Du lernst eine Menge darüber, wie sich Zeit anfühlt, wenn die Kollegen dich verspotten, weil du zwei Tage nacheinander schon um 18:30 Uhr Feierabend machst. Du lernst, wie es sich anfühlt, wenn deine Zeit nicht mehr dir selbst zu gehören scheint, als wäre sie in einem Netz gefangen, das die Leute um dich herum spannen, wo auch immer du hingehst.

Du lernst, wie sich Stunden und Minuten anfühlen, die lautlos an dir vorbeiziehen und dann für immer verloren sind, während sich der primäre Wert deiner Arbeit immer mehr auf die Stunden schlichter Anwesenheit im Büro reduziert.

William Morris, ein Künstler, Architekt und Sozialist des 19. Jahrhunderts, schrieb auch über den Unterschied zwischen sinnvoller Arbeit und sinnloser Plackerei. Was immer sinnvolle Arbeit ist, sie umfasst »Hoffnung auf Ruhe, Hoffnung auf Ertrag, Hoffnung auf Freude an der Arbeit selbst«.[19] Genau daran fehlt es bei sinnloser Plackerei. Morris schrieb freilich über die Menschen in Arbeitshäusern, Menschen, die Sklaven von Maschinen waren, über gefährliche Berufe, die den Körper derjenigen, die ihn ausüben mussten, zugrunde richteten. Das sind natürlich Erfahrungen, die sich nicht auf mein Berufsleben übertragen lassen, aber ich kann doch das Gefühl beschreiben. Wenn du ins Büro gehst, einfach nur um im Büro zu sein, und dort bleibst, einfach um dort zu sein, wenn der Sinn und Zweck deines Berufs schlicht darin besteht, am Arbeitsplatz zu sein, dann rede ich von sinnloser Plackerei. Es gibt keine Hoffnung auf Ruhe, denn auch die Freizeit wird von der Arbeit eingenommen. Es gibt keine Hoffnung auf das Produkt, weil du nicht produktiv sein kannst. Und keine Hoffnung auf Freude an der Arbeit selbst, denn Anwesenheit ist ja schon die Arbeit selbst.

Mai 2014: Die Start-up-Messe – Teil 2

Mein Tag auf der Jobmesse ging dem Ende zu, und ich hatte den Eindruck, eine Zukunftsbranche voller Potenzial kennengelernt zu haben. Das eine Thema, das all diese verschiedenartigen Firmen verband, war Fortschritt durch Technologie. Es war die Technologie, die es möglich machen sollte, auf ganz neue Art und Weise zu arbeiten, und es war die Technologie, die den Menschen half, die Welt einfacher, bequemer und besser zu machen.

Wenngleich viele der Firmen, die sich dort präsentierten, langweilig oder spießig wirkten – oder doch auf mich als Außenstehenden irgendwie unattraktiv –, gab es zahlreiche, die so aussahen, als würden sie im Hinblick auf unsere Arbeits- und Lebensweise echte und positive Schritte nach vorne produzieren. Es gab viele Firmen, die gerade in den Bereichen Hilfe anboten, die uns die meisten Schwierigkeiten bereiteten – zum Beispiel Energie, Landwirtschaft und Gesundheitswesen. Vor allem für Menschen in Entwicklungsländern können Start-ups einen kostengünstigen Weg zum so dringend benötigten Fortschritt aufzeigen. Eine Firma, die mir in diesem Kontext besonders in Auge sprang, war ein Hersteller von Solarkollektoren. Solche Unternehmen sind tatsächlich von der Vision geleitet, die Welt zu einem besseren Ort zu machen, und sehr wahrscheinlich gelingt es ihnen auch.

Daneben gab es auf der Messe und gibt es auch heute noch viele Firmen, die einfach nur existieren, um Technologien zu produzieren, die die Corporate Surveillance (Tracking von Online-Aktivitäten) verbessern, sowie Firmen, die das Wachstum der »Gig-Economy« stimulieren – das ist der Teil der Volkswirtschaft, in dem Arbeiter nach geleisteten Stunden bezahlt werden, ohne Schutz bei Krankheit oder Arbeitslosigkeit und ohne jede Struktur, die den Mitarbeitern langfristige Sicherheit im System gewährleistet, wie etwa Renten.

Doch auch sonst lässt sich über Nutzen und Wert der Entwicklungen zahlreicher dieser Firmen streiten. So gab es auf der Messe zum Beispiel zahlreiche Start-ups, die Beacons herstellten. Beacons sind Maschinen, die über Bluetooth-Signale Nachrichten an Smartphones senden. Wenn du zum Beispiel in einem Einkaufszentrum bist, sendet das Beacon ein Signal an dein Handy und anschließend auf der Basis deines Standorts weitere zielgenaue Werbung. Scheinbar eher harmlos, zumal die Maschine ja nicht dein Smartphone auslesen kann. Aber sie kann verfolgen, wo du bist. Angenommen, du suchst im Einkaufszentrum eine Toilette auf – schon weiß das Beacon, ob du Männlein oder Weiblein bist. Angenommen, du gehst in ein Schuhgeschäft – schon weiß es, dass du neue Schuhe brauchst oder dich zumindest dafür interessierst, zum Beispiel wenn du bei einem Paar bestimmter Sneaker stehen bleibst, dich dann aber doch für ein Paar Stiefel entscheidest. Das Beacon kann via Apps Nachrichten an dein Smartphone schicken, die dich auffordern, dir die Sneaker für später zu reservieren. Du wirst also bereits verfolgt, beobachtet, man sagt dir, du solltest dich noch mehr mit diesem Laden beschäftigen (eigentlich fordert man dich schlicht und einfach auf, mehr zu kaufen). Die meisten würden derartige Nachrichten deaktivieren, das heißt aber nicht, dass du nicht trotzdem verfolgt wirst. Später, wenn du den Laden verlässt, kommst du vielleicht an einem Digitalfernseher vorbei, auf dem Werbespots der Geschäfte im Einkaufszentrum laufen. Das Beacon verfolgt deine Bewegungen, wenn du also an diesem Fernseher vorbeikommst, siehst du Werbung, die auf dein Geschlecht, deine

Interessen und dein Alter zugeschnitten ist – alles auf der Basis von Daten, die du dem Beacon zur Verfügung gestellt hast, indem du nichts weiter getan hast, als in diesem Einkaufszentrum herumzuspazieren.

Es gibt auch Start-ups, die als Anhängsel größerer Technologieunternehmen konzipiert sind, Parasiten, wenn man so will. Diese Firmen tragen üblicherweise dazu bei, das größere Technologieprodukt auf neue Weise zu strukturieren, dabei können sie Benutzerdaten einsehen und verwenden. Da gibt es zum Beispiel ein E-Mail-Add-on, das dem Benutzer die Möglichkeit gibt, personalisierte Antworten automatisch zu senden (durchaus sinnvoll für vielbeschäftigte Menschen). Diese Firmen können E-Mails lesen – sämtliche E-Mails ihrer Benutzer. Auch wenn das Versprechen dieser Firma nur auf Automatisierung hinausläuft: In Wirklichkeit stehen dahinter Menschen, und das heißt: Andere Menschen lesen deine E-Mails.

Ich sprach mit einem Gründer auf der Messe, einem Mann von derart klarem Blick, wie ich später keinen mehr in einem Start-up getroffen habe. Er hieß Klaus, war vierzig Jahre alt, und wie viele andere dort war er bereits seit einigen Jahren im Start-up-Geschäft aktiv. Klaus hatte als Techniker im Silicon Valley gearbeitet, für eines der bekanntesten Technologieunternehmen der Welt, dann war er nach Berlin zurückgekommen, um seine eigene Firma zu gründen. Aber er war nicht in seiner Eigenschaft als Firmeninhaber auf der Messe, er war nicht auf Talentsuche. Er hielt die Augen nach möglichen Konkurrenten offen.

»Bereitet dir hier irgendetwas Sorgen?«, fragte ich ihn.

»Keine Spur. Nicht im Geringsten«, antwortete er.

Offenbar stellten die Firmen, die auf der Messe auftraten, keine ernste Gefahr für sein Unternehmen dar, weil er bereits mehrere Jahre damit verbracht hatte, sein Modell weiterzuentwickeln und zu testen, nachdem er es in den Jahren davor erfolgreich im Silicon Valley eingesetzt hatte.

»Weißt du, zunächst werden sie mit diesem Geschäftsmodell nur herumexperimentieren, das heißt, es wird Jahre dauern, bevor sie ihr Produkt wirklich fehlerfrei hinbekommen«, sagte er.

»Aber irgendwann kriegen sie es hin«, sagte ich.

»Ja, sicher«, gab er zurück. »Aber darauf kommt es nicht an. Sie werden dermaßen durch den üblichen Start-up-Scheiß abgelenkt – Finanzierung, Hackerangriffe, Drogen, Partys, Magazine –, dass sie ewig brauchen werden. Und wenn es dann so weit ist, werden sie nicht mehr experimentieren können.«

»Wieso nicht?«, fragte ich.

»Start-ups leben von Risikokapital. Das ist jetzt noch en masse verfügbar. Aber der Witz ist, dass in ein paar Jahren die Zinsen steigen werden, das ist unausweichlich. Irgendwas ist immer, zu viel Investment, eine Blase, so was in der Art, und dann gehen die Zinsen hoch. Wenn das der Fall ist, gibt es kein Investment mehr. Dann wird die Konkurrenz keine Chance mehr haben, sich auszuprobieren. Wenn das Kapital austrocknet, ist es mit dem ganzen Wachstum der Szene vorbei. Und dazu kommen noch weitere Probleme mit anderen Geldquellen – Crowdfunding, Business Angel.«

Dabei lachte er.

Ein Jahr danach sollte der amerikanische Milliardär und Investor Mark Cuban in seinem Blog schreiben, wir befänden uns momentan in einer neuen Blase, aber in einer viel schlimmeren als der Dotcom-Blase der Neunziger, und zwar genau *weil* das Investment von Angels stammte. Nach Cubans Ansicht stellten diese Angel-Investoren in Wirklichkeit ein ernstes Problem dar. Risikokapitalgeber sind eine Art geschlossener Gesellschaft, aber Angel-Investor kann jeder werden. Da diese sich nicht an dieselben Standards halten müssen wie Risikokapitalgeber, entstehen Probleme. Cuban wörtlich: »Das einzig Schlimmere als ein Markt mit abstürzender Bewertung ist ein Markt ohne jede Bewertung und ohne Liquidität«.[20]

Die Firma dieses Typen, mit dem ich mich damals auf der Start-up-Messe unterhielt, ist heute Weltmarktführer auf ihrem Gebiet, und sie hat immer noch keine ernsthafte Konkurrenz.

Die Schattenseiten der digitalen Revolution

Während das Internet die ersten globalen Veränderungen mit sich brachte, wurde ganz Amerika von einem ganz neuartigen, unerschütterlichen Zukunftsoptimismus erfasst, nämlich der Vorstellung, das Internet und seine Benutzer wären völlig frei von staatlichen Eingriffen. Die Benutzer würden zu mächtigen Individuen, die in der Lage wären, Daten zu nutzen und ihre Regierungen einfacher zur Verantwortung zu ziehen, die immer effizientere Unternehmungen starten könnten – die Menschen würden einfach glücklicher sein.

Dieser technologiegläubige Optimismus hielt bis in dieses Jahrzehnt an. Nehmen wir nur das Buch von Eric Schmidt und Jared Cohen aus dem Jahr 2013, *Die Vernetzung der Welt* (im Original von 2012: *The New Digital Age*). Beide hatten leitende Posten bei Google inne und schrieben damals: »Die Vernetzung bringt aber nicht nur Smartphones, sondern sie versetzt die Menschen außerdem in die Lage, Daten zu sammeln und zu nutzen. Die Daten sind ein Werkzeug, und in Regionen, in denen mangelhafte Informationen zu Gesundheit, Bildung, Wirtschaft und den Bedürfnissen der Bevölkerung Wachstum und die Entwicklung verhinderten, kann die Möglichkeit, effektiv Daten zu sammeln, die Spielregeln verändern.«

In der Folge beschreiben die Autoren eine Revolution, die mit diesen Daten einhergeht: »Die Datenrevolution bringt den Bürgern der Zukunft zahllose Vorteile. Sie werden beispiellosen Einblick in das Denken und Handeln anderer Menschen erhalten und beobachten können, inwieweit sie sich an Normen halten oder gegen sie verstoßen – und zwar nicht nur in unserem Land, sondern in aller Welt. Auch in heute noch isolierten Gesellschaften wird diese neue Möglichkeit, online problemlos und in beliebigen Mengen korrekte und verifizierte Information in der eigenen Sprache abzurufen, eine neue Ära des kritischen Denkens einläuten. [...] Wer versucht, religiöse, kulturelle oder ethnische Mythen zu verbreiten, wird bei einem immer besser informierten Publikum auf Schwierigkeiten stoßen.«

Der Text stammt aus dem Jahr 2012, es ist also sehr wenige Jahre her, da beschrieben die Autoren noch eine utopische Zukunftsvision, in der allein schon die Verfügbarkeit digitaler Informationen besser informierte Bürger schaffen würde.

Während ich dies schreibe, zerlegt sich die Welt um uns herum in ihre Einzelteile, Institutionen werden in Zweifel gezogen, Wahlen beeinflusst, Sicherheitsmaßnahmen aufgerüstet, und allenthalben sind Vorurteile auf dem Vormarsch – und wir sind nicht darauf vorbereitet, aufgrund unserer falschen Grundannahmen. Unsere Grundannahmen, die besagten, die digitale Zukunft wäre geprägt vom durch und durch Guten.

Menschen wie Schmidt und Cohen brachten es schlicht nicht fertig, die dunkle Seite zu sehen, die Schattenwelt, das Gespenst dieser neuen Entwicklungen: Diese Technologien und die Informationen, die sie transportieren, sind allesamt von Menschen erdacht und gemacht – Menschen, die durchaus nicht immer das Beste für ihre Mitmenschen im Sinn haben. Und selbst wenn sie dies haben, dann ist noch nicht klar, ob ihre Mitmenschen tatsächlich wie gewünscht reagieren. So reagieren Menschen zum Beispiel auf vollständige Informationen nun einmal nicht ausschließlich auf rationale Weise. Menschen glauben an Halbwahrheiten, Fiktionen, an Aberglauben, sie nehmen Fake News für bare Münze, lassen sich von Hass und Atavismus anstecken.

Ein anderes Beispiel: Dass wir über unsere Smartphones Verbindungen knüpfen und Kontakte pflegen können, heißt ja noch lange nicht, dass unsere Freundschaften sich vertiefen. Wissenschaftler der San Francisco State University[21] (in praktischer Nähe zum Silicon Valley gelegen) warnen geradezu vor den Suchtgefahren durch Smartphones und ähnliche digitale Geräte, mit Folgeerscheinungen wie Depression und Vereinsamung – das exakte Gegenteil von Verbundenheit und Kontaktpflege.

Nur weil wir Zeitungen online lesen können, heißt das nicht, dass wir als Konsumenten von Informationen rationaler handeln würden als früher – immerhin ist Donald Trump heute tatsächlich Präsident.

Die Zukunft der Welt liegt immer im Ungewissen, und das Internet mag zwar mit der Fülle an Informationen, die es transportiert, einen Anschein von Gewissheit vermitteln, aber es ist völlig unvorhersehbar, wie es sich weiterentwickeln wird. Identität, Regierungen, Persönlichkeit, Jobs – alles wandelt sich. Und in der Geschäftswelt wird es nicht anders sein.

Start-ups waren eigentlich als Teil dieser Revolution gedacht, als unternehmerischer Kern des umfassenden gesellschaftlichen Wandels, der die digitale Transformation auf den Weg bringen und ganz normalen Leuten die

Chance geben sollte, besser informierte Bürger ihres Staates zu werden.

Aber wie die Digitalisierung selbst haben offenbar auch die Start-ups ihre Tücken. Was, wenn die Produkte, die sie herstellen, von Menschen beeinflusst werden und damit zwangsläufig fehlerhaft sind? Und schlimmer: Was, wenn sie sich einfach diesen auf Zukunftstechnologie bauenden Optimismus zunutze machen, um die Tatsache zu verschleiern, dass sie in Wirklichkeit gar nicht wissen, was sie tun?

Start-ups operieren typischerweise vor dem Hintergrund der Ausnutzung ihrer Mitarbeiter, wissentlich unausgereifter Produkte und potenziell, was den Verkauf von personalisierter Daten anbelangt, sogar im Graubereich der Illegalität. Dazu kommt, dass die jungen Leute, die sich in ein derartiges Arbeitsumfeld begeben, nicht selten beruflich nicht ausreichend geschult sind, Überstunden ohne Ende arbeiten müssen und keinerlei berufliche Absicherung haben.

Natürlich kann es auch gute Start-ups geben, Start-ups in Bereichen wie Medizin und Landwirtschaft oder welche, die Menschen in Entwicklungsländern zu einem Bankkonto verhelfen. Aber nach allem, was ich gesehen habe, kann ich sagen:

- Start-ups sind nicht innovativ.
- Start-ups sind nicht effizient.
- Start-ups erzeugen unausgereifte Produkte.
- Start-ups beuten ihre Mitarbeiter aus.

Jeder kann das »nächste große Ding« auf die Beine stellen.

Ja, sicher.

Es sollte bloß keiner behaupten, das »nächste große Ding« würden wir den Wundern der Technologie verdanken.

3
BEWÄHRUNGSPROBEN

»Ist es hier nicht total geil?«, fragte David.

»Ja, Mann, es ist absolut super, dass sie hier mit uns feiern«, jubelte Dieter.

»Mensch, ist das geil hier«, sagte David.

»Ich weiß, ich kann's kaum glauben, dass sie uns hierher gebracht haben«, entgegnete Dieter.

Sie meinten das Soho House, einen exklusiven Members Club in der Torstraße. Sie konnten es nicht fassen, dass Rivalchemy ein derart luxuriöses Etablissement für die Weihnachtsfeier im Dezember 2014 gebucht hatte.

Wie so viele Leute im Rivalchemy-Team waren auch Dieter und David neu dabei (das Unternehmen war auf über sechzig Mitarbeiter angewachsen – doppelt so viele wie bei meinem Einstieg), und wie so viele Leute auf der Party waren auch Dieter und David bereits high. Timo hatte auch mir eine Nase voll angeboten, aber ich hatte nichts gewollt. Da nannte er mich eine Schwuchtel und ging mir für den Rest des Abends aus dem Weg. Gottlob, dachte ich.

Man führte uns in einen Raum im Untergeschoss, der etwa die Größe eines Tennisplatzes hatte, voller Ledersofas, cooler Gemälde und Neonlichter. An seinen nicht gestrichenen, industriell wirkenden Wänden hingen Banner, auf denen zu lesen stand: »Rivalchemy Christmas Party 2014«.

Das etwa 25-köpfige Vertriebsteam war mit Abstand das größte im Unternehmen. Die meisten waren Männer, die meisten davon 25 Jahre alt, und die meisten waren nun im Drogenrausch. Der Barmann hatte noch nicht einmal damit begonnen, Bestellungen aufzunehmen, da beschimpften ihn die Vertriebsleute schon, weil er sie nicht schnell genug bediente. Am Ende rief der Hotelmanager seine Angestellten zurück und erklärte Timo, dass die Bar geschlossen sei. Für mehrere Tausend Euro könnten jedoch zwei Mitarbeiter unbegrenzt Bier, Wein, Wodka und Coca-Cola ausschenken – sonst nichts. Dies sei sein letztes Wort, sagte der Hotelmanager, andernfalls werde er die Polizei rufen und Anzeige wegen Nötigung erstatten. Timo lachte und willigte ein, dann begann er mit Felix zu flüstern. Vom anderen Ende des Raums aus konnte ich sehen, dass Felix nicht glücklich war – also reimte ich mir ihr Gespräch aus der Ferne zusammen.

»Warum zum Teufel bist du darauf eingegangen?«, fragte Felix. »Wir können es uns nicht leisten, ein paar Tausend Euro für eine scheiß Party zu verjubeln!«

»Entspann dich, Felix«, entgegnete Timo. »Es ist Weihnachten! Frohlocke! Die Vertriebsleute holen das alles schon wieder rein.«

Kampf der Titanen

Seit einiger Zeit schon entfernten sich Timo und Felix immer weiter voneinander. Bei den letzten paar Malen, als ich die beiden miteinander beobachtet hatte, war offensichtlich gewesen, dass zwischen ihnen eine Spannung herrschte, etwas Unausgesprochenes, aber Tiefsitzendes, das fast etwas Gewaltsames hatte.

Wenn etwa Timo Felix fragte, für welche Uhrzeit sie sich verabredet hatten, seufzte Felix laut und sagte, er solle öfter in seinen Kalender sehen. Wenn Felix wollte, dass Timo der Presse ein Interview gab, sah ihn Timo nicht an und fragte, warum Felix das nicht übernehmen könne.

Passive Aggressionen dieser Art nahmen in ihrer Intensität zu. Eines Abends bei der Arbeit stürmte Felix ins Büro und verlangte von Timo, mit ihm in ein privates Besprechungszimmer zu kommen. Wir hörten wildes Geschrei, gedämpfte Schläge auf den Tisch, das Umstoßen von Stühlen. Dann kam Felix heraus, mit rotem Gesicht und verschwitzt, und verließ wortlos das Büro.

Danach sahen wir ihn ein paar Wochen lang nicht mehr. Er hatte keinen Urlaub gebucht. Auch Timo war während dieser Zeit kürzer und seltener im Büro. Die Unternehmensführung wurde schlicht den Team Leads überlassen (wenn das Team denn einen hatte). Wir erhielten an die gesamte Belegschaft gerichtete E-Mails, in denen uns Timo wissen ließ, dass wir einen guten Job machten oder dass er stolz auf uns sei, aber es gab keine klaren Anweisungen. Er kümmerte sich nicht ums Tagesgeschäft. Das Unternehmen war wie ein Kind, das von seinen Eltern im Stich gelassen worden war.

Gerüchten zufolge ging es bei dem Streit zwischen den beiden Gründern in erster Linie um die künftige Ausrichtung des Unternehmens. Felix wollte das Unternehmen gemäß seiner ursprünglichen Vision als reinen Datenverarbeiter weiter aufbauen. Timo hingegen sah größeres Potenzial darin, die Kunden dabei zu unterstützen, ihre Daten zum Aufbau einer besseren Medienpräsenz zu nutzen. Kurz: Für ihn waren YouTuber *die* neue Zielgruppe. Dieser Gedanke passte eigentlich nicht zur bisherigen Ausrichtung des Unternehmens, doch Timo sonnte sich im Glanz der Idee. Er stellte sich vor, wie berühmte YouTuber ihren Erfolg mithilfe von Rivalchemy detailliert erfassten.

Er schickte sogar eine E-Mail an sämtliche Mitarbeiter: »Rivalchemiker! Wir machen einen Richtungsschwenk! Wir gehen nach Hollywood!«

Es folgte eine Mail von Felix, in der er uns taktvoll mitteilte, Timo habe dies noch nicht allen mitteilen wollen, sondern »prüfe« schlicht eine Idee.

Das hielt Timo jedoch nicht davon ab, ein paar Tage später einem in Berlin ansässigen Start-up-Magazin ein Interview zu geben, in dem er sinngemäß sagte, dass das Unternehmen offiziell einen neuen Kurs einschlagen wolle – im Bereich Medien/Daten-Service. Dieses Interview hatte Felix gelesen, bevor er die Unterredung mit Timo verlangt hatte, an deren Ende er im Streit aus dem Büro gestürmt war.

Ob er es bedauerte, Timo in sein Projekt einbezogen zu haben? Fragte er sich nun, ob es kurzsichtig gewesen war, einen charmanten Mitgründer ins Boot zu holen, um das Vertrauen von Investoren zu gewinnen? War er selbst schuld? Hatte er geglaubt, Timo hätte keine eigenen Ideen? Barg eine starke Persönlichkeit nicht auch Gefahren?

Als wir den Artikel lasen, rollten wir alle mit den Augen. Die Vertriebsleute beriefen eine Dringlichkeitssitzung mit der Marketingabteilung ein, bei der sie wissen wollten, warum man Timo nicht von diesem Interview abgehalten habe. Doch Timo war eben Timo, daran konnten wir nichts ändern, und das beantwortete die Frage eigentlich auch schon. Natürlich genügte das nicht – und der Vertrieb verlangte, dass die Marketingabteilung einen ordentlichen Leiter bekam. Gott sei Dank, dachte ich. Ordnung würde einkehren. Stellenanzeigen wurden ins Internet gestellt, und die Jagd nach einem erfahrenen Marketingguru begann, obgleich das ganze Problem darin wurzelte, dass eine einzige Person ohne Wissen des Unternehmens beschlossen hatte, etwas gegenüber den Medien zu verkünden.

Die Bewerbungen für den Job stapelten sich, und den Kandidaten wurde mitgeteilt, sie sollten auf eine Einladung zu einem persönlichen Gespräch warten. Derweil versuchten die Büro- und Happiness-Manager verzweifelt, mit Felix und Timo Termine für Bewerbungsgespräche zu vereinbaren.

In unserem Büro herrschte bald eine unwirkliche Stimmung. Der Winter stand vor der Tür, und in der Fabrik wurde es kälter. Wir drehten die Heizung auf. Die Teams kamen ins Büro, blieben den ganzen Tag und gingen wieder. Wir taten nicht viel, wollten uns aber gegenseitig einreden, dass wir nicht faul wären. Also saßen wir herum und lasen Online-Magazine, ganz entspannt, weil der Chef nicht da war. Die Praktikanten spielten Tischkicker von dem Augenblick an, an dem sie ins Büro kamen, bis zu dem Augenblick, an dem sie es wieder verließen. Wir beantworteten E-Mails, telefonierten, posteten Kram in den sozialen Medien, kümmerten uns um unsere Kunden. Wir erledigten das Nötigste, dann schlugen wir den Rest unseres Arbeitstages über die Zeit tot. Natürlich waren wir nicht blind, aber niemand sprach offen darüber, dass das Unternehmen wochenlang ohne seine Gründer, ohne Leitung und Führung war. Denn dann wäre jedermann klar geworden, wie prekär die Lage tatsächlich war. Seltsamer noch war, dass wir nach zwei Wochen magischerweise beschlossen, härter zu arbeiten; als würde es die dringend notwendige Unternehmensführung ersetzen, wenn wir uns richtig hineinknieten.

Gegen Ende des Monats kehrten Timo und Felix zurück, eine Erklärung für ihre Abwesenheit erhielten wir jedoch nicht.

Bei der Weihnachtsfeier im Soho House machte ich es mir nun auf einem Sofa bequem und sah zu, wie sich um mich herum das Chaos entfaltete. Etwa eine Woche zuvor war ich beim Arzt gewesen, der bei mir Burn-out diagnostiziert hatte: Ich war überarbeitet, vollkommen gestresst. Ich konnte mich nicht richtig konzentrieren, war ständig müde und ganz allgemein einfach ein bisschen niedergeschlagen. Ich wusste nicht, dass man mit sechsundzwanzig ausgebrannt sein konnte. Ich wusste nicht, dass man auch ohne glanzvolle Karriere ausgebrannt sein konnte. Der Arzt schrieb mich für zwei Wochen krank. Da jedoch bald die Ferien begannen, warf ich die Krankschreibung dummerweise in den Papierkorb und ging zurück ins Büro.

Als großer Selbstdarsteller hielt Timo nun auf der Weihnachtsfeier wieder einmal eine Rede, aber ich hörte nicht zu, sondern ließ die vergangenen Monate im Geiste Revue passieren und fragte mich, wie es nur dazu gekommen war.

Spätsommer 2014: Ich bekomme eine Aufgabe

Es gab ja so einige Dinge, die mich an meiner Arbeit störten; im Spätsommer 2014 jedoch war es vor allem der Ausdruck »Leistungsbeurteilung«, der mir Sorgen bereitete, da hier auch über die Verlängerung meines Vertrags entschieden werden würde. (Auf die Vertragstricksereien, die bei uns üblich waren, werde ich noch zu sprechen kommen.)

In einschlägigen Artikeln hieß es, man solle sich darauf freuen, schließlich sei die persönliche Beurteilung eine Möglichkeit zur Weiterentwicklung. Außerdem hast du die Möglichkeit, selbst ein Feedback für das Unternehmen zu erstellen (schließlich ist es ja ein Geben und Nehmen, nicht?).

Man macht sich aber trotzdem Sorgen. Es ist nicht so, dass man gar nicht mehr oder ganz besonders schlecht schläft, aber man schläft eben ein bisschen weniger. Man liegt im Bett, und gerade wenn man am Einschlafen ist, durchfährt einen plötzlich ein Gedanke, und man ist hellwach: Da ist etwas, etwas Großes, vielleicht Schlimmes, was war es noch? O ja. Die Leistungsbeurteilung. Sie könnte einen den Job kosten. Man müsste etwas anderes finden. Ist schon gut, wird schon werden. Schlaf jetzt. Schhhh.

Ich sah der Beurteilung mit gemischten Gefühlen entgegen. Es war nun einige Wochen her, dass mir Timo und Felix aufgetragen hatten, ihnen ein neues Produkt zu entwickeln.

In meinen ersten paar Monaten im Unternehmen hatte ich mich nach Kräften bemüht, zum direkten Vorteil des Unternehmens zu arbeiten, doch die von mir geleistete Arbeit war entweder vom Management unterbunden oder bis zur letzten Minute befürwortet und dann schließlich doch vom Management verworfen worden. Also hatte ich mich stattdessen darauf verlegt, so zu arbeiten, dass es dem Management gefiel, und nicht, dass es dem Unternehmen diente. Dies wurde vom Management gutgeheißen, doch wussten ich und alle anderen, dass diese Arbeit wertlos war.

Und nun eben mein Auftrag, innerhalb einer Woche ein ganz eigenes Produkt auszudenken. Mein Plan sollte in jener Woche nicht ausgeführt werden, aber die Produktidee und ein brauchbarer Projektplan mussten in weniger als vier Tagen vorliegen, da Timo sich die Pläne am Freitag ansehen wollte, bevor er sie den Investoren präsentierte. Es war ein Montag, an dem er mir beim Mittagessen seinen Plan mitteilte, also blieben mir somit noch dreieinhalb Tage.

War die Produktidee gut, konnten Timo und Felix die Lorbeeren dafür einheimsen. War sie hingegen schlecht, könnten sie mich dafür verantwortlich machen und feuern. Auf diese Weise entledigte sich das Management der Verantwortung dafür, dass ein wichtiges Mitglied ihres Teams, nämlich Peter, der Produktmanager, seinen Hut genommen hatte.

Das war nicht die Effizienz oder Improvisation, die in den Start-up-Magazinen dargestellt wurde: Es war einfach schlechtes Management und mangelndes Verständnis.

Wenn du sie nicht schlagen kannst…

Als ich am Montag nach unserem Essen ins Büro zurückkam, spürte ich den Stress in meinem Körper pulsieren wie elektrischen Strom. Mit trockenem Mund saß ich schwer atmend am Schreibtisch und hatte das Gefühl, als wären meine Nerven hart wie Knochen geworden. Wenn ich es vermasselte, würde ich gefeuert, und wenn ich gefeuert würde, müsste ich einen neuen Job finden, und wenn mir das nicht gelänge, müsste ich zurück nach Großbritannien gehen, was erniedrigend wäre. Meine Eltern wären enttäuscht, dass ich so einen Wind darum gemacht hatte, ins Ausland zu gehen, nur um mit eingezogenem Schwanz zurückzukehren.

Pablo brachte mir ein Glas Wasser und fragte, was denn los sei. Ich erzählte es ihm. Er lachte.

»Oh, scheiße«, sagte er. »Scheiße, Mann. Du bist am Arsch.«

Den ersten meiner dreieinhalb Tage verbrachte ich in Panik, ich schwitzte vor Angst, meinen Job zu verlieren. Am Tag darauf aber, nach einer schlaflosen Nacht, kam mir, just als ich das Büro betrat, ein Gedanke: Ich könnte doch einfach schauen, was unsere Mitbewerber machten, und es kopieren. Ich setzte mich wortlos an meinen Schreibtisch und klaute einfach eine Idee: eine schlichte Analyse-Erweiterung, im Grunde nichts anderes als eine reine Verbesserung der Datendarstellung: ein Instrument zur Visualisierung, durch das die Nutzer erkennen konnten, wie sich ihre Aktivitäten und Daten mit der Zeit veränderten. Das Ganze war lediglich in schickere Grafiken verpackt, als wir sie anboten. Nicht gerade eine aufregende Produktveröffentlichung, aber so etwas bekommt man eben, wenn man einen Junior Marketing Manager ohne Produkterfahrung anweist, sich etwas auszudenken.

Ich erläuterte meine Idee Jan gegenüber, einem Entwickler, der für eine Beförderung zum Leiter des Produktteams in Betracht gezogen wurde. Er bekam leuchtende Augen.

»SUPER IDEE«, schrie er ganz aufgeregt.

»Echt?«, fragte ich. »Im Grunde haben alle anderen so etwas schon – damit kann man die Datenflüsse der letzten Woche überprüfen und mit denen dieser Woche vergleichen und so weiter.«

»Nein, es ist aus zwei Gründen großartig: Erstens haben wir so etwas noch nicht, und zweitens, weil es ziemlich einfach zu bewerkstelligen ist. Ich denke, ich könnte das in ein oder zwei Tagen zusammenbasteln und vielleicht sogar noch ein paar Extras einbauen, wenn die Zeit reicht, weißt du – es ein bisschen weiterentwickeln als einfach nur neue Datenvisualisierungen.«

Jans Zuversicht spornte mich an. Sie brachte die gefrorenen Blutflüsse in meinem Körper zum Tauen, sodass ich mich wieder entspannen konnte. Es war eine gute Idee. Es war kein großes Problem. Uff!

Während Jan an der Grundkonzeption des Tools arbeitete und mir erklärte, wie es funktionieren würde, wurde mir klar, dass Jan zwar innerhalb weniger Tage einen funktionierenden Prototyp basteln konnte, wir jedoch ein paar

Wochen benötigen würden, um ihn zu testen und sicherzustellen, dass er auch gut funktionierte. Jan und ich arbeiteten gut zusammen und erstellten gemeinsam den Projektplan, den wir Timo vorlegen wollten. Vorausgesetzt, dass alles reibungslos lief, konnte man das Ganze in ein paar Wochen, Anfang Oktober, den Kunden präsentieren.

»Es ist schon ziemlich seltsam, dass wir so was nicht schon früher hatten«, sagte Jan. »Es ist eigentlich etwas, das zu unserem Angebot dazugehört. Ein bisschen so, als würde ein Unternehmen Autos ohne Kilometerzähler bauen. Oder Meilenzähler, entschuldige, ich habe vergessen, dass du ja nicht weißt, was ein Kilometer ist, englischer Junge.«

»Ja, das ist schon irgendwie seltsam«, erwiderte ich. »Warum haben wir so etwas denn nicht?«

»Na ja, wir haben eine Analysegrafik, durch die man jederzeit sehen kann, welche Ströme sich im Tagesverlauf gut entwickeln und welche nicht, aber das setzt voraus, dass man das Ding den ganzen Tag in einem separaten Fenster geöffnet lässt. Aber die meisten Kunden interessiert nicht so wirklich, welche Ströme sich in welchem Zeitraum wie entwickeln, weißt du. Um auf die Fahrzeuganalogie zurückzukommen: Solange der Fahrer Gas gibt, ist es ihm egal, wie viel sein Wagen in den letzten zehn Jahren gefahren ist. Ihn interessiert nur, wie schnell er momentan ist. Wenn ein Supermarkt plötzlich feststellt, dass es in einem seiner Ströme eine plötzliche Aufwärtsbewegung gibt, liegt das wahrscheinlich daran, dass eine Kühltruhe nicht richtig kommuniziert. Also muss der Kerl sich nur die Truhe ansehen und sie richtig einstellen, damit der Datenstrom wieder runtergeht. Jetzt ist es so, als hätten wir das Auto für diesen Typen verbessert, damit er sehen kann, ob dieselbe Kühltruhe schon letzte Woche und in der Woche davor defekt war. Dann erkennt er, dass es sich vielleicht nicht um ein reines Datenproblem handelt und er vielleicht eine neue Kühltruhe braucht.«

Ich wusste, dass ich, so gut es mir eben gelingen würde, die Kontrolle über das Projekt gewinnen musste. Aus meiner Zeit in London verfügte ich zum Glück über etwas Erfahrung im Projektmanagement.

Wir planten, dass jeder Kunde kostenlos eine abgespeckte Version erhalten sollte, die er dann gegen eine zusätzliche monatliche Gebühr zu einer erweiterten Version mit noch mehr Grafik- und Messmöglichkeiten aufstocken konnte. Das war ziemlich frech, wenn man bedenkt, dass wir eigentlich ein Datenmanagementunternehmen waren. Doch so verkauften wir es. Jan konnte Timo am Freitag den Prototyp liefern und ihn dann vor der Markteinführung zwei Wochen lang testen. In der Zwischenzeit würde ich das Marketing planen.

Schon am Donnerstagmorgen präsentierten wir Timo den Prototyp. Zwar hatte Jans Enthusiasmus meine anfängliche Angst etwas gelindert, doch erst als Timo das Produkt abnickte, fühlte ich mich meines Jobs wieder ganz sicher. Ich war so erleichtert, dass ich ganz vergaß, wütend auf Timo zu sein, weil er mich überhaupt in diese Lage gebracht hatte.

An jenem Wochenende schlief ich tief und fest. Um neue Produkte für ein Technologieunternehmen zu entwickeln, braucht man nur zu stehlen, dachte ich. Wobei Produktentwicklung in der Regel durchaus nicht so einfach ist. Normalerweise. Doch unser Unternehmen war seinen Mitbewerbern (insbesondere den Amerikanern) in solch grundlegenden Dingen weit hinterher. Aber so lief das eben bei uns. Wenn mit den Investoren alles nach Plan lief, könnte unser Unternehmen den Kunden schließlich ein

Tool berechnen, das ein Junior Marketing Manager von der Konkurrenz gestohlen hatte, um einen aggressiv desorganisierten Chef zu besänftigen, der keine Ahnung von Produkten hatte.

Effizienz!

Hin und her

So sah also Arbeit bei Rivalchemy aus. Abgesehen von den Aufgaben, das Tool an die Kundschaft zu verkaufen und dafür zu sorgen, dass es so gut wie möglich ohne menschliches Zutun funktionierte (was es nicht tat), sah alles andere nur aus wie Arbeit (Besprechungen, Pläne und so weiter), brachte aber nichts hervor, das von irgendeinem Wert für das Unternehmen gewesen wäre.

Timo war zunehmend in sämtliche Abteilungen involviert. Bald beschwerten sich die Leute vermehrt darüber, dass es so aussehe, als wollte er ihre Jobs gleich mit übernehmen. Somit lag der mangelnde Fortschritt innerhalb des Unternehmens zu einem Großteil direkt darin begründet, dass Timo unfähig war, andere Leute ihre Jobs machen zu lassen. Wir protestierten, aber er wollte nichts hören. Und weil die Art der von uns geleisteten Arbeit durch die Persönlichkeiten unserer Arbeitgeber bestimmt wurde und es weder Arbeitsrichtlinien noch Vorkehrungen zum Schutz des Arbeitnehmers vor dem Arbeitgeber gab, waren ich und die anderen Mitarbeiter des Unternehmens Timo ausgeliefert. Wir arbeiteten, um ihn zufriedenzustellen, und nicht, um das Unternehmen nach bestem Wissen voranzubringen. Folglich spiegelte sich in der Arbeit die Persönlichkeit unseres Arbeitgebers wider. Das galt auch für den Rest des Unternehmens, also auch für das Produkt und die Produktbezeichnungen. Somit war das Unternehmen eine Art Projektionsfläche für die Persönlichkeit seines Gründers – und wenn das bedeutete, dass ein Datenunternehmen nicht cool war und noch cooler sein musste, wie Timo es wollte, dann waren eben wochenlange Diskussionen nötig – zum Beispiel über einen Namen für das primitive Analyse-Tool.

Felix schwebte etwas Einfaches vor, wie »Analytics« – etwas Unaufdringliches und Intuitives. Timo, der sich mehr und mehr für die »mediale« Seite seiner Leidenschaften interessierte, wollte es »Audience Power« nennen. Er glaubte, das Wort »Power« wäre wirkungsvoll und gäbe dem Ganzen zusätzliche Schlagkraft.

Ich dachte damals, es gehe nur um die Namensfindung. Ich erkannte nicht, dass sich dahinter ein wesentlich schwerwiegenderer Zwist zwischen den beiden Gründern verbarg.

Hier sei anzumerken, dass sich keiner der beiden darum scherte, welch verhaltenes Echo beide Vorschläge auf Mitarbeiterseite auslösten. Alle fanden, dass »Analytics« besser, etwas wie »Analytics and Visuals« aber noch besser sei, da der Nutzer dann sofort erkennen könne, wie sich dieses spezielle Tool von anderen Analyseprodukten unterschied. Felix verwarf den Gedanken, da ihm »Analytics« passend erschien. Und Timo, nun ja, Timo war sowieso ein Spezialfall.

Jan, der Entwickler, war derweil froh, endlich etwas handfest Positives zu tun zu haben. Monatelang hatte sein Job schlicht darin bestanden, Fehler zu beheben. Vielen Entwicklern im Unternehmen erging es so. Es gab zwar massive Probleme mit dem Hauptprodukt, die einer grundlegenden Bearbeitung bedurft hätten, doch ohne die notwendige Manpower konnten die Entwickler diese nicht sofort angehen. Also überließen sie die Entgegennahme der Kundenbeschwerden dem Praktikantenteam und widmeten sich derweil der Schadensbegrenzung. Wie bei einem Zug, vor dem, wie in einem Zeichentrickfilm, bei voller Fahrt die Gleise verlegt werden – es ist nicht genug Zeit, den Zug anzuhalten, auszusteigen und die Trasse zu bauen.

Nein, Jan freute sich, dass er endlich einmal produktiv arbeiten konnte.

Offenbar verlief das Treffen mit den Investoren gut, die sich angetan zeigten, dass wir unsere Ziele im Auge behielten und eine neue Produktveröffentlichung vorbereiteten. Zudem hatten Timo und Felix unseren Zeitplan akzeptiert, das Produkt innerhalb von zwei Wochen Anfang Oktober auf den Markt zu bringen. Andererseits hatte ihre Zankerei um den Namen zur Folge, dass wir bereits zwei Wochen hinter dem Plan her waren.

Beide kamen einzeln zu mir und baten mich, Marketingmaterialien zu erstellen, welche die jeweilige Vision des Unternehmens reflektieren sollten: Felix' nüchterne, auf Daten fokussierte Sicht und Timos kühnere, bizarrere Vision.

Wie mich andere gewarnt hatten, nahm Timo dies zum Anlass, jeden Tag mit mir zusammenzusitzen und Marketingmaterialien für das neue Produkt und das Unternehmen zu produzieren, die seine Vision von »nach Hollywood gehen« enthielten. Er übernahm meinen Job, und ich spürte, dass er es deshalb tat, weil er wusste, dass ich seine Vision nicht teilte, und er mich von den Möglichkeiten überzeugen wollte, die darin steckten. Während einer Sitzung, bei der wir neue Flyer für die Vertriebsabteilung entwarfen, rief er plötzlich unerwartet aus: »Siehst du, Sam, Marketing kann richtig Spaß machen!«

Als Felix sah, dass Timo und ich an dem Projekt »zusammenarbeiteten« (Timo verlangte, dass wir Zeug entwarfen, auf dem »Audience Power« stand), verlangte er, dass ich ein komplettes Paket anderer Materialien erstellte, auf denen »Analytics« stand. Anstatt die Probleme zwischen ihnen zu lösen, verschwendeten sie die Zeit, die Energie und die Ressourcen der Marketingabteilung, ließen alles doppelt machen, stressten uns und drückten uns sinnlose Überstunden auf.

Pablo und Johannes, meine beiden Marketingkollegen, hielten sich klug aus der Sache heraus. Das heißt, bis auch sie in das Diskussionsdrama verwickelt wurden. Johannes war dann gezwungen, ein komplett neues Set von Unterlagen zu verfassen, welche in Timos neuem Hollywoodjargon beschrieben, wie das Produkt funktionierte.

Es war, als wollten Felix und Timo uns nicht helfen, unsere Arbeit zu machen – sie wollten uns dazu provozieren, Stellung zu beziehen und die Verantwortung für Dinge zu übernehmen, für welche wir weder Zeit und Energie noch die notwendigen Fähigkeiten besaßen. Die Sache wurde zu einem Schlachtfeld der Egos. Und der Zeitplan winkte aus der Ferne.

»Es ist seltsam«, sagte Pablo in dieser Zeit einmal beim Mittagessen. »Es ist, als wollten sie nicht, dass ihr Unternehmen Erfolg hat. Als ginge es mehr um Gedankenspiele oder um sie selbst als um das Unternehmen, wisst ihr.«

»Jawohl«, sagte Johannes, »das Unternehmen könnte toll sein. Es könnte so tolle Sachen machen – ehrlich, hier arbeiten gute Leute. Wenn sie einen nur in Ruhe arbeiten ließen.«

»Ja«, sagte Pablo. »Jan ist klasse, aber sie lassen ihn nichts machen.«

Das Paradoxe daran war, dass ich zum ersten Mal, seit ich im Unternehmen war, in dieser Zeit tatsächlich etwas Neues lernte. Jan war ein sehr liebenswerter und offener Mensch, der sein Wissen gerne teilte. Wie alle anderen ärgerte er sich über Timo und Felix, aber er liebte es, seinen Job zu erklären, und wollte wissen, wie ich meinen erledigte. Es war deshalb so paradox, weil es eigentlich ganz leicht war, jenes effiziente, freundliche, auf gegenseitigem Austausch basierende Unternehmen zu schaffen, das seinen Gründern vorschwebte: Wir brauchten nur die Unternehmensgründer und deren Wünsche konsequent zu ignorieren.

Mit Jans Hilfe lernte ich ein, zwei Dinge über Produktanalyse, deren Aufbau, ein bisschen Programmieren und sogar, wie lange es braucht, bis ein solches Produkt fertig ist. Wir brachten also tatsächlich etwas zustande, und alles, was wir tun mussten, war, das Management komplett zu ignorieren.

Schließlich, weit nach dem ursprünglich geplanten Termin für die Markteinführung, bekam Jan eine E-Mail von Timo, in der es hieß: »Nenne es Analytics.«

Offensichtlich hatte sich zwischen Timo und Felix etwas getan. Wir waren zwei Wochen hinter dem Zeitplan, waren aber endlich startbereit.

Da wir nun endlich die Freigabe vom Management bekommen hatten, setzte ich mich mit sämtlichen unserer Kunden in Verbindung und teilte ihnen mit, dass Analytics nun bald auf den Markt kommen werde. Ich schickte ihnen detaillierte Marketininformationen. An einige der Journalisten, deren Adressen ich zusammengetragen hatte, schickte ich außerdem eine Pressemitteilung.

Wir brachten das Produkt auf den Markt.

Dann begannen die Telefone zu klingeln – und die Praktikanten wussten nicht, was sie tun sollten. Sie gerieten in Panik. Sie berichteten Timo davon.

Ehe ich mich versah, war Jan gefeuert.

Die Phase vor der Leistungsbeurteilung

Die Monate bis Weihnachten vergingen wie im Flug, und alles wurde immer dunkler und festlicher. Im Büro herrschte eine gelöste Stimmung. Bei mir weniger. Die vergangenen Wochen hatten mich ausgelaugt – nicht nur die Arbeit, die das Management des Produkts erfordert hatte, sondern auch der emotionale Stress des Jobs. Schließlich hatte man mir ein Projekt übertragen, für das ich absolut nicht ausgebildet war, und obendrein erwartet, dass ich das Verhältnis der beiden Gründer zueinander berücksichtigte. Und dann war da noch Jans Entlassung, die ziemlich sicher etwas mit der Produktveröffentlichung zu tun hatte. Doch wie viel Schuld daran trug ich?

Ich versuchte mehrere Male, den Gründern mitzuteilen, dass ich gerne darüber sprechen wollte, was zwischen uns geschehen war. Warum hatte ich aus heiterem Himmel dieses Projekt bekommen? Weshalb war Jan entlassen worden? Doch entweder wiesen sie mich schroff ab oder sagten, ich solle mir keine Sorgen machen, da ich ja schließlich schnell lernte.

Englische Höflichkeit. Kam sie mir in die Quere? Hätte ich direkter sein sollen? Auf den Tisch hauen? Vielleicht. Ich vertrat zwar stets meinen Standpunkt und sagte den Leuten, wenn ich etwas für eine schlechte Idee hielt, aber ich glaube, mein Bestreben, den Menschen immer mit Respekt zu begegnen, barg bisweilen die Gefahr, missverstanden, wenn nicht gar ausgenutzt zu werden.

Ich startete einen weiteren Versuch, um an Antworten zu gelangen. Die Leistungsbeurteilung hing immer noch wie ein Damoklesschwert über mir – ich brauchte mehr Informationen.

Über R-Byte Talk fragte ich Timo, ob wir etwas Zeit freischaufeln könnten, um unter vier Augen über die Produktveröffentlichung und die Reaktionen darauf zu sprechen. An jenem Tag planten wir eine Stunde fürs Mittagessen ein. Timo lud noch sechs oder sieben andere Leute ein. Wir gingen vietnamesisch essen, während draußen am Prenzlauer Berg der erste Schnee fiel. Alle waren guter, ausgelassener Stimmung. Sie waren neu. Sie lachten und alberten herum, und Timo achtete darauf, dass die Konversation nicht allzu sehr in die Tiefe ging.

»Jungs, ich sag euch was. Zur Weihnachtsfeier – wie wäre es, wenn wir da ins Berghain gingen?«

»Wäre super«, sagte Miriam (Social Media Ninja, Deutschland, Österreich und Schweiz – kurz: DACH), »aber wie kämen wir da alle rein?«

»Wir könnten ein bisschen verteilt stehen, als wären wir keine Gruppe«, sagte Sven (Blog-Pfleger, DACH und UK). »Ist doch ganz logisch – so schöpfen die keinen Verdacht.«

»Nee, das ist zu offensichtlich«, sagte James (Back-End Wizard, USA). »Als wir das letzte Mal dort waren – Timo, du erinnerst dich, kamen nur du und ich rein, aber Miriam und alle anderen mussten draußen bleiben.«

Timo blieb cool, sagte wenig. Er lächelte. Er wartete auf den richtigen Augenblick, dann sagte er: »Leute, regt euch ab. Ich bringe euch schon rein.«

Der Tisch brach in Freudengeheul aus, die Kellnerin brachte eine Runde Cocktails, draußen fiel der Schnee.

Es stand förmlich auf alle Gesichter geschrieben: »Mein Gott, was für ein Chef. Natürlich kennt er die Türsteher. Natürlich kennt er alle und jeden. Er ist Timo.«

Später wurde es dann das Soho House.

Gegen Ende des Mittagessens fragte ich Timo, ob ich nun mit ihm sprechen könne.

»Klar, Mann. Worum geht's denn?«

»Es geht um die Leistungsbeurteilung«, sagte ich leise, weil ich nicht die Aufmerksamkeit aller anderen auf mich lenken wollte.

»Okay. Und was ist damit?«

»Na ja, ich möchte vorher gern wissen, ob Jans Entlassung in irgendeiner Form Thema unserer Diskussion sein wird, damit ich mich darauf vorbereiten kann.«

»Okay«, sagte er.

»Okay wie in ›Ja, es wird ein Thema sein‹?«

»Okay wie in okay«, sagte er. Er grinste in die Runde. »Hört mal alle her, ich will, dass das jeder versteht. Sam hier hat eben etwas sehr Mutiges getan. Er hat mir gesagt, dass er nicht zufrieden damit ist, wie ich meinen Job mache.«

Die Gruppe lächelte einander an, dann mich.

»Das habe ich nicht gesagt«, protestierte ich.

»Schaut, ich will, dass ihr etwas wisst«, sagte Timo. »Das ist ein gutes Zeichen. Bescheidenheit. Aber Bescheidenheit darf nur soundso weit gehen. Man kann bescheiden sein, seine eigenen Grenzen kennen. Aber jenseits dessen kann es passieren, dass man regelrecht passiv wird. Schaut. Fürchtet euch vor nichts. Ihr seid hier, um zu arbeiten – stimmt, aber darüber hinaus bedeutet es mir noch mehr, wenn ihr bereit seid, Herausforderungen anzunehmen. Wisst ihr, was das bedeutet? Es bedeutet, aus der Komfortzone herauszutreten und etwas anzupacken, von dem ihr nicht sicher seid, dass es funktionieren wird. Das bedeutet es, wenn man ein eigenes Projekt hat, klar?«

»Ja, Timo, wir haben es kapiert«, sagte Sven.

»Und es bedeutet auch, Verantwortung für die Konsequenzen zu übernehmen, oder?«, sagte Timo.

»Klare Sache«, sagte Miriam.

»Und wenn ihr mir je sagen möchtet, dass ihr glaubt, ich mache etwas nicht richtig, wie Sam es gerade getan hat, dann tut das bitte konstruktiv«, sagte Timo.

Alle starrten mich an und warteten darauf, dass ich etwas sagte.

»Ich habe Timo nicht kritisiert, ich wollte nur etwas wissen«, sagte ich.

»Was?«, fragte Sven.

»Ob Jans Entlassung etwas mit ...«

»Alle mal herhören!«, unterbrach mich Timo. »Ehe ich es vergesse, hier ist noch etwas, das ihr unterschreiben müsst.« Aus seiner Tasche zog er sechs oder sieben Blatt Papier und teilte sie aus, an alle außer an mich.

»Was ist das?«, fragte Sven.

»Ach, nichts«, sagte Timo. »Nur so ein Datenkram. Wir haben vergessen, dass ihr ja noch keinen richtigen Datenzugang habt.«

Alle unterzeichneten eifrig und gaben Timo das Blatt zurück. Außer mir, der keinen Vordruck erhalten hatte.

Die Leistungsbeurteilung

Am Tag meiner Leistungsbeurteilung im November 2014 traf eine Lieferung ein. Das Vertriebsteam verließ seine Schreibtische, um zuzusehen, wie sie ins Haus gebracht wurde. Sie verließen ihre Festung im vierten Stock, ihre Headsets und Lügen, und folgten den stämmigen Kerlen des Lieferdienstes hoch in den fünften Stock, wo wir – sowohl das Marketingteam als auch die Praktikanten, die sich um Kundenbeschwerden kümmerten – von stürmischem Applaus erschlagen wurden. In einer Nische hinten in unserem Büro wurde eine Kiste geöffnet, und zwei große

Mitarbeiter des Lieferdienstes bauten dort den neuen Tischkicker zusammen.

Der alte Kicker hatte sich im vierten Stock befunden, in einem kleinen Nebenzimmer bei der Küche. Ich hatte zuvor ein paar Mal vor dem Mittagessen gespielt, aber nicht oft genug, um gut zu werden: Jemand (inzwischen gefeuert) trat irgendwann vor der Weltmeisterschaft dagegen, weil er ein Spiel verloren hatte. Es war offenbar ein billiger Kicker, sodass ein Standbein abbrach. Ihres Hobbys beraubt, verlangten die Teams des Unternehmens, dass ein neuer, guter und stabiler Kicker angeschafft und aufgestellt würde, und es gab eine Abstimmung innerhalb der gesamten Belegschaft, welches Modell man besorgen sollte. Als es eintraf, hörte man manche Mitglieder des Vertriebsteams sagen, wie gern sie bei Rivalchemy arbeiteten. Trotz der unsicheren Arbeitsplätze war ein neuer Tischkicker alles, was es brauchte, um bestimmte Leute glücklich zu machen.

Warum wurde er nun bei uns im fünften Stock aufgestellt? Das kleine Zimmer neben der Küche war seitdem zum »Bereich für Privatgespräche« umgemodelt worden – hier konnten die Leute private Telefongespräche oder, sofern nötig, auch vertrauliche Gespräche führen. Die Nische hinten bei uns im fünften Stock war nur eine von drei Wänden umschlossene Fläche und führte nirgendwohin. Sie war etwa drei auf zwei Meter groß und wurde als Stauraum für Marketingmaterialien wie Transparente oder Papierrollen genutzt, die wir bei Veranstaltungen verwendeten.

Es gab nun also ein neues Geräusch in unserem Arbeitsumfeld. Neben dem Klang der Glocke und den Hunden unten hörten wir nun, wie der harte Tischkickerball unablässig herumkullerte und in das metallene Tor knallte.

Ping!

Wumms!

Bäng! Bäng!

Fünf zu null, Jungs, ihr verliert!

Das »kreative« Arbeitsumfeld des Unternehmens bereitete einem schlicht Kopfschmerzen. Kein Wunder, dass sich bald alle Kopfhörer aufsetzten. Statt miteinander zu sprechen, kommunizierten die Mitarbeiter deshalb zunehmend über R-Byte Talk.

Über R-Byte Talk erhielt ich auch meine Aufforderung von Timo, ich solle zur Leistungsbeurteilung kommen. Mit dem Ordner, in dem ich meine Besprechungsunterlagen aufbewahrte, ging ich hinunter in den vierten Stock. Die Besprechung wurde im Bereich für Privatgespräche abgehalten. Ich klopfte, und Timo bat mich einzutreten. Ich ging hinein, schloss die Tür und nahm ihm gegenüber Platz. Der Raum hatte keine Fenster, und über uns hing eine kleine Lampe im Hipsterschick.

»Also, Sam. Danke«, sagte Timo. »Danke fürs Kommen.«

»Kein Problem«, sagte ich.

Schweigen. Ich wartete darauf, dass er das Gespräch begann. Er sah herab auf einige Papiere, dann blickte er zu mir auf und lächelte. Dann senkte er den Blick wieder. Scin Charme, mit dem er bei anderen so gut ankam, hatte sich bei mir längst abgenutzt, und ich sah ihn weniger als vollwertige und gereifte Person denn als eine Art Schauspieler, der sich manipulativer Tricks und Gesten bediente. Er blickte auf zu mir, lächelte und sagte: »Wasser?« Er nickte in Richtung eines großen Krugs auf der Seite.

»Nein, danke« erwiderte ich. Als ich merkte, dass er nicht aufhörte, ständig den Blick zu senken und zu heben, zu lächeln und gute Laune zu demonstrieren, beschloss ich, das Schweigen selbst zu brechen.

»Timo, ich weiß nicht, was bei diesem Treffen herauskommen wird. Aber was auch immer es sein wird, will ich nur eines wissen: Wieso hat man mir das Projekt übertragen, eine Produktveröffentlichung vorzubereiten, obwohl ich keinerlei Kenntnisse oder Erfahrungen im Projektmanagement habe?«

Er sah wieder nach unten, überflog ein paar Papiere, dann blickte er wieder auf. Er lächelte, nahm einen Schluck Wasser.

Ich wartete auf eine Antwort auf meine Frage. Nichts. Nur ein Lächeln, ein Schluck Wasser, ein Blick auf die Papiere. Das war sein Spielchen, seine Vorbereitung auf das, was er sagen wollte. Seit seiner Zeit als Unternehmensberater hatte er sich weiterentwickelt. Er war nicht mehr nur natürlich und charmant, wodurch er die Kunden von seinen Ansichten überzeugen konnte. Inzwischen war er sich seiner Macht bewusst. Dazu kam ein ausgesprochener Hang zum Dramatischen.

»Also, Sam, danke, dass du gekommen bist, und danke für die Frage. Das Ganze läuft folgendermaßen ab: Wir führen ein Gespräch, ganz direkt und ohne Blatt vor dem Mund, nur wir beide. Du sagst mir, was deiner Meinung nach in den letzten sechs, sieben, acht Monaten gut war, was schlecht war, und was du bei Rivalchemy gern erreichen würdest. Dann sage ich dir, was ich so denke, okay?«

»Ja, okay«, sagte ich. »Ich habe eine Liste mit Dingen vorbereitet, über die ich gern mit dir sprechen würde, aber das Wichtigste habe ich bereits gefragt – nach dem Produkt.« Ich öffnete meinen Ordner und sagte: »Ich habe das in mehrere Kategorien unterteilt – wie ich meine eigene Leistung beurteile, Aufgaben, Unternehmenskultur und Ziele.«

»Okay, schieß los«, sagte er.

»Danke. Lass mich zunächst eines sagen – ich danke euch Jungs für die Möglichkeit dieses Gesprächs, denn ich bin froh, dass wir endlich einmal miteinander reden können. Die vergangenen Monate waren sehr interessant. Was mich betrifft, so denke ich, dass ich viel Initiative gezeigt habe. Ich arbeite gut mit anderen zusammen und kann Projekte managen, wie etwa beim Analytics-Projekt, oder weitere Aufgaben im Marketing übernehmen. Ich glaube, dass ich meine visionären Fähigkeiten verbessern und dafür sorgen könnte, dass ein Projekt von Anfang an vollständig durchdacht ist, anstatt improvisieren zu müssen, und ich würde gern deine Meinung dazu wissen. Außerdem denke ich, dass ich meine Pünktlichkeit bei Besprechungen verbessern könnte – es kam ein paar Mal vor, dass ich an einem Projekt arbeitete und dadurch fünf Minuten zu spät kam, was ziemlich unprofessionell ist – tut mir leid.«

Timo sagte nichts. Er sah auch nicht so aus, als wollte er etwas sagen. Also fuhr ich fort.

»Was die Aufgaben betrifft, ja, ich habe gern diese Marketing- und Werbetextsachen gemacht und könnte mir gut vorstellen, dass hierin auch meine berufliche Zukunft liegt – es hat mir wirklich Spaß gemacht, mit Worten zu arbeiten, und ich freue mich sehr, dass mein Text über das Produkt für die Website, die offiziellen Dokumente und die Presseunterlagen übernommen wurde. Was nun Aspekte angeht, die mich stören: Ich war nicht allzu begeistert von der Aufgabe an sich, ein Produkt zu entwickeln, weil ich wusste, dass ich das angesichts meiner Ausbildung gar nicht übernehmen konnte. Ich fühlte mich irgendwie zu wenig unterstützt, obwohl ich immer wieder um Hilfe gebeten hatte.«

Ich beobachtete sein Gesicht: keine Regung.

»Das wirkt sich darauf aus, wie ich über das Unternehmen denke. Ich glaube, ihr Jungs habt ein Unternehmen mit großem Potenzial, großartigen Mitarbeitern geschaffen, wir haben miteinander viel Spaß – aber an gegenseitiger Unterstützung mangelt es. Um noch mal auf die Produktentwicklung zurückzukommen: Ich machte ganz deutlich, dass ich Hilfe benötigte, aber es kam keine. Außerdem sehe ich da noch ein allgemeineres Problem. Es ist toll, eine ›Happiness Managerin‹ zu haben, aber besser wäre eine Personalbeauftragte. Ich meine, abgesehen davon, dass sie Kuchen und Kekse verteilt, weiß ich nicht mal, was sie eigentlich tut.«

»Du meinst Verena?«, frage Timo.

»Ja, genau. Damals hätte ich lieber eine Personalbeauftragte um Unterstützung gebeten. Und dann ist da natürlich noch Jans Entlassung, für die es anscheinend auch keine stichhaltige Erklärung gibt – ich habe aber gehört, dass es etwas mit dem Analyse-Tool zu tun hat, und ich würde gern wissen, inwiefern.«

Timo blieb regungslos. In der Stille verlor ich den Faden und vergaß, wo ich bei meinen vorbereiteten Punkten gerade war. Ich versuchte, schnell meine Liste zu überfliegen, doch da sagte Timo: »Sam, du hast mir noch nichts über deine Ziele erzählt und auch nicht, was dir an dem Unternehmen gefällt.«

»Ja, du hast recht«, sagte ich und sammelte mich wieder. »In Sachen Unternehmenskultur finde ich es ein bisschen schwierig, mir vorzustellen, wie ein positives Arbeitsklima entstehen soll, wenn es so wenig konkrete Unterstützung gibt. Ich mag die Leute, aber ich weiß wirklich nicht, wie man sie bei der Stange halten soll, wenn das Unternehmen außer Bier nichts anbietet. Hinsichtlich meiner eigenen Ziele denke ich schließlich, dass ich gerne mehr im Bereich

Werbetext arbeiten würde, und hatte gehofft, mit dir noch etwas mehr darüber sprechen zu können.«

Timo stand auf und kehrte mir den Rücken zu, als würde er aus einem Fenster blicken (es gab keins). Schließlich wandte er sich wieder um und blickte an mir vorbei in eine imaginäre Ferne. Er schien nicht mehr in die reale Welt zu sehen, sondern in sich hinein.

»Sam«, sagte er zuversichtlich, mit voller Stimme. »Danke dir für deinen Input. Ich würde dich nun gerne etwas fragen. Ganz direkt. Von Mann zu Mann, nicht als Chef und Angestellter. Einfach so, wie du bist.«

»Sicher, äh, okay.«

»Ich will dich Folgendes fragen: Weißt du, was es braucht, um ein Unternehmen aufzubauen?«

»Wie bitte?«, fragte ich.

»Weißt du, was es braucht, um ein Unternehmen aufzubauen?«

Ich überlegte, ob ich etwas Allgemeines wie Mut oder Stärke oder Ehrgeiz antworten sollte. Doch Timo setzte sich nun wieder, starrte mich an, mit demselben Blick, den er mir bei der Party auf der Couch zugeworfen hatte.

»Ich weiß nicht«, sagte ich.

»Exakt. Du weißt es nicht. Du weißt nicht, was es braucht, um irgendetwas aufzubauen, da du einfach nur hier arbeitest, aber selbst nichts gegründet hast. Du hast nie versucht, selbst etwas zu gründen.«

»Timo, also, ich dachte, das hier sollte eine konstruktive Unterhaltung über die Arbeit sein«, sagte ich.

»Sei still«, fuhr er mich an. »Das ist eine Lektion für dich. Ich will, dass du das begreifst, solange du noch jung bist. Wenn du im Leben etwas machen willst, musst du alles dransetzen, du musst Zeit opfern, Freunde, Tage deines Lebens, du musst Interessen aufgeben, Beziehungen beenden,

Partys und Veranstaltungen sausen lassen. Du musst deine Zeit, deine ganze Zeit dieser einen Sache widmen – etwas aufzubauen, das dir gehört. Du kannst dich nicht beschweren oder einmal freinehmen. Träume gibt es andauernd, aber sie werden nicht durch Zauberkraft Realität. Dazu bedarf es harter Arbeit. Und da du mit dieser Kritik an mir daherkommst, am Unternehmen und an dem Projekt, zeigt mir das, dass du absolut keine Ahnung hast, was es braucht, ein Unternehmen aufzubauen.«

Er atmete schwer und wurde rot. Ich konnte nicht sagen, ob er all das nur spielte oder nicht. Auf jeden Fall aber musste ich mein eigenes Temperament im Zaum halten. Was sollte dieser Unsinn? Warum war es so schwierig, mit ihm zu reden? Warum konnte er sich nicht fokussieren? Es war, als hätte er irgendeine Störung. Das war nicht normal.

Ich atmete durch. Dann sagte ich ruhig: »Timo, das ist keine persönliche Kritik an dir. Ich will einfach nur wissen, warum man mir das Projekt übertragen hat und warum es hier bei der Arbeit keine richtigen Strukturen zur gegenseitigen Unterstützung gibt. Außerdem will ich darüber sprechen, ob ich in Zukunft mehr im Bereich Werbetext arbeiten kann, und schließlich würde ich gern wissen, warum Jan gefeuert wurde, aber das brauchst du mir nicht zu sagen, wenn du nicht willst. Ich habe außerdem gesagt, dass ich mich hier wirklich einbringen möchte, ich möchte nur nicht wieder in eine Situation geraten, in der ich mich überhaupt nicht auskenne, und ich will etwas lernen – aber in einer Art und Weise, die nicht vollkommen ungeordnet ist.«

»Was Jan betrifft«, sagte Timo, »mit Jan daherzukommen ist wirklich unverschämt. Wie du war Jan in seiner Probezeit, okay? Wir hatten eine Vereinbarung, dass wir ihn während der Probezeit vor die Tür setzen können, wann immer es uns beliebt.«

»Ich wollte dich nicht angreifen, Timo. Ich wollte nur wissen, ob es irgendetwas mit dem Projekt zu tun hatte. Wenn hier ein Zusammenhang besteht, dann sag mir das bitte, damit ich es verstehen kann. Es würde in mein Projektmanagement einfließen.«

»Du weißt gar nichts davon. Jan gefiel es nicht allzu gut hier bei Rivalchemy. Er mochte das Unternehmen nicht, und er mochte mich nicht. Deshalb ist er weg. Und jetzt beginne ich zu bezweifeln, dass du gerne hier arbeitest. Und ich bezweifle auch, dass du mich magst.«

Stille.

Timo starrte mich an. Offensichtlich fühlte er sich von mir angegriffen. Es war, als wären er und sein Unternehmen eins. Man konnte keine Kritik am Unternehmen üben, weil man damit ihn kritisierte. Und Timo war extrem dünnhäutig.

»Das war's dann wohl«, sagte Timo. Er nahm seine Sachen und ging.

So endete also meine Leistungsbeurteilung – mein strukturiertes Gespräch über die Arbeit bei Rivalchemy. Ich beschloss, den Rest des Tages freizunehmen – es erschien mir sinnlos, mich wieder an den Schreibtisch zu setzen.

Ich sprach mit meinen Mitbewohnern darüber, was sich ereignet hatte, und sie dachten zunächst, ich würde übertreiben. Als sie aber sahen, wie aufgebracht ich war, beruhigten sie mich. Ganz nach Berliner Art gingen wir ein paar Bier trinken, obwohl es gerade erst Mittag war. Danach feierten wir bis spät in die Nacht, und ich vergaß die ganze Angelegenheit.

Als ich nach Hause zurückkam, war ich zwar betrunken, doch ich konnte es mir nicht verkneifen, meine Arbeitsmails zu checken. Neben zwei von Pablo und Johannes, die wissen wollten, wo ich steckte, war auch eine von Timo dabei. Ich öffnete sie.

»Lieber Sam, danke für die produktive und lebhafte Diskussion. Angesichts dieses konstruktiven Gesprächs freuen wir uns, deinen Vertrag bei Rivalchemy zu verlängern. Anbei. Timo.«

Im Anhang: mein neuer Vertrag.

Ich lachte.

Ich schlief.

Am Montag stellte ich fest, dass Miriam und Sven und all die anderen, die mit uns essen gegangen waren, gefeuert worden waren. Wie sich herausstellte, hatten die Formulare, die Timo sie hatte unterzeichnen lassen, keinesfalls etwas mit Daten zu tun gehabt. Sie hatten vielmehr Vertragsänderungen enthalten – etwas, das ihnen nicht bewusst geworden war, als sie den langen, komplizierten Text auf den Blättern überflogen hatten. Damit war es Timo möglich geworden, die Leute am Tisch innerhalb einer Woche zu kündigen, und nicht mit einer dreimonatigen Frist, wie ursprünglich im Vertrag vereinbart.

Wir erfuhren es direkt von Sven. Er war zur Arbeit erschienen und hatte dort seine Kündigung erhalten. Wir bemitleideten ihn alle. Er warnte mich, meinen neuen Vertrag genau zu prüfen. Das tat ich. Darin fand sich nichts über geänderte Kündigungsbestimmungen, sondern eine klare Formulierung, dass das Unternehmen eine dreimonatige Frist einhalten musste, wenn es mich entlassen wollte.

Allerdings überlegte ich, ob ich weiter für dieses Unternehmen arbeiten wollte. Dann sah ich mir noch einmal mein Gehalt an – eine leichte Erhöhung, und Timo hatte mir weitere Entwicklungsmöglichkeiten versprochen. Also unterschrieb ich.

Auf mich warteten bereits drei E-Mails, in denen Timo meine neuen Pflichten umriss. Ich sollte mehr Aufgaben im Bereich Werbetext erhalten – was mich begeisterte. Und schon war ich zufrieden. Als ich aus dem Fenster blickte, sah ich, wie Sven mit den Händen in den Hosentaschen davonging.

Jan und Daniel

Wie kam es aber denn nun dazu, dass Jan gefeuert wurde? Irgendwann habe ich es dann doch erfahren. Und zwar von Jan selbst, den ich in den Tagen nach meiner Vertragsverlängerung auf der Straße traf. Denn das ist Berlin manchmal auch: ein Dorf.

Doch damit man versteht, warum Jan gefeuert wurde, muss ich hier etwas über Daniel erzählen und was während der zweiwöchigen Verzögerung passierte, als sich Felix und Timo nicht auf einen Namen einigen konnten.

Nein, Daniel kennt ihr noch nicht, aber Daniel ist ein netter Kerl. Ein sympathischer Typ. Er ist einer jener Typen, denen man ab und zu begegnet, in Bars, unscheinbar, nett, freundlich, angenehm. Man kann mit ihm diskutieren, etwa über Fußball oder Politik, dabei aber nicht allzu sehr in die Tiefe gehen. Er stammt aus einer Kleinstadt im Westen Deutschlands oder aus einem Dorf im Süden oder aus einer Großstadt im Norden. Er findet, Bayern München ist eine sehr gute Mannschaft, die ihren Erfolg verdient, auch wenn sie es einem schwer macht, die Bundesliga anzuschauen, weil sie andauernd gewinnen. Er hält die EU für eine seriöse Institution, die für Stabilität in Europa sorgt, findet es aber unfair, wie die ärmeren Nationen behandelt werden. Er steht gerne früh auf, um früh bei der Arbeit zu sein, damit er nach der Arbeit noch genug Zeit hat, um ein Bier zu trinken und etwas fernzusehen. Am Wochenende geht er mit seiner Frau gerne ins Einkaufszentrum oder mit den Kindern in den Park, sieht sich in einer Kneipe ein Spiel an, geht gern etwas später ins Bett, und wenn am Sonntag noch ein guter Film läuft, ist er glücklich.

Er ist kein schlechter Mensch.

Er meint es nicht böse.

Mit Ende dreißig wirkt er sogar nicht einmal wesentlich älter als alle anderen im Unternehmen. Er geht laufen, versucht, sich gesund zu ernähren, achtet darauf, dass er zumindest ein paar Fair-Trade- und Bioprodukte kauft und ist anderen Menschen gegenüber stets höflich. Er hat eine gute Kinderstube genossen – es ist also egal, wenn man sich eigentlich nicht gut an ihn erinnern kann, oder, dass man eigentlich auch keine Zeit am Wochenende mit ihm verbringen will. Er ist zufrieden mit den engen Freunden, die er hat, er ist glücklich mit seiner Frau und seinen zwei Kindern. Alles in Butter, wir sehen uns am Montag. Schönes Wochenende!

Daniel ist genau so ein Typ – immer verlässlich, mittelmäßig in der Schule, nicht unbeliebt, nie herausragend, aber auch nie enttäuschend. »A good egg«, wie wir in England sagen würden.

Daniel war der Client Relations Curator bei Rivalchemy. Er war etwa zur selben Zeit eingestellt worden wie ich, und in jedem anderen Unternehmen hätte man ihn als »Kundenbetreuer« bezeichnet. Hier ging es aber um Rivalchemy. Seine Aufgabe bestand darin, dafür zu sorgen, dass alle Kunden zufrieden waren. Er nahm ihr Feedback entgegen und machte daraus überschaubare Berichte, anhand derer das Unternehmen Produkte oder den Kundendienst verbessern konnte. Er ging zu Besprechungen und Geschäftsessen mit Kunden, achtete darauf, dass alles locker und professionell blieb, machte seinen Job und kam dann wieder zurück in die Firma.

Obwohl er technisch gesehen nicht genau wusste, was das Unternehmen eigentlich machte, war er doch sehr gut darin, die Kunden bei Laune zu halten, die ihm ihrerseits vertrauten, dass er ihre Rückmeldungen ernst nahm. Manchmal wichen sie unerwartet von ihrem ursprünglichen Thema ab und sagten ihre Meinung über das Unternehmen als solches, über die Gründer, über den beschissenen Kundendienst. Doch Daniel wusste mit den Menschen umzugehen, damit sie sich wieder beruhigten.

Anders als Timo, der einen gewinnenden Charme besitzt, punktete Daniel durch Geduld und Normalität – überschäumende Emotionen erschienen ihm gegenüber daher fehl am Platze. Die Leute führten nette Gespräche mit ihm, locker, entspannt, vielleicht ein bisschen steif, aber er wirkte gut organisiert. Man möchte ihn für einen äußerst taktvollen Menschen halten, doch das war er gar nicht. Er hatte einfach keine besonders starke Meinung zu irgendetwas.

Eines Tages, nachdem die Investoren das Analyse-Tool abgesegnet und wir eine Frist von zwei Wochen bis zur Markteinführung gesetzt hatten, machte sich Daniel auf, seinen üblichen Kundenpool zu befragen. So wollte er von einigen Kunden etwa wissen, ob sie es gut fänden, wenn sie ein hochwertigeres Tool für Analyse und Visualisierung hätten. Natürlich sagten alle: »Ja, so etwas wäre sehr praktisch, was wäre denn im Umfang enthalten?«

»Nun«, sagte Daniel, »was hätten Sie denn gern?«

Sie entgegneten, dass sie diese Funktion benötigten, jene schicke Erweiterung, dieses Widget und jenes tolle

Ding. Er nickte, machte sich Notizen und versprach, das Unternehmen werde dem nachkommen. In jener Woche tat er das jeden Tag und versprach den zehn größten Kunden von Rivalchemy, dass sie bekommen würden, was immer sie sich wünschten – ohne dabei je zu verstehen, wie man solche Dinge machte oder zusammensetzte.

Er teilte den Kunden das Veröffentlichungsdatum mit. Wir berichteten ihm von der Verzögerung durch das Namensfindungsproblem. Dies könne einige Wochen dauern, also solle Daniel seine Kunden informieren. Das tat er aber nicht: Warum sie mit solchen Einzelheiten unnötig aufregen? Daher waren seine Kunden bereits angepisst. Dann, am tatsächlichen Veröffentlichungstermin, informierte er Jan über seine Umfrageergebnisse. Jan hatte in nur zwei Tagen einen primitiven Prototyp gebastelt. Nun aber verlangte man von ihm, mehrere neue Produkte aus dem Boden zu stampfen. Obendrein war er gerade mit den Tests durch und bereitete sich darauf vor, dass die ersten Fehlermeldungen eintrafen. Seine Arbeit war getan.

»Du hast das ja nicht versprochen«, sagte Jan. »Sag mir, dass du nichts versprochen hast.«

»O doch, ich habe es versprochen«, sagte Daniel. »Ich sagte einfach, wir machen alles, was ihr euch wünscht.«

»Warum hast du das versprochen?«, fragte Jan.

»Wir müssen die Kunden bei Laune halten.«

Daniel reichte Jan ein Blatt mit einer Liste zugesicherter Eigenschaften.

Jan hatte keine Zeit, die zahlreichen Versprechen zu erfüllen. Er schrie.

»Daniel, was soll die Scheiße? Wie konntest du ihnen das versprechen? Ruf sie an! Ruf sie an!«

Daniel sah nicht ein, warum er sie anrufen sollte.

Als wir die Pressemitteilung und die E-Mails verschickten, fanden die Kunden darin nichts von den Tools, die man ihnen versprochen hatte. Zudem waren sie überrascht, dass etwas mit dem Namen »Analytics« auf den Markt gekommen war. Wo war »Audience Power«, das Daniel (und Timo) angekündigt hatten (ohne unser Wissen)? Also riefen sie an, um sich zu beschweren. Die Praktikanten gerieten in Panik und sagten es Timo. Timo forderte Jan auf, den Forderungen nachzukommen. Natürlich konnte er das nicht, deshalb wurde er gefeuert.

So saß ich allein auf meinem Sofa, während Timo unter dem Jubel des Vertriebsteams seine Rede im Keller des Soho House hielt, hielt mich müde an meinem Glas fest, trank und dachte nur: Gott sei Dank ist Weihnachten.

Das Hochglanzimage der Jugend

Die Entlassung von Jan, Sven und Co. war allenfalls durch ihre Art und Weise eine Überraschung. In Start-up-Unternehmen gibt es für die Mitarbeiter keinerlei Jobsicherheit. Viele Mitarbeiter haben lediglich befristete Verträge, die ihnen im Falle einer Entlassung keinerlei Sicherheit bieten. Darüber hinaus arbeiten viele in einem Praktikanten- oder Werksstudentenverhältnis und erhalten bei minimalem Gehalt langweilige, arbeitsintensive Aufgaben, um das Image digitaler Effizienz aufrechtzuerhalten. In Deutschland dürfen Studenten zwar nicht mehr als zwanzig Wochenstunden arbeiten, aber dann stellt das Unternehmen einfach mehr Studenten ein, die die stupiden Aufgaben abwechselnd über die Woche hinweg erledigen.

Als ich noch in Start-up-Unternehmen arbeitete, ist mir obendrein nie jemand mit einem unbefristeten Arbeitsvertrag begegnet. Und selbst da konnte man nicht davon ausgehen, bis zum Vertragsende bei einer Firma bleiben zu können. Durch Tricksereien und Kleingedrucktes, wenn nicht sogar in unrechtmäßiger Weise konnte jedem wie Sven bisweilen sogar noch früher gekündigt werden.

Angesichts steigender Mieten in Berlin und der Tatsache, dass die Mitarbeiter ein Start-up ohne nennenswerte Fortbildung und übertragbare Fähigkeiten verlassen (weil sie nur gelernt haben, die irrationalen Bedürfnisse dieses oder jenen Gründers zu erfüllen und somit bei anderen Arbeitgebern von vorn beginnen müssen), befindet sich das Gros dieser Werktätigen in einer prekären Lage.

Da, wie ich, viele Mitarbeiter von Start-ups aus dem Ausland stammen, stehen sie zusätzlich unter Druck, ihren Job zu behalten. Erstens möchte man ohnehin nicht gern arbeitslos werden, aber arbeitslos zu sein in einem Land, das nicht das eigene ist, fühlt sich höchst unsicher an. Doch auch die deutschen Mittzwanziger fürchten um ihren Lebenslauf und wollen deshalb nicht so häufig den Job wechseln. Wenn dies geschieht, stellt sich nämlich ganz grundsätzlich ein Gefühl der Haltlosigkeit ein: das Hangeln von Job zu Job, von Projekt zu Projekt. Es gibt nicht viele Menschen, die so etwas wollen. Dennoch reden Medien und Wirtschaftsbosse den Menschen in meinem Alter dies andauernd ein.

Flexibilität. Abwechslung. Offen sein für Neues.

Jaja.

All diese Faktoren formen das Denken der Start-up-Mitarbeiter. Sie *fürchten* sich. Fürchten um ihren Job, um ihr Einkommen, haben Angst, dass sie nicht die Dinge lernen, die sie brauchen, um erfolgreich zu sein. Durch Zusammenprallen mit Chefs schärfen sie vielleicht Sozialkompetenzen wie Taktgefühl und Diplomatie, aber im Grunde leben sie in ständiger Verunsicherung. Sie wollen keinen einzigen falschen Schritt tun. Kritik äußern? Um ein höheres Gehalt bitten? Sie glauben, dass sich das Risiko einer sofortigen Entlassung in diesem Fall exponentiell erhöht.

Das ist nicht allein *meine* Einstellung und *mein* Denken. Leute wie Pablo und Johannes, Leute wie Jan und selbst ein paar von den Vertriebsleuten hatten allesamt schreckliche Angst, einen Fehler zu begehen. Man konnte mit niemandem im Unternehmen sprechen, ohne dass dieses Thema angeschnitten wurde. Es war eine allgemein vorherrschende Haltung, weil wir alle gesehen hatten, wie unberechenbar Timo und Felix sein konnten, wie sie Mitarbeiter hinauswarfen und ihren Leuten zu viel abverlangten. Wie ich waren natürlich auch die anderen von Timo und Felix aufgefordert worden, »die Zügel in die Hand zu nehmen«, »kühne Entscheidungen zu treffen«, »Risiken in Kauf zu nehmen« und »Selbstoptimierung« zu betreiben. Zu sagen, dass wir widersprüchliche Anweisungen erhielten, wäre untertrieben. Wir begannen an unserer eigenen Entscheidungsfähigkeit zu zweifeln, da es schien, als lägen die strukturellen Probleme des Unternehmens in *unserer persönlichen Unzulänglichkeit* begründet. Das eigentliche Problem war schlechtes Management, und doch dachten und glaubten wir jeden Tag, es wäre *unser Fehler*, dass nichts voranging. Als hätte uns jemand schlechtes Saatgut verkauft, und wir würden uns nun vorwerfen, dass wir schlechte Bauern wären, die es nicht zum Wachsen bringen.

Aus dieser ganzen Situation wird leicht erkennbar, dass sich Start-ups das Image von Jugend, Modernität und der Risikobereitschaft junger Menschen aneigneten (und damit vorgaben, vitaler zu sein als eingeführte Unternehmen), es aber im Grunde pervertierten. Ich fand es stets verblüffend, dass das auferlegte Image letztlich nur dazu diente, möglichst junge und unerfahrene Arbeitskräfte einzustellen. Warum forschten die Journalisten nicht unter der Oberfläche nach, als sie die Gelegenheit dazu hatten? Warum stellte man unser Unternehmen als Erfolgsmodell dar, wo wir doch eindeutig versagten oder zumindest stagnierten? Warum wurden die Gründer unablässig als jugendlich, impulsiv und lebenslustig beschrieben, ohne zu erkennen, dass sie gerade aufgrund dieser Eigenschaften möglicherweise für eine Führungsposition völlig ungeeignet waren?

Zum Teil ist das in diesem Fall tatsächlich der Fehler von uns Angestellten. Wir wagten nicht, gemeinsam hervorzutreten und der Welt zu zeigen, wie es ist, in einem Start-up zu arbeiten. Doch es ist auch der Fehler von Journalisten und Medien, die weiterhin davon profitieren, das Image der Start-ups als »fantastisch« und »innovativ« – ja, als »jugendlich« zu befördern, als wäre das tatsächlich ein Synonym dafür. Die Journalisten blicken schlicht nicht hinter die Kulissen und verkaufen weiterhin das alte Image der Start-ups.

Das Hochglanzimage der Jugend prangt auch heute noch von sämtlichen Start-up-Magazinen. Um Rivalchemy wurde ein riesiger Hype gemacht. Schlagzeilen wie »Dieses deutsche Start-up ist das nächste große Ding« oder »Seht euch vor, ihr Daten, ihr werdet sortiert« zeigten, wie unerklärlich fasziniert diese Online-Publikationen von unserem Unternehmen waren. Fotografen und Redakteure kamen zu uns ins Büro und machten Fotos von Felix und Timo am Tischkicker oder beim »Arbeiten« am Schreibtisch. Es gab auch Gruppenfotos vom gesamten Team (inzwischen trotz ständiger Entlassungen etwa siebzig Personen) auf der Dachterrasse. Die Artikel hoben hervor, welch durchschlagenden Erfolg das Unternehmen habe und wie glücklich alle seien, die dort arbeiteten. Wie gesagt, schauten die Redakteure niemals hinter die Kulissen des Unternehmens (oder hinterfragten auch nur die Zahlen, die man ihnen nannte), sodass sie auch nicht erkannten, dass es trotz aller aufgesetzten Fröhlichkeit mit dem Glücklichsein im Unternehmen nicht weit her war.

Die Magazine beschönigten die Misserfolge des Unternehmens und dessen unglaublich gedankenloses Breittreten sämtlicher Start-up-Klischees und nannten diese Misserfolge »Chaos«. Damit war jenes positive Chaos gemeint, das vermeintlich innerhalb eines Unternehmens herrscht, solange es sich im Aufbau befindet – jener aktive, aufregende Strudel, wenn traditionelle Strukturen zusammenbrechen und die Kreativität freie Bahn hat. Es meinte nicht das wahre Chaos, das sich im Hinblick auf organisatorische Sachzwänge und Personalfragen demoralisierend auswirkte.

Alles wurde romantisiert. Was mich jedoch am meisten erstaunte, war, wie manche Leute – in der Regel die lautesten im ganzen Unternehmen – die Schlagzeilen der Magazine nachbeteten und die Realität vor ihren Augen ignorierten. So verkündete der Vertriebsleiter Klaus etwa voller Stolz, das Unternehmen habe einen ausgezeichneten Ruf als solider und ehrlicher Partner – derselbe Typ, der zuließ, dass sein Team den Partnern tagaus, tagein Lügen auftischte.

Daneben wurden die starke Präsenz und die Außenwirkung in den sozialen Medien gepriesen. Das verwunderte den Social Media Manager Pablo, dem Timo immer noch vorschrieb, was er innerhalb seiner Tätigkeit sagen und nicht sagen durfte. Postings auf Facebook wurden regelmäßig gelöscht, Tweets hatten oft keinen nennenswerten Inhalt (Hinweise auf Timos Eingreifen), und auf Instagram und anderen Seiten gab es keine Follower.

Unnötig zu sagen, dass der Kaiser keine Kleider anhatte. Wir hatten ein Image, das online recycelt wurde, um Inhalte zu erzeugen. Und diejenigen im Unternehmen, die etwas gedankenloser waren, glaubten es.

Eine Story wie die über Jan beispielsweise würde man niemals in den Magazinen lesen.

Millennials in der Start-up-Welt

Die vielleicht größte Ironie bei Start-ups und jungen Leuten ist, dass die Unternehmen zwar mit jungen Leuten assoziiert werden, gleichzeitig aber deren Leben in vielfältigster Art und Weise untergraben.

Nehmen wir einmal Mitwohn-Apps wie Airbnb: Auf Reisen mag dies die bevorzugte App für sogenannte Millennials sein, doch hier in Berlin sah sich die Stadt gezwungen, etwas gegen Airbnb zu unternehmen, da die neuen Möglichkeiten Immobilienbesitzer dazu bewogen, Mieter zu vertreiben oder Mieterhöhungen durchzusetzen – etwas, das junge Menschen besonders schwer traf, da diese in der Regel die niedrigsten Einkommen haben und es in Berlin ohnehin schon schwer genug ist, eine Wohnung zu bekommen.

Oder wie wäre es mit Facebook und Twitter: Man setzt voraus, dass wir als junge Menschen ständig vernetzt und erreichbar sein wollen. Doch hat sich gezeigt, dass diese Tools, wie bereits erwähnt, bei jungen Menschen Depressionen auslösen und die geistige Gesundheit gefährden können, was uns nur weiter isoliert.

Und was ist mit Vertragsarbeit wie Essensauslieferung oder Jobs in der Gig Economy? Ja, es ist toll, wenn man sein eigener Boss sein kann, aber es gibt absolut keinen Schutz, wenn man einmal krank ist oder aus sonstigen Gründen nicht arbeiten kann.

Diese Probleme finden sich auch in der DNS der Start-ups. Und so auch bei Firmen wie Rivalchemy. Timos Traum war es, Leute nach Belieben einstellen und entlassen zu können. Sie wollen möglichst gar nicht reguliert werden (ein weitverbreiteter Wunsch in der Geschäftswelt) und sich außerdem mit keinerlei Meinungsverschiedenheiten herumschlagen müssen.

Timos Lösung war es, seinen Mitarbeitern entsprechende Vertragsänderungen unterzujubeln, damit er sie jederzeit feuern könnte. Seine Wunschvorstellung war ein Arbeitsumfeld, in dem es weniger Regularien und Arbeitsschutz gab. Bisweilen ließ er so etwas durchsickern, wenn wir etwas mit ihm trinken waren. Die Logik war, dass es in einem solchen Umfeld für Unternehmen wie Rivalchemy einfacher wäre, zu wachsen, genauso einfach wie in Amerika.

Ein- oder zweimal erwähnte er zudem, dass er keine Lust habe, Steuern zu bezahlen – seine Expertise hatte schließlich jahrelang darin bestanden, Unternehmen anzuleiten, wie man Steuern vermied. Ich bin also sicher, dass dies ebenfalls zu seinem Masterplan gehörte, Rivalchemy zu vergrößern. Man darf sich nicht durch die Artikel in den Magazinen täuschen lassen, wo medial gewandte Gründer auf sympathische und charismatische Weise erklären, warum es für alle von Vorteil wäre, die deutschen Vorschriften abzubauen: Es könnte ein Timo sein oder ein Journalist, der mit seinen Recherchen an der Oberfläche bleibt.

Das prekäre Leben von Start-up-Mitarbeitern

Dabei sind Start-ups, vereinfacht gesagt, schlau genug, junge Menschen davon zu überzeugen, dass sie zu einem Team gehören, wenn sie doch eigentlich ausgebeutet werden.

In zeitlicher Hinsicht, wenn sie unnötig lang arbeiten. Arbeitstechnisch, da vieles nicht durchdacht wird und am Ende nutzlos ist. Im Hinblick auf ihre politische Selbstbestimmung, weil man ihnen einredet, all das wäre okay und normal, und sie bräuchten sich nicht gewerkschaftlich zu organisieren. Außerdem gibt es keine Aussicht auf langfristige Beschäftigung, keine Alterssicherung, keine formale Weiterbildung, keine direkte Unterstützung am Arbeitsplatz oder durch ein Personalwesen. Ach ja, obendrein wird die Arbeit bei einem Start-up häufig nicht einmal gut bezahlt.[22]

Kurzum: Für ein Start-up zu arbeiten ist sowohl finanziell als auch politisch prekär.

Was das Geld betrifft, so bieten manche Start-ups ihren Angestellten angeblich einen Unternehmensanteil oder eine andere Form der Beteiligung an, damit sie am »großen Zahltag«, wenn das Unternehmen an die Börse geht, reich werden. Allerdings sind die Chancen, dass man den »großen Zahltag« erreicht, äußerst gering. Zudem bin ich nie einem gewöhnlichen Start-up-Mitarbeiter begegnet, auch nicht in mittlerer oder leitender Funktion, der Anteile am Unternehmen besessen hätte.

Wie andere Leute im Unternehmen durfte auch ich meine Gehaltsvorstellungen äußern. Da ich nicht über eine allzu große Arbeitserfahrung verfügte, sagte ich daher etwas wie »30 000 Euro im Jahr«. Hätte ich gewusst, wie viele Überstunden ich machen müsste und dass sich im Grunde keine Möglichkeit zur beruflichen Weiterbildung bieten würde, hätte ich mehr verlangt. Bei meinem Bewerbungsgespräch sagte mir Timo, das Unternehmen könne so viel nicht geben, aber sie würden mich entsprechend der anderen Mitarbeitergehälter bezahlen. Somit landete ich bei 25 000 Euro im Jahr, abzüglich der Steuern und Sozialversicherungsbeiträge. In London wäre das für mich inakzeptabel gewesen, aber in Berlin griff ich zu. Schließlich war dort alles billiger.

Verstehen Sie mich nicht falsch: 25 000 Euro sind kein Grund, sich zu beklagen. Für eine einzelne Person reicht das zum Leben, es rechtfertigt allerdings nicht die Überstunden, den Stress und den Druck. Vor allem aber entspricht es auch nicht dem Ausbildungsstand und der Berufserfahrung vieler meiner Kollegen. Außerdem kann man sich mit einem Jahresgehalt von 25 000 Euro kaum ein Polster ansparen, auf das man zurückgreifen kann, wenn man entlassen wird. Ich weiß außerdem mit Bestimmtheit, dass den Frauen generell weniger gezahlt wurde als den Männern, wenngleich ich das hier nicht beweisen kann. Ich weiß es einfach aus Gesprächen mit meinen Kolleginnen.

Die Einzigen, die mehr verdienten, waren die Entwickler und die Vertriebsleute. Die Tatsache, dass Entwickler mehr bekommen, ist sattsam bekannt und dokumentiert. Start-ups wissen, dass sie ihren Entwicklern 50 000 Euro aufwärts zahlen müssen, um sie bei der Stange zu halten. Niemand findet das verwerflich. Die Tatsache indes, dass die Vertriebsleute für jeden Verkauf eine Provision erhielten, aber nicht kommunizierten, was sie bei solchen Verkäufen versprachen, war ein Problem. Sie bereicherten sich nicht nur selbst, sondern verschärften die prekäre Lage der anderen Mitarbeiter, indem sie deren Arbeit erschwerten oder, in Jans Fall, unmöglich machten.

Doch die Problematik reicht weit über Deutschland hinaus. Eine Menge stumpfsinniger Aufgaben wird nach Indien, China oder in andere asiatische Länder ausgelagert, Aufgaben wie Daten-Scoring, die viel Arbeit und geringe Qualifikation erfordern. In diesen Ländern wird ein solcher Job natürlich anders wahrgenommen, da die dortige Wirtschaft mit der hiesigen nicht vergleichbar ist. Das soll freilich nicht heißen, dass diese Jobs sicher wären, im Gegenteil: Sobald kein Bedarf mehr besteht, wird auch nichts mehr ausgelagert. Somit befinden sich auch die externen Mitarbeiter in einer prekären Situation.

Wenn Start-ups auf der Ausbeutung junger Mitarbeiter, auf niedrigen Gehältern, plötzlichen Entlassungen oder Akkordarbeit aufbauen, dann muss man sich fragen, ob dieser ganze Start-up-Rummel das wert ist. Wenn wir das nicht finden, dann müssen wir das gesamte Geschäftsgebaren korrigieren und es in eine sozialverantwortliche Richtung steuern.

Wir sind alle eine große, glückliche Familie

Ja, sicher.

Was die Vorstellung betrifft, wir wären »eine große, glückliche Familie«, so kann ich dazu nur sagen, dass das Einzige, was Menschen solch unterschiedlicher Nationalität und Herkunft, wie sie in einem Start-up tätig sind, verbindet, beklagenswert negativ ist: Alle hassen das Management, alle finden, dass ihre Fähigkeiten vergeudet werden. Das gilt nicht nur für mich. Die einzigen Menschen, die »LIEBEND GERN IN START-UPS ARBEITEN!«, sind die Vertriebsleute. Vertriebsleute haben klarere Tätigkeitsbeschreibungen, sie sind oft Männer, Machos und häufig in der Stimmung, sich selbst zu feiern. Sie fallen auf das ganze Start-up-Ideal herein, weil man sie unterm Strich mit Drinks und Partys abspeisen kann – im Grunde wollen sie gar nicht mehr.[23]

Das Bild der »großen, glücklichen Familie« dient dazu, junge Leute aus aller Welt ins Unternehmen zu holen, aber auch junge Leute ganz allgemein und diesen ein Gefühl der Geborgenheit zu geben. Da die Belegschaft mehr oder weniger international ist, herrscht nämlich ein Gefühl der Flüchtigkeit. Das Gefühl, dass man dieses Start-up, dieses Unternehmen, diese Stadt jederzeit verlassen und weiterziehen könnte. Es ist ein besorgniserregendes Gefühl, das die Menschen einsam macht und bewirkt, dass sie tatsächlich früher wieder gehen wollen.

Wenn diese jungen Menschen sich allerdings vom Start-up und dessen Vorstellung einer »großen, glücklichen Familie« einlullen lassen, dann ist das natürlich toll. Dann finden sie Zuspruch und Trost bei ihren Kollegen. Aber es gibt zwei Probleme. Erstens: Wenn sie einsam sind und die Arbeit ihr einziger Zugang zu zwischenmenschlichem Kontakt ist, kann man sie leichter ausbeuten. Zweitens: Wenn man innerhalb der »großen, glücklichen Familie« keine Ansprache findet (es ist zu sehr wie auf der Highschool mit den ganzen Drogen und Besäufnissen und Gerüchten und den Idioten, die einfach Idioten bleiben), dann fühlt man sich natürlich noch einsamer. Ich hatte Glück: Ich hatte meine WG und meine Freunde. Das kann nicht jeder von sich sagen.

Ich gebe gern zu, dass ich aus meiner Zeit bei Rivalchemy und anderen Start-ups noch Freunde habe – gute Freunde. Ich absolvierte das übliche Programm, ging zur Karaoke im Mauerpark, verbrachte das Wochenende im Berghain, spielte während der Arbeit Kicker und Computerspiele. Ich machte das alles, aber nichts davon ist der Grund dafür, dass ich diese Freundschaften schloss. Wir wurden aus demselben Grund Freunde, aus dem ich mich auch mit Leuten in meinem Büro in London anfreundete: das Zusammengehörigkeitsgefühl, dass durch Humor entsteht, wenn man mit derselben Scheiße zu kämpfen hat. In diesem Sinne mag es zutreffen, dass Start-ups tatsächlich

»große Familien« sein können, aber sicher nicht im ursprünglich gewünschten Sinne.

Eine Neuauflage des Personalwesens

Was, wenn man mit jemandem über so etwas reden möchte? Ein richtiges Personalwesen existiert nicht. Wir hatten nur viele »coole« Dinge, die über die mangelnde Substanz hinwegtäuschen sollten.

Unsere Happiness Managerin, Verena, kennt ihr schon. Ihre Aufgabe war es, dafür zu sorgen, dass das Unternehmen auf dem Spiel-und-Spaß-Level funktionierte, das wir alle brauchten. Verena verteilte also Süßigkeiten und Kuchen an die Mitarbeiter oder verkündete, wenn es etwas zu trinken gab. Das ist an sich ja recht nett, aber wenn man tatsächlich einmal ein Problem bei der Arbeit hatte, konnte man damit nicht zu ihr gehen.

»He, Leute!«, tönte sie etwa ins Büro. »Nur um euch zu zeigen, was für eine tolle Arbeit ihr für Rivalchemy abliefert, schenken wir euch allen eine Schachtel Pralinen. Und vergesst nicht, den Fünfzehnten im Kalender für unseren Ausflug frei zu halten – wir gehen bootfahren!«

Das Start-up-Prekariat wurde also schlecht entlohnt, mit seinen Problemen alleingelassen und mit ungesunden Snacks abgespeist. Du schöne neue Welt!

Hätten die Menschen mehr Erfahrung gehabt, wären sie etwas gewiefter gewesen, hätten sie einem Chef wie Timo nicht so viel Vertrauen entgegengebracht. Sven und Miriam und andere ließen zu, dass man ihre Verträge änderte, weil Timo sie schlicht an der Nase herumgeführt hatte. Es gab niemanden, an den sie sich hätten wenden können. Es sei denn, sie wollten noch einen Keks, bevor sie gingen.

Drogen und Partys

Damals hätte mir eigentlich klar sein müssen, dass einige Leute die meiste Zeit über bis oben hin mit Koks zugedröhnt waren. Sie hatten immer rote Gesichter, schwitzten, schnieften und benahmen sich ebenso unberechenbar wie arrogant. Das erklärte ihr unstillbares Aufmerksamkeitsbedürfnis und ihre ständigen Stimmungswechsel. Es erklärte die andauernden Änderungen bei Projekten. Damals erkannte ich das nicht. Ich glaube, ich konnte mir nicht vorstellen, dass jemand das seinem eigenen Unternehmen antun würde.

Aber ich irrte mich.

Irgendwie schreibe ich nicht gern über Drogen. Nicht weil ich es für unter meiner Würde halte, sondern weil ich nichts Aufschlussreiches dazu sagen kann. Ich betrachte sie als schlichte Tatsache, weder als Verderb der Gesellschaft noch als kreatives Hilfsmittel. Drogen im Privatleben der Menschen – das kann jeder halten, wie er will. Hier könnte man viel erzählen. Aber Drogen am Arbeitsplatz sind ein Problem.

In meiner Zeit in London hatte ich Freunde, die in der City für Banken und Anwaltskanzleien arbeiteten. Einmal ging ich mit meinem Freund Tom, einem Banker, freitagabends auf ein paar Drinks aus. Er war aufgedunsen und rotgesichtig und stand im Kreise seiner Freunde schwitzend vor der Kneipe. Ich hatte ihn noch nie so gesehen und fragte ihn, ob er krank sei. »Nein, du Idiot«, entgegnete er. »Ich habe nur ein paar Bahnen gezogen, pssst.«

Aha. Ich rügte mich selbst für meine Naivität – in der Erwachsenenwelt des Bankwesens machten die Leute natürlich solche Sachen. Erst ein paar Jahre später machte ich mir ernsthaft Sorgen um Tom, als er mir erzählte, er müsse morgens vor der Arbeit Kokain nehmen, um erst einmal »auf sein Level« zu kommen.

Mit Drogen in den Berliner Start-ups verhält es sich so ähnlich. Sie sind einfach überall und werden als Teil des Lebensstils akzeptiert. Wie bereits erwähnt, rauchten wir bei einer meiner ersten, intensiveren Unterhaltungen mit Timo Gras auf der Couch. Ich fand das damals ziemlich aufregend, zumal mein ehemaliger Chef in London, Michael, so entsetzlich bodenständig gewesen war. Doch die Begeisterung legte sich bald, als ich feststellte, was diese vermeintliche Freiheitlichkeit bedeutete. Nämlich dass nichts mich vor Timo oder vor seinen wilden Ideen, was wir als Nächstes tun sollten, schützen konnte. Es gab keine Grenzen.

Es ist klar, dass junge Leute eher Drogen konsumieren als ältere – es ist einfach ein Teil der Jugendkultur, so oder so. Und wenn man sich unbedingt als große, glückliche Familie fühlen möchte, was wäre dann besser, als diese Euphorie dadurch zu erreichen, dass man zusammen mit Kollegen ins Berghain geht und ein bisschen Ecstasy reinpfeift?

Verstehen Sie mich nicht falsch: Ich möchte niemandem zu nahe treten, der so etwas tut – ich denke nur, dass Drogen innerhalb der Start-up-Gemeinde so weit verbreitet sind, weil das Image der »großen, glücklichen Familie« so künstlich und zerbrechlich ist. Man braucht Drogen, um die Bindungen zwischen den Menschen zu festigen.

Andererseits wird selbst um den Drogenkonsum in der üblichen Art und Weise ein Hype gemacht. In einem Artikel in der *New York Times* schrieb Kara Swisher kürzlich, dass »jedermann hofft, ein wenig LSD könne ihm die nächste Milliarden-Dollar-Idee bescheren«.[24] Mit anderen Worten: dass Drogenkonsum die Kreativität stimuliert und sofort in bare Münze verwandelt werden kann.

Vielleicht. Ich für meinen Teil jedenfalls habe Drogenkonsum stets so beobachtet, wie er gemeinhin üblich ist: entweder zum Spaß oder zur Suchtbefriedigung. Wer Drogen als Weg zu besseren Ideen und einem kreativen Geist beschreibt, hilft diesen Leuten nicht, sondern beschönigt vielmehr die harte Realität einer Sucht. Künstler und andere mögen sagen, dass sie Drogen nehmen, um sich kreativ an einen anderen Ort zu begeben, doch der Skeptiker in mir sagt, dass auch sie unter den sehr irdischen Problemen einer Sucht leiden.

Heute glaube ich (beweisen kann ich es allerdings nicht), dass Timo während der Arbeit möglicherweise Drogen nahm. Ich verstehe auch, warum: Wenn er Langeweile nicht ertrug, dann muss es eine Qual für ihn gewesen sein, in seinem eigenen Unternehmen zu arbeiten. Die Arbeit, die wir in endlosen Sitzungen verrichteten, blieb in der Regel fast folgenlos. Änderungen von Websites wurden diskutiert und nicht ausgeführt. Eine Besprechung nach der anderen. Postings in den sozialen Medien wurden beschlossen und nicht umgesetzt. Und wenn wir tatsächlich einmal etwas machten, streiften die von uns anvisierten Veränderungen die Wirklichkeit höchstens theoretisch. Nichts auf der Welt änderte sich. Ja, auch ich war versucht, tonnenweise Kokain zu schnupfen.

Die Angelegenheit ist klar: Wenn dein Arbeitsplatz ein Drogenparadies ist, wie kann man sich dort dann vernünftigerweise sicher fühlen? Insbesondere, wenn der eigene Chef möglicherweise zu den Konsumenten gehört?

Start-ups und Sex

Eine weitverbreitete Vorstellung von Mitarbeitern in Technologieunternehmen ist, dass sie die Welt von morgen erschaffen, deshalb ständig unter Strom stehen und regelmäßig tollen Sex haben. Die Wahrheit ist, dass diese Unternehmen ziemlich machohaft sind und die Belegschaft oft zum Großteil aus Männern besteht. Bedenkt man, dass die meisten dieser Männer zudem heterosexuell sind, sollte in einem Start-up *eigentlich* nicht besonders viel in Sachen Sex laufen.

Allerdings spielen die unterschiedlichsten Spielarten sexueller Ausbeutung in Start-ups eine große Rolle. Stripläden, Prostitution, Gruppenausflüge nach Amsterdam – über all das wird vor allem unter den Vertriebsleuten regelmäßig und offen gesprochen. Ein mit mir befreundeter Techniker eines anderen Unternehmens erzählte mir einmal, das größte Problem, das er bei der Wartung von Laptops habe, seien die Viren, welche die Benutzer beim Herunterladen von Pornos eingefangen hätten. Seltener, aber nicht weniger verstörend sei es, Tastaturen wegen kaputter Tasten austauschen zu müssen. Es sei immer dasselbe: Ein Kerl habe über seinen Laptop ejakuliert und dann zu heftig versucht, die Sauerei wieder zu entfernen. Das sei kein Geheimnis, sagte mein Freund – die Typen seien auf derart dumme Streiche noch stolz.

Schön, wenn nur der Computer das Objekt der Begierde war. Doch dabei blieb es in der Regel nicht. Die am meisten gefährdete Gruppe bei Rivalchemy waren die Praktikantinnen. Man konnte sie nicht nur problemlos feuern, sie waren auch am begehrtesten. Aber nicht nur. Anfang 2015 traf ich in einem Café in Kreuzberg zufällig unsere alte Marketingteamleiterin Claudine. Wir unterhielten uns lange. Schließlich erzählte sie mir, dass sie das Unternehmen verlassen habe, weil ein Kollege (den Namen wollte sie nicht nennen) sie andauernd sexuell bedrängt habe. Er habe ihr Nachrichten und E-Mails geschickt, in denen er sie zu sich nach Hause zum Abendessen eingeladen habe, und wenn er betrunken gewesen sei, habe er ihr auch Nachrichten geschickt, dass er auf sie scharf sei. Offenbar hatte sie gekündigt, nachdem sie ihn einmal angerufen hatte, weil sie bestimmte Informationen über ein Projekt benötigte. Er sagte, sie könne das Material haben, wenn sie ihm einen blase. Sie ging sofort.

Claudine deutete an, dass Timo mit praktisch allen weiblichen Praktikanten des Unternehmens etwas gehabt habe. Ein, wie ich später erfuhr, in der Branche weitverbreiteter und besonders in Silicon Valley sehr, sehr beliebter Trick war es, kleine Sexpartys zu schmeißen.[25] Auch hier will ich nicht über jemanden urteilen oder die sexuellen Vorlieben anderer verdammen, aber objektiv und mit gesundem Menschenverstand betrachtet, ist es eindeutig, dass junge Frauen hier ausgebeutet wurden, die vielleicht sogar zu naiv waren, das selbst zu erkennen.

Und auch sonst bildete Sex das Fundament der Kommunikation im gesellschaftlichen Sinne. Eines Tages im Januar, nach der Weihnachtsfeier, war Klaus aus dem Vertriebsteam besonders mitteilungsbedürftig. Er kam hoch in den fünften Stock, als nur noch Pablo und ich dort waren, und erzählte uns folgende Geschichte: »Wir hatten eine geile Party. Nach der Weihnachtsfeier habe ich ein paar Leute mit zu mir nach Hause genommen, und es war klasse. Wir haben ordentlich gefeiert. Es war verfickt geil!«

Niemand sagte etwas, während wir zusahen, wie Klaus in Erinnerung der Geschehnisse lüstern dreinblickte und beinahe zu sabbern anfing. Wir fragten nicht weiter nach.

Am nächsten Mittag ging ich mit Clement essen, einem französischen Praktikanten, der mit uns angefangen hatte und nun bei Klaus im Vertrieb arbeitete.

»Hat dir die Weihnachtsfeier gefallen?«, fragte ich ihn.

»Ja«, sagte er. »Hinterher sind wir noch zu Klaus gegangen.«

»Ach ja? Und wie war's da so? Er hat ziemlich schlüpfrige Andeutungen gemacht.«

»Oh, das weißt du nicht? Klaus organisiert Sexpartys, und zwar firmenübergreifend.«

»Was?«, fragte ich schockiert. »Was soll denn das heißen? Das kann nicht sein!«

»Doch. Vor ein paar Monaten lud er uns zu einer Party ein. Leute von überall her sollten kommen und sich bei ihm zu Hause treffen, um zu ficken. Offenbar hat er auch Timo und Felix dazu eingeladen.«

Männer kommen zusammen, um ihre sexuellen Fantasien auszuleben. Gut, wen kümmert das. Aber wenn das Ganze, ob in Berlin oder im Silicon Valley, mit der Arbeit und der Ausbeutung von Praktikanten verbunden ist und zudem die Basis einer »In-Group« bei der Arbeit bildet? Also jener sozialen Gruppe, die bestimmt, wie die Leute behandelt werden, ob man ihnen sinnvolle Arbeit oder faule Projekte zuteilt, ob sie respektiert werden oder nicht? Jeder Stamm hat seine Rituale, seine Insider und Außenseiter.

»Ich ging damals hin«, erzählte Clement weiter. »Da saßen aber nur ein paar Typen in seinem Wohnzimmer und zogen sich Pornos rein. Ich verabschiedete mich ziemlich früh. Diese Sexpartys sind aber ne ziemlich große Sache.«

Nachdem wir fertig gegessen hatten, fragte ich noch ein paar andere Leute zu dem Thema aus. Alle lachten, als sie feststellten, dass ich keine Ahnung hatte. Die Gerüchte waren anscheinend wahr. Eigentlich übernahm Klaus nur die Vorgehensweise, indem er Menschen dazu überredete, Drogen zu nehmen und eine Orgie zu feiern. Und wenn das nicht klappte, konnten ein paar Jungs immer noch gemeinsam Pornos schauen – eine große, fröhlich masturbierende Familie!

Da sich mein soziales Umfeld um meine WG herum entwickelt hatte und ich mich hauptsächlich mit Menschen traf, die ich beim Weggehen kennengelernt hatte, war ich ein Außenseiter. Ich feierte gern, aber mit Freunden, nicht mit Fremden. Außerdem glaube ich, dass ich in Sachen Sex nicht gar so locker war wie Klaus und die Start-up-Leute.

Ich bat Klaus, mir seine Party-Idee etwas genauer zu erklären.

»He, Sam, ich wusste gar nicht, dass du auf so was stehst, Mann. Aber, klar, wenn du einen draufmachen willst, komm vorbei.

Ich fragte ihn, ob auch Praktikantinnen dabei sein würden.

Er zwinkerte nur.

Es weihnachtet weiter

Als Timo seine Ansprache beendet hatte und die siebzig Gäste sich im riesigen Untergeschoss des Soho House verteilt hatten, herrschte großes Durcheinander. Ich sprach mit Leuten aus dem gesamten Unternehmen. Unter anderem mit Ronja, der »Customer Success Legend«, der Kundenerfolgslegende (noch so eine peinliche Tätigkeitsbezeichnung), einer Deutschen Mitte dreißig. Wir verstanden uns gut, tranken ein paar Gläser und lachten, als Timo erneut um Ruhe bat, um eine weitere Rede zu halten. Eine war offensichtlich nicht genug.

»Leute, ich möchte nur sagen, und ich meine das ganz ehrlich – ihr habt dieses Unternehmen erst möglich gemacht. Wir werden erneut einen satten Gewinn einfahren – ihr und unsere Investoren werdet euch freuen, sehr, sehr freuen.«

Jemand murmelte etwas.

»Unsere Produkte sind absolute Spitze und werden im Bereich Datenmanagement marktführend werden«, fuhr er fort, unter kaum verhaltenem Lachen seiner Zuhörer.

In der Stille murmelte abermals jemand etwas. Es war Ronja. Sie wirkte unglaublich verärgert.

Ich wusste nicht, wie ich ihre Reaktion zu deuten hatte, da wir uns heute zum ersten Mal wirklich miteinander unterhielten. Wir grüßten einander immer, und sie wirkte stets höflich und nett. Nun jedoch, als sie recht lautstark die Ansprache unterbrach, kam sie mir ziemlich unzufrieden vor. Indes fing das betrunkene Team an, Timo johlend zu applaudieren, damit er endlich aufhörte. Es schien ihm egal zu sein, wie unerträglich lange er schon monologisierte. Eine Erfolgsmeldung jagte die nächste. Überall wurde mit den Augen gerollt.

»Wir bekommen die Fördergelder.«

Applaus.

»Wir sind dabei, Marktführer zu werden!«

Applaus.

»Felix ist unser Mann!«

Wütender Applaus.

»Felix ist der tollste Kerl auf Erden.«

Rufe und Applaus.

»Felix und ich werden das Unternehmen zu neuen Spitzenmarken führen.«

Sehr wenig Applaus.

Ronja sagte ziemlich laut: »Mein Gott, ist das peinlich, er ist total zugedröhnt.«

Als das Buffet eröffnet war, landeten Ronja und ich am selben Tisch. Freilich hatte ich gehofft, einen Platz neben unserer Büromanagerin Hannah zu ergattern, aber ich wusste, dass der Abend noch lang war. Es blieb also immer noch ausreichend Zeit, mich mit ihr zu unterhalten. Stattdessen wandte ich meine Aufmerksamkeit nun also Ronja zu. Schließlich kamen wir darauf zu sprechen, wie sehr sich das Unternehmen verändert hatte.

»Das ist völlig seltsam – wie lange bist du jetzt hier? Sechs oder sieben Monate, und ich habe das Gefühl, du gehörst irgendwie schon zu den Alteingesessenen in der Firma, so viele neue Leute sind hier«, sagte sie.

»Ja, ich glaube, es ist jetzt fast ein Jahr«, antwortete ich. »Wie lange bist du denn schon hier?«

»Ach, ich«, sagte sie. »Von Anfang an. Doch. Zwei Jahre jetzt. Ich war sogar schon hier, als Timo von seinem ersten Interview mit einer Zeitung wiederkam, weiß du, und erinnere mich gut, wie aufgeregt er war, mit ein paar Pressefritzen über das Unternehmen und unsere Aktivitäten gesprochen zu haben. Weißt du, damals war ich vollkommen überzeugt. Ich hatte jahrelang in der Finanzindustrie im Bereich Kundenreklamation gearbeitet – ich hatte sogar meine eigene Abteilung, die sich um die Beschwerden kümmerte. Doch ich dachte, vielleicht ist es gut, einmal etwas anderes zu machen. Und anfangs war es toll. Es war eine Erleichterung, diese ganzen Hierarchien hinter sich zu lassen und etwas Neues, Spannendes zu machen, das nicht nur aus bloßen Notwendigkeiten bestand, und dazu noch an einem Ort, wo es möglich war, gute Ideen zu entwickeln, die ernst genommen wurden. Das war befreiend. Weißt du, am Anfang sagte man uns: ›Hängt euch einfach rein.

Hängt euch rein.‹ Heute kapiere ich nicht mehr so ganz, was abläuft.«

»Wie meinst du das?«, wollte ich wissen.

»Na ja, wir kriegen weiterhin gesagt: ›Hängt euch rein.‹ Aber die Projekte werden nie fertig, und ich verbringe meine Zeit zum größten Teil mit endlosen Besprechungen darüber, was wir machen könnten, weißt du? Was wir tun *könnten*, anstatt tatsächlich etwas zu produzieren. Am Anfang machten wir beispielsweise eine ganze Reihe von Plänen und Profilen, wie die Kunden das Tool erfolgreich einsetzen könnten. Nun ist alles nur … ich weiß einfach nicht. Man redet darüber, wie man den Kunden helfen kann, aber dann sagen Timo und Felix, sie wollen stattdessen lieber dieses und jenes, und alles versinkt im Chaos. Es geht nicht mehr um Innovation und Kundengewinnung, sondern um die Sorge, diejenigen zu verlieren, die wir schon haben. Weißt du, was die Abteilung Kundenerfolg macht?«

»Du meinst, du und deine Leute?«

»Genau.«

»Ihr helft den Kunden, das Tool erfolgreich anzuwenden«, sagte ich.

»Falsch«, sagte Ronja. »Am Anfang war das tatsächlich so – wir kümmerten uns um die Kunden und sorgten dafür, dass sie keine Probleme hatten. Na ja, das Team heißt zwar Kundenerfolg, aber es wandelt sich zu etwas, das nur noch dazu dient, die vielen Fehler und Irrtümer zu verwalten, die in dem Produkt stecken. Und woher kommen die ganze Verwirrung und die ganzen Fehler? Keiner weiß, was sich auf Entscheidungsebene abspielt. Am Ende sitze ich also wieder in meinem großen Konzern und leite die Reklamationsabteilung. Es geht nicht um Erfolg, sondern darum, verärgerte Kunden zu besänftigen.

Dafür habe ich mich nicht beworben. In einer Woche produzieren wir ein Analyse-Tool, in der nächsten ein neues Software-Update, dann einen neuen Datentypus – aber nichts wird mehr richtig durchdacht oder mündet in ein langfristiges Projekt. Das Management kann sich nicht entscheiden, was es will, was schließlich dazu führt, dass wir miese Produkte anbieten. Und anstatt hier nachzubessern, stellen sie immer mehr Leute ein und schaffen neue Abteilungen, die weiter unten in der Hackordnung das Chaos beherrschen sollen. Das nennen sie dann Reputationsmanagement.«

Sie wirkte ziemlich traurig über all das. Ich versuchte, sie zu trösten. Doch mir fehlten die Worte. Ich war überrascht, festzustellen, dass alle im Unternehmen zur selben Schlussfolgerung über die Firma gekommen waren wie ich – mit Ausnahme der widerwärtigen und machohaften Vertriebsleute natürlich.

»Ah, ja, ich glaube, ich verstehe, was du meinst«, sagte ich. »Aber was kannst du schon tun, hey, das ganze Unternehmen ist so.«

»Es ist nicht nur das«, sagte sie.

»Was ist denn noch?«

»Na ja, ich bin eben ein bisschen älter als alle anderen hier.«

»Und?«

»Nein, hör zu. Ich bin siebenunddreißig. Ihr Typen seid alle Mitte zwanzig oder so. Das ist im Hinblick auf die Karriereleiter etwas ganz anderes. Außerdem habt ihr ja alle keine Kinder, die meisten jedenfalls. Ich hingegen habe zunehmend das Gefühl, dass ich meine Kinder für diesen richtungslosen, bedeutungslosen Kram hier vernachlässige. Das Unternehmen hat nicht einmal ein gutes Zeitmanagement, das es mir erlauben würde, meine Kinder abzuholen.

Oder, wenn sie krank werden, lassen sie mich den Tag nicht freinehmen.«

»Aber warum das?«, fragte ich.

»Weil sie die Versicherung nicht zahlen wollen. Sie wollen mit dem ganzen rechtlichen Zeug nichts zu tun haben – hier in Deutschland ist das kompliziert. Und anstatt den Leuten die Möglichkeit zu bieten, ihre Kinder großzuziehen, erschweren sie ihnen das sogar noch, weil das Unternehmen gar nicht sozial sein will. Es will sich nicht an diese ganzen Regeln halten. Und deshalb geben sie einem das Gefühl, dass solche Forderungen ungerechtfertigt sind. Ganz am Anfang brachte ich dieses Thema in einem persönlichen Gespräch mit Timo auf den Tisch, und er sagte nur: Vielleicht kannst du deine Zeit noch etwas besser optimieren.«

Ich hatte immer geglaubt, einer der Hauptgründe, warum sich Start-ups so auf junge Leute fokussierten, wäre die Tatsache, dass wir alle mit dem Computer aufgewachsen waren, sodass man uns allen auch eine gewisse Kompetenz im Umgang damit zutrauen konnte. Wir bedienten unser Telefon mit dem Daumen, nicht mit dem Zeigefinger. Wir waren an die Technologie angepasst wie Kinder, die Fahrradfahren gelernt hatten.

Nun aber stand plötzlich im Raum, dass »ältere« Menschen, Menschen mit einem wirklichen Privatleben, mit Kindern, in eine Außenseiterrolle gedrängt wurden, weil man sich nicht darauf verlassen konnte, dass ihr Beruf oberste Priorität für sie hatte, und sie zusätzliche »Leistungen« forderten – wie etwa die Möglichkeit, sich um ihre kranken Kinder zu kümmern. Ich begriff: Eltern blieben nicht bis spätabends in der Firma, ließen sich nicht unter Druck setzen, am Wochenende zu arbeiten, und stellten an ihre Arbeitgeber weitreichendere Forderungen hinsichtlich Zeit und Unterstützung.

Kinderlose, alleinstehende Männer leiteten Rivalchemy und erwarteten von ihrer Belegschaft, ebenso blutrünstig zu arbeiten wie sie selbst. An diesem Punkt unseres Gesprächs war Ronja den Tränen nah.

Ich legte instinktiv den Arm um sie und drückte sie – sie war ein wenig überrascht, aber ich hatte Frauen noch nie weinen sehen können.

Genau in diesem Augenblick kam Hannah vorbei und sagte: »Na, Leute? Bandelt ihr miteinander an?« Mir wurde ganz flau im Magen.

Wie konnte ich ihr erklären, dass ich eigentlich viel lieber sie im Arm gehalten hätte statt Ronja? Doch ich hatte das Gefühl, dass sämtliche Energie aus meinem Körper geflossen war. Ich blieb einfach sitzen, hielt Ronja im Arm und ging dann etwas später. Ich war ausgebrannt. Ich war müde.

Eiskaltes Erwachen

Irgendwann kehrte dann doch zumindest ein Hauch von Energie in meinen Körper zurück, und ich rappelte mich auf, um nach Hannah zu suchen und ihr zu erklären, dass ich durchaus nicht mit Ronja anbandelte. Aber Hannah war nirgends zu finden.

Ach, scheiße!

Die Party war vorbei, und ich machte mich traurig, betrunken und niedergeschlagen auf den Heimweg. Über Facebook versuchte ich immer noch, Hannah zu erreichen. Voller Selbstmitleid, müde und einsam, bejammerte ich mich selbst dafür, keins von den tollen Berliner Abenteuern erlebt zu haben, die ich mir versprochen hatte.

Mein Mobiltelefon vibrierte. Es war eine Nachricht von Timo: »He, Sam, schön, dich auf der Party zu sehen, aber du musst mir einen Gefallen tun. Kannst du bitte einen Text für mich gegenlesen?«

Ich schaltete mein Telefon aus und ging schlafen.

Als ich am nächsten Morgen aufwachte, hatte ich einen ungewöhnlich schweren Kater. Im Leben gibt es eben nichts geschenkt. Ich übergab mich. Ich schlief. Ich wachte auf und sah mir einen Film an. Ich fühlte mich schrecklich. Hier war ich, gerade einmal sechsundzwanzig, und hatte keinen Spaß in Berlin. Was machte ich da? Wollte ich den ganzen Tag vergammeln?

Ich vergammelte den ganzen Tag.

In einer Woche würde ich über Weihnachten heimreisen, und ich freute mich auf zu Hause.

Die Sonne ging auf und wieder unter und wieder auf. Es war Sonntag. Ich schaltete mein Telefon wieder ein, und es zeigte die üblichen zwölf E-Mails von Timo an – die ich alle löschte, ohne sie zu lesen, bis auf die letzte. Darin hieß es: »Ist okay, habe es selbst erledigt, danke dir nicht.«

Es kümmerte mich nicht.

Ich ging spazieren, was ich schon lange, sehr lange nicht mehr getan hatte – meine Mitbewohner wollten mich begleiten, aber ich bat sie, mir etwas Zeit für mich selbst zu lassen. Ich wollte in die Stadt fallen und mich von ihr auffangen lassen, wollte mich zwischen steinernen Gebäuden in einer physischen Umgebung bewegen, wo es keine Back-Ends, keine Informations- und Datenströme gab. Ich wollte Ziegel und Mörtel oder Gras um mich herum haben. An jenem kalten Dezembermorgen trugen mich meine Füße zum Tempelhofer Feld, und ich erinnerte mich daran, wie schön dort alles im Sommer ausgesehen hatte – wie der Himmel voller Drachen gewesen war. Nun war der Himmel kalt und grau, und nichts war in der Luft. Das Gras war gelb, und man erkannte die Vorboten des ersten Schnees:

gefrorene Stellen hie und da, weiße Atemwolken. Nichts schien sich zu bewegen außer den paar schwarzen Silhouetten in der Ferne, echten Menschen, das wusste ich, mit echten Leben, aber sie waren so weit entfernt, dass sie mir nicht real vorkamen.

Ich bekam fürchterliches Heimweh und sehnte mich nach Hause und zu meiner Familie zurück, weit weg von hier. Weit weg von diesem Job. Ich war schwach. Tief im Innern wusste ich, dass ich bleiben und die Sache durchstehen musste. Ich wusste auch, dass ich, wenn ich meinen Job hinwarf, nichts hätte, kein Einkommen und keine Perspektive. Ich könnte in einem anderen Start-up arbeiten – aber wäre das nicht genau dasselbe?

Meine Füße trugen mich zum Mehringdamm, wo ich mir in der Kälte eine Brezel und einen Kaffee kaufte. Dann ging ich weiter, immer weiter, dachte immer wieder über diese Dinge nach und fragte mich, wie es so weit hatte kommen können. Ob es anderen ebenso erging?

Ich sah ein paar Obdachlose, die Essen aus einer Mülltonne lasen, und erinnerte mich, dass ich es nicht schlecht hatte. In Syrien rumorte ein Krieg, das Land zerriss sich über einer Flüchtlingskrise.

Ich blickte in Richtung Neukölln und Kreuzberg und spielte im Geiste alle Jobs durch, die ich stattdessen machen könnte, etwa bei der Müllabfuhr oder als Putzhilfe.

Ich ließ mich durch die Stadt treiben, bis ich am Nachmittag in Kreuzberg landete, wo mir zu meiner großen Überraschung Felix über den Weg lief. Hannah war bei ihm.

»Oh, hallo, Sam!«

»Oh, hi, Hannah«, sagte ich. »Hi!«

Sie und Felix hielten Händchen.

»Hi Kumpel«, sagte Felix.

»Hi«, sagte ich.

»Was hast du vor?«, fragten sie.

»Ach, ich gehe nur ein bisschen spazieren«, sagte ich. Sie lachten, da ich wahrscheinlich einen ziemlich verdatterten Eindruck machte.

»Wir waren nur schnell einen Kaffee trinken«, sagte Felix. »Jetzt gehen wir nach Hause und schauen ein bisschen Netflix, glaube ich.«

»Ah, okay«, sagte ich.

»Ist alles in Ordnung?«, wollte Hannah wissen. »Du siehst angeschlagen aus.«

Ich bemerkte, dass meine Zehen und Finger taub waren. Das Mädchen, das ich so mochte, war mit einem anderen zusammen. Ich kam mir vor, als wäre ich wieder in der Schule.

»Ach, ich glaube, ich bin okay, ich musste nur ein bisschen raus«, sagte ich.

Sie blickten einander ein wenig besorgt an.

»Okay«, sagte Felix, »wenn du wissen willst, was man hier in der Gegend machen kann, dann geh doch zur Markthalle Neun, wenn sie geöffnet ist, oder geh in dieses Restaurant um die Ecke. Magst du Sushi?«

Hannah lächelte.

»Ja«, sagte ich.

»Also dann einen schönen Tag noch, Sam!«, sagte Felix.

Als sie Hand in Hand davongingen, lachten sie, zweifellos über meine Verwirrtheit und darüber, wie schwer es mir gefallen war, auf ihre Fragen zu antworten.

Ich hatte ein Gefühl, das jeder kennt, jenes fast unmenschliche Gefühl von Enttäuschung und Zorn, von Furcht und Sorge, vermischt zu einem großen, allgemeinen Schmerz – das Gefühl, wenn man erkennt, dass der Mensch, den man am meisten mag, mit jemand anderem zusammen ist. Eifersucht stieg in mir auf, dann Schmerz und Kränkung, Gefühle so stark und so wechselhaft wie das Wetter. Ich ging weiter.

Ich ging und ging.

Sie war mit Felix zusammen! Großer Gott. Wie konnte ich so dumm sein? Wenigstens war es besser, als wenn sie mit dem schrecklichen Vertriebsleiter Klaus zusammen gewesen wäre. Sie hatte sich in einen Kerl verliebt, der ein Unternehmen gegründet hatte, der erfolgreich wirkte. Natürlich wollte sie da mit mir nicht sprechen, irgendeinem 26-jährigen englischen Typen, der kaum Deutsch beherrschte und sein Rolle nicht wirklich verstand. Felix redete über Computerwissenschaft, war tatsächlich ziemlich cool und sehr intelligent. Ich rannte in der Firma herum und wusste nicht, was ich tun wollte, immer Timo hinterher. Und jedes Mal, wenn ich mit ihr sprach, brachte ich kaum ein Wort heraus.

Ich war erschöpft. Ich ging und ging und hatte keine Ahnung, wo ich war.

Ich setzte mich auf eine Bank. Ich checkte mein Handy.

Ich schrieb eine Nachricht an meine Mutter.

»Hallo, Mama. In ein paar Tagen komme ich zu Weihnachten nach Hause. Soll ich etwas aus Deutschland mitbringen? Viele Grüße, Sam.«

Es vibrierte fast ohne Verzögerung.

»Ach, ich kann es kaum erwarten. Wir alle nicht. Bring einfach dich selbst. Wir lieben dich.«

Es war ein schönes Gefühl, dort in der Kälte zu sitzen und an meine Familie zu denken. Vielleicht war ich nicht, wo ich sein wollte, oder nicht da, wo ich gedacht hatte, dass ich an jenem Punkt in meinem Leben wäre, aber ich konnte mich immer auf sie verlassen.

Ein paar Tage später verpasste ich meinen Flug. Ich hatte nicht genug Geld für ein neues Ticket und wollte meine

Eltern nicht um Unterstützung bitten (sie hätten mir zwar sofort das Geld geschickt, aber ich wusste, dass sie es sich nicht leisten konnten). Also verbrachte ich mein müdes Jahresende betrunken allein in Berlin.

Unter der Straßenlaterne, als es nach und nach stärker zu schneien begann, hüpfte ein kleiner Vogel auf mich zu, plusterte sich auf und sprang auf der Suche nach Nahrung umher. Ich starrte den braunen, rundlichen Vogel an und fühlte mich wohl. Ich dachte an meine Familie, betrachtete die wunderschönen, weichen, feinen Federn, das sanfte Muster fast unsichtbarer Punkte, und dachte: Vergiss es nie, vergiss nie, dass es ein Leben außerhalb der Arbeit gibt, ein Leben außerhalb der digitalen Scheinwelt.

Frühjahr 2015: Es geht aufwärts?

Nach den vielen Seiten der Klage über die Start-up-Kultur im Allgemeinen und meine Erlebnisse ganz konkret könnte man meinen, ich lamentiere über Situationen, mit denen auch viele andere Menschen konfrontiert sind, und dass sich die Arbeit nicht wesentlich von der in anderen Unternehmen unterscheidet. Auch dort ist der Boss launisch und ändert ständig seine Meinung. Die eigene Funktion und Aufgabe bleiben einem relativ unklar. Sexismus, schlechte Organisation – all das gibt es auch in anderen Unternehmen.

Natürlich.

Doch der grundlegende Unterschied zwischen Start-ups und anderen Unternehmen ist, dass Letztere nicht so tun, als wären sie effizient, innovativ und revolutionär. Sie behaupten nicht von sich, sie wären die Besten, die Sichersten, die Erfahrensten, und wenn sie neue Mitarbeiter einstellen, die Namhaftesten, diejenigen mit den höchsten

Gehältern und so weiter. Sie nehmen nicht in derselben Weise für sich in Anspruch, neu und innovativ zu sein, wie Start-ups es tun. Somit sind Start-ups vor allem deshalb so attraktiv für junge Leute, weil sie behaupten, auf unnötigen Ballast bei der Arbeit zu verzichten. Man muss sich keine Sorgen um die Geschwindigkeit von Verfahren und Prozessen machen – man überlegt, was man tun könnte, und tut es dann.

Doch nichts davon entspricht der Wahrheit: Start-ups sind hierarchisch, aber ohne richtige organisatorische Abteilungen, was bedeutet, dass die Arbeit von ganz oben diktiert wird. Folglich ändert sich ohne Vorwarnung die Ausrichtung der Arbeit, wann und wie es der Chefetage beliebt. Mitarbeiter werden schneller gefeuert, zudem herrschen organisatorische Inkompetenz sowie ein Mangel an Sicherheit und Entwicklungsmöglichkeiten. Die Mitarbeiter haben die Möglichkeit, sich durch »Learning by Doing« Kenntnisse anzueignen, aber wenn dieses »Doing« bedeutet, dass man etwas Sinnloses oder nach dem Willen der Unternehmensleitung alle paar Tage etwas anderes tut, ist es mit dem »Learning« nicht weit her. Eine Verschwendung von Zeit und Energie. Doch zurück zu Rivalchemy, denn nach der Weihnachtsfeier ging das Leben weiter. Als man Jan gefeuert und meinen Vertrag verlängert hatte, übertrug man mir tatsächlich etwas mehr Verantwortung im Bereich Werbetext. Endlich bekam ich Zugang zur Website, um dort die vielen Seiten sinnlosen Materials zu ordnen, und erhielt auch ein größeres Mitspracherecht bei den Maßnahmen zur Markenbildung. Daneben sollte ich meine anderen Aktivitäten wie das Verfassen von Blog-Postings und die Pflege von Pressekontakten fortsetzen.

Als der Januar kam, begann ich meine Arbeit nach meinen eigenen Prioritäten und Zeitplänen zu strukturieren und versuchte, Timos ständiges Dazwischenfunken so gut als möglich zu ignorieren. Ich arbeitete nach den Methoden, die ich während meines Praktikums in London gelernt hatte: strukturiert, organisiert und mit realistischen Zielen. Ich machte Computeranalysen, schaute, wo unser Produkt stark oder schwach war und so weiter, verfasste Werbetexte, in denen ich die Vorzüge unserer Website erläuterte, und testete diese Texte an einer kleinen Versuchsgruppe, die ich selbst zusammengestellt hatte. Wie ich vermutet hatte, musste das Unternehmen die eigenen Aktivitäten besser beschreiben und den Kunden wenigstens ein paar konkrete Versprechungen machen.

Daneben war es notwendig, eine komplett neue Palette an Marketingmaterialien zu produzieren – die alten Flugblätter und Broschüren (die bei Veranstaltungen und auf Messen an die potenzielle Kundschaft verteilt wurden) waren ähnlich wirr wie der Internetauftritt und strotzten nur so vor sprachlichen Fehlern (da diese englischen Aussagen natürlich von Timo und anderen Nichtmuttersprachlern verfasst worden waren). Außerdem zeigte sich eine generelle Unfähigkeit, das Angebot des Unternehmens grundlegend zu erklären. Das lag nicht einfach daran, dass Timo ein schlechter Schreiber war (wenngleich dies der Fall war) – vielmehr wusste offenbar niemand ganz genau, was das Unternehmen eigentlich machte. Stattdessen verschanzte man sich hinter Klischees von Revolutionen und Daten und der Zukunft.

Dieses Problem hatten wohl auch Timo und Felix erkannt – weil sie von ihren Mitarbeitern immer und immer wieder darauf hingewiesen wurden –, denn die beiden wollten nun die Mission des Unternehmens, seine Vision und Werte klar umreißen und außerdem feststellen, wo das Unternehmen auf dem Markt positioniert war. Mit anderen Worten: Sie wollten endlich das tun, was ich schon ein Jahr zuvor empfohlen hatte (Timo hatte das jedoch abgelehnt, wahrscheinlich, weil es ziemlich langweilige Arbeit ist und er nichts damit hatte zu tun haben wollen).

Nun aber erhielt ich jeden Tag E-Mails von Timo, in denen er mir mitteilte, wie er sich die Darstellung des Unternehmens vorstellte. Am nächsten Tag schickte er dann eine neue Version. Und wieder einen Tag später wollte er hören, was ich daraus gemacht hatte, um es dann zu verwerfen oder zu akzeptieren. Das war jedoch ganz egal, da er dieser Beschreibung bereits am Folgetag widersprach.

Änderung folgte auf Änderung, es war ein einziges, unentschlossenes Hickhack – und all das nur, weil er im Hinblick auf sich selbst, sein Unternehmen und dessen Angebot zutiefst unsicher war.

Ein normaler Arbeitstag sah für mich folgendermaßen aus:

> 7:00 Uhr: Aufstehen, duschen, mit dem Fahrrad zur Arbeit.
> 7:45 Uhr: An den Schreibtisch setzen, dort Müsli, E-Mails checken.
> 13:00 Uhr: Mittagessen.
> 13:30 Uhr: Zurück am Schreibtisch, diverse Projekte.
> Zwischen 19:30 und 21:30 Uhr: Nach Hause gehen.

Meine Wochenenden wiederum sahen so aus:

> Samstagmorgen: Nachricht von Timo mit der Bitte um einen Gefallen – ob ich vielleicht ein, zwei Dokumente gegenlesen könnte.
> Lesen des Dokuments (in der Regel ein Interview, das er der Presse gegeben hatte, oder irgendein neues Handout oder ein Vortrag, den er halten wollte), dann zurückschicken.

Rausgehen.
Eine weitere Nachricht oder ein Anruf, oder noch ein Anruf. Timo ist mit meinen Änderungen durch. Ob ich das Dokument bitte noch einmal ansehen könnte?
Ich schaue mir das Dokument erneut an.
Das Ganze geht so lange, bis ich meine Ruhe habe.
Sonntag: Beten, dass ich keinen Anruf erhalte.
Oft nützte das nichts.

Nun habt ihr möglicherweise ein paar Fragen, etwa:

- Warum hast du nicht einfach abgelehnt, am Wochenende zu arbeiten?
- Warum bist du so lange in der Firma geblieben?
- Was war so wichtig an deiner Arbeit, dass du auch am Wochenende arbeiten musstest?
- Warum hast du auch am Sonntag gearbeitet?
- Oder vielleicht sogar: Warum hast du deinem Chef nicht einfach gesagt, dass er dir den Buckel runterrutschen kann?

Die Antwort lautet, in einem Wort: Stolz. Ich wollte nicht versagen und nicht selbst schuld daran sein, dass ich in Sachen »Selbstoptimierung« keine Fortschritte machte. Ich wollte nach vorn blicken und die, wie ich damals dachte, nur vorübergehenden Probleme mit Timo überwinden.

Der Verstand ist eine seltsame Angelegenheit. Man tut nicht immer das, was vernünftig erscheint.

Ohne Vorwarnung schickte mir Timo neue Aufgaben. Es war das übliche Korrekturlesen und Redigieren sowie ein paar persönliche Sachen, die ich lesen sollte. Er versuchte, ein Buch zusammenzuschustern, aber die Arbeit türmte sich auf. Rechtliche Unterlagen, Unternehmensmails, Newsletter – Sachen, die ich lesen und korrigieren sollte. Timo schickte mir Material, das in direktem Zusammenhang mit anstehenden Produktveröffentlichungen stand, sowie Sachen, die eine Schadensbegrenzung hinsichtlich des vorangegangenen Projekts erforderten, weswegen Jan gefeuert worden war. Ich blieb immer länger bei der Arbeit.

In gewisser Weise war es das, worum ich gebeten hatte. Ich wollte mehr Werbetexte schreiben und bekam etwas, das nah dran war: Redigieren. Am Ende verbrachte ich meine Zeit mit der Arbeit an den unterschiedlichsten Projekten und dem Redigieren kleiner Textschnipsel hier und da. Diese Website, jenes Dokument. Selbst meine Arbeit am Thema Mission, Vision und Werte blieb mir dank Timos ständiger Meinungswechsel erhalten.

Ich versuchte, das Gute an meiner Arbeit zu sehen. Mein großer Erfolg in diesem Frühling bestand schließlich darin, dass ich dazu beitrug, für das Vertriebsteam eine neue Sprechweise im Umgang mit den Kunden zu formulieren: Ich stellte eine Liste von Phrasen zusammen, die sie sagen konnten, Standardantworten – im Grunde wie in den FAQ, aber solche, die nicht öffentlich einsehbar waren. Mit anderen Worten: abgedroschene Sätze, die wir nicht auf die Website stellen wollten.

Ich versuchte, das Gute zu sehen. Aber durch die üblichen chaotischen Fristen, das Hin und Her und die ständigen Umschwünge fühlte ich mich jedoch erschöpft. Es war schlicht zu viel zu tun.

Schließlich stellte Timo nacheinander zwei Marketing Manager ein und feuerte sie wieder. Bis dahin bemühten sich die beiden jedoch redlich, der Marketingabteilung auf die Beine zu helfen. Sie hatten unterschiedliche Vorstellungen davon, wie die Marketingabteilung aussehen sollte.

Neben dem üblichen Redigieren, den Textänderungen, dem Marketing, dem Pressekontakt, dem Ausfüllen von Excel-Tabellen und dem Bloggen hatten wir nun deshalb auch noch »Marketingsitzungen«.

Bei diesen trugen Pablo, Johannes und ich unsere »Gedanken« über das Unternehmen und seine Produkte in Excel-Tabellen ein und versuchten dann, diese Gedanken, sofern sie negativ waren, in positive zu verwandeln, indem wir die Sprache oder das Marketing veränderten.

Der erste Typ, Leopold, wurde nach vier Wochen wieder entlassen. Der zweite, Marcus, hielt etwas länger durch (wenngleich er nach derselben Strategie vorging und wieder bei null begann, was bedeutete, dass wir das gesamte Prozedere noch einmal durchexerzieren mussten) und wurde erst nach sechs Wochen gefeuert.

Warum? Wer weiß. Wir fragten Timo und Felix, die daraufhin eine private Unterredung mit uns einberiefen, bei der sie uns (Pablo, Johannes und mir) mitteilten, dass wir mit unseren Fragen Probleme verursachten und einfach weitermachen sollten.

Später aber hörten wir, der erste Typ sei gefeuert worden, weil er Timo widersprochen habe, und der zweite, weil er genau das nicht getan habe.

Ich nehme daher an, dass wir drei, die wir in der Abteilung verblieben, eine Art goldenen Mittelweg ganz nach Timos Geschmack darstellten.

Sommer 2015: Unverändert wolkig

Ich hatte zwei Wochen frei, die ich dazu nutzte, Deutschland zu erkunden. Eigentlich wollte ich mich in der Stadt vergnügen und feiern gehen, aber schließlich wurde daraus mein erster »Erwachsenenurlaub«. Mit einigen Freunden verbrachte ich die zwei Wochen in einem Landhaus in Brandenburg. Wir gingen jeden Tag im See schwimmen, und es war herrlich.

Als ich zurückkehrte, war Pablo entlassen worden. Seine Postings in den sozialen Medien seien einfach nicht gut genug gewesen, hatte Timo aus einer Laune heraus befunden.

Also teilten Johannes und ich die Arbeit zwischen uns auf. Das Unternehmen beschäftigte inzwischen über hundert Mitarbeiter (Rivalchemy war im zweiten Jahr), und man hatte weitere Finanzmittel gesichert. Beim Sommerfest hielt Timo eine Ansprache, in der er hervorhob, wie stolz er auf die Vertriebsabteilung sei – und wie enttäuscht er darüber sei, dass Marketing, Produktabteilung und Business Development allesamt hinterherhinkten.

Felix und er wurden wegen einer Barrechnung beinahe handgreiflich.

Ich arbeitete inzwischen bis spät in die Nacht hinein, doch gelang es mir inzwischen, einen Teil der Aufgaben mit minimalem Zeitaufwand zu erledigen. Außerdem schrieb ich immer mehr Artikel über das Unternehmen, die in schicken Start-up-Magazinen veröffentlicht wurden. Ich stellte fest, dass die Journalisten schlicht nicht hinterfragten, was ich schrieb. Sie brauchten einfach nur eine Geschichte. Eine deutsche Wirtschaftszeitschrift brachte zudem eine Doppelseite mit Timos Gesicht. Darunter stand zu lesen: »Der Gründer«. Der Artikel befasste sich sowohl mit seiner Vergangenheit als auch mit seinen Gedanken über die Zukunft und machte ihn beinahe zu einer Art Erlöser.

Es war ärgerlich mit anzusehen, wie sehr die Presse bereit war, Timo so darzustellen, wie er es wollte, auch wenn dies mit der Wahrheit nichts zu tun hatte.

Es gab eine erneute Produktveröffentlichung. Diesmal hatte jemand aus dem Business Development das Produkt entworfen (Timo hatte noch ein paar Entwickler entlassen und ein paar neue eingestellt, aber es gab immer noch keinen Leiter für die Produktabteilung). Allerdings hatte Antonia, Team Lead in der machohaften Abteilung Business Development, verlangt, dass diese Person – ohne Angabe von näheren Gründen – gefeuert würde. Und so war es geschehen.

Die Außendarstellung von Mission und Vision zog sich in endlosen Besprechungen mit Timo hin, bei denen er damit spielte, was das Unternehmen sein könnte und sollte. Meine Ideen und Vorschläge ignorierte er weiterhin.

Einen kleineren Erfolg verzeichneten wir, als wir in einer englischen Zeitung Erwähnung fanden (ein Freund arbeitete für ein Online-Magazin in Großbritannien), doch die Leserkommentare darunter waren schockierend zutreffend und weitblickend: »Das Unternehmen klingt okay, aber die Gründer klingen wie Vollidioten.«

Daneben organisierte ich Veranstaltungen für den Herbst, bei denen das Management sprechen sollte.

Eines Samstagabends besuchte ich eine Bar in Berlin Mitte, eine Kneipe namens Schmitzz in der Gormannstraße, einem Seitenarm der Torstraße. Dort gibt es eine Tischtennisplatte, einen Kicker und billiges Bier. Ich traf mich mit meinem Freund Dave, der etwa zur selben Zeit nach Berlin gezogen war wie ich.

Dave war Amerikaner und wie ich wollte auch er in Berlin sein Glück versuchen. Er arbeitete als Produktmanager in einem Medizin-Start-up. Wie ich war er inzwischen überzeugt, dass alles nur Fassade war.

»Die Sache ist die«, sagte er und trank sein erstes Bier des Abends aus. »Die Sache ist die, dass ich finde, dass ganz schön viel einfach scheiße läuft, Mann! Hinter den Kulissen, weißt du, arbeiten wir uns für diesen Kram den Arsch ab, machen diese Produkte, die monatelang im Entwurfsstadium bleiben, und dann müssen wir plötzlich dem Management erklären, was wir überhaupt tun.«

Dave war ebenso frustriert wie ich. Tatsächlich ging es seinem Start-up wesentlich schlechter als Rivalchemy, sodass er häufig auch abends und am Wochenende arbeiten musste. Ich hatte immerhin den Sonntag frei und durfte mich daher glücklich schätzen.

»Aber bei uns ist es anders als bei euch«, fuhr David fort. »Du sagst, dass man dir andauernd sagt, was du zu tun hast. Bei uns ist das Gegenteil der Fall, als hätte niemand eine Ahnung, was wir machen. Letzte Woche setzten wir ein komplettes Produktteam darauf an, das Tempo X fertig zu bekommen – das ist der Projektname für ein cooles Teil, das wir in der Pipeline hatten, ein Gerät, mit dem sich die Leute per Handy vernetzen und jeden Tag ihre Gesundheit messen können, Vitalwerte und so weiter. Vor allem für ältere Menschen wäre das super gewesen, aber wir wollten es auch im Sportbereich vermarkten, ja. Die Sache ist die, dass der Gründer es dort sah – obwohl es dazu absolut nicht taugt. Es ist nicht mal wasserdicht! In seinem Kopf aber ist es fantastisch, aber das ist etwas ganz anderes, und wir müssen ihm erklären, was wir eigentlich machen.«

Dave war sauer.

Später kam einer von Daves Freunden, ein Wissenschaftler aus England namens Ben Smith. Er war übers Wochenende in Berlin, trank mit uns Bier und spielte Kicker. Für eine Denkfabrik in London stellte er Untersuchungen zum Wesen der Arbeit an, und wir kamen ins Gespräch. Ich fragte ihn, warum bei den Start-ups niemand verstand, wie Arbeit tatsächlich funktionierte.

»Na ja, ich denke, unterm Strich stützen sich Start-ups auf die unbegrenzte Verfügbarkeit billiger, gut ausgebildeter Arbeitskräfte. Die eigentliche Frage ist also: Warum nehmen diese Leute solche miesen Jobs an? Vielleicht hat das Ganze etwas mit Prestige zu tun, aber ich bin nicht ganz sicher. Mich überrascht besonders, dass die Leute ihre Unternehmen auf ziemlich banalen Dingen aufbauen, zumindest in Großbritannien. Weißt du, diese Unternehmen erfinden kein neues Fahrzeug oder ein Arzneimittel – sie helfen einem nur dabei, ein Taxi zu rufen oder Essen und Kleider zu bestellen. Das ist eigentlich nichts Fortschrittliches. Und doch tun wir so. Was passt also nicht? Warum glauben die Leute das? Hier in Deutschland ist es bestimmt dasselbe. Ich nehme an, ihr habt einen Job bei einem Start-up angenommen, weil ihr die Vorstellung hattet, es wäre ein fantastischer Arbeitsplatz, aber in Wahrheit machst du nur ziemlich langweilige Sachen, stimmt's?«

»Ja«, sagte ich, ein wenig pikiert, weil er meine Situation so schnell durchschaut hatte. Wir tranken einen Schluck Bier.

»Das Unheimliche an der ganzen Geschichte ist, dass genügend Leute auf das Image hereinfallen. Bald können Gründer und Investoren das Image benutzen, um die Menschen zur Änderung von Arbeitsrecht und Regulationen zu überreden.«

»Was muss also getan werden?«, fragte ich.

»Meiner Meinung nach müssten wir vielleicht den Status solcher Jobs verbessern, damit die Arbeitgeber sie ernster nehmen – weil das aber wahrscheinlich nicht passieren wird, nehme ich an, dass man dieses ganze Chaos mehr formalisieren müsste, damit die Leute, die in Start-ups arbeiten, die Möglichkeit haben, zu zeigen, dass sie etwas können, und leichter in normale Jobs wechseln können, wenn es sein muss. Ich meine, das ist nur eine Idee, die trotzdem nicht das Hauptproblem löst, nämlich schlechtes Management, wie es Dave meines Wissens erlebt hat.«

Schlechtes Management, jawohl.

Herbst 2015: Aussitzen

Ich arrangierte mich ganz gut mit Timo. Zwar verlangte er weiterhin grässliche Arbeit von mir, aber ich wusste, wann ich auf ihn reagieren durfte und wann nicht. Wenn ich auf dem Pissoir hörte, wie er in der Toilette Kokain schnupfte, verlor ich darüber kein Wort.

Ich genoss den wunderschönen Berliner Herbst und beschloss, einige Organisationen zu unterstützen, die sich gemeinsam mit den Einwohnern gegen steigende Mieten einsetzten.

Jede Woche hatten wir bei Rivalchemy sogenannte »Thank You Meetings«, bei denen die komplette Belegschaft in den Büroräumen herumstand und Botschaften an Leute verlesen wurden, denen wir dankbar waren.

»Danke, Sam, du englisches Genie, dass du mir geholfen hast, meinen Vertriebstext zu schreiben«, sagte einer der neuen Vertriebspraktikanten.

»Danke, Felipe«, sagte Ahmet, der pakistanische Entwickler. »Danke, dass du mir bei dem Projekt zur schnelleren Datenverarbeitung geholfen hast. Du bist der Beste!«

Timo dankte sogar mir für meine Arbeit in Sachen Vision und Mission, wiewohl diese noch gar nicht abgeschlossen war, weil er sich nicht entscheiden konnte, wie er sein Unternehmen dargestellt wissen wollte.

Ich bekam das Gefühl, dass sich meine Zeit bei Rivalchemy ihrem Ende näherte. Da man mir keine wichtigen oder spannenden Aufgaben mehr zuteilte, beschloss ich, die Arbeit auch weniger wichtig zu nehmen. Ich begann später zu kommen und früher zu gehen – was wundervoll war, denn dadurch arbeitete ich acht Stunden täglich wie jeder andere Mensch in der zivilisierten Welt. Die Vertriebsleute nannten mich abfällig faul.

Doch ich sah, dass die Arbeit, die man mir zuteilte, und vor allem die Arbeit, die ich innerhalb des Unternehmens tun konnte, begrenzt war. Zudem war nichts davon dringend. Es standen keine neuen Produktveröffentlichungen an. Die Marketingabteilung bestand nur aus uns beiden, Johannes und mir, und doch gelang es uns, die Arbeit von ursprünglich vier Mitarbeitern zu erledigen. Für uns als Team gab es also eigentlich nicht viel zu tun.

Winter 2015: Scheiden tut nicht weh

Ohne jede Aussicht auf Fortbildung, ohne jeden Fortschritt in meiner Arbeitsqualität, ohne jegliche Verbesserung der Arbeitsbedingungen und ohne jede Entwicklung im Verhältnis zwischen Felix und Timo, beschloss ich, dass ich es nicht riskieren wollte, einen weiteren Dezember im Unternehmen zu verbringen.

Ich hatte bei Rivalchemy nichts von Wert gelernt, außer zwei Dingen: wie man mit einem schwierigen Chef und wie man mit extremem Stress umgeht. Das war zwar durchaus wertvoll, aber ich hatte es satt, sonst keine Fortschritte zu machen.

Ich hatte genügend Selbstvertrauen gewonnen, um zu erkennen, dass Timo all seine psychologischen Tricks nur dazu anwandte, jegliche Kritik an seiner Inkompetenz im Keim zu ersticken. Außerdem hatte ich neben der Arbeit einige Hobbys aufgenommen, und mein Deutsch wurde immer besser.

Als es Dezember 2015 wurde, wollte Timo, dass ich zu einer von ihm organisierten Party käme – »mit Praktikantinnen«, wie er sagte.

Das war's für mich. Ich kündigte auf der Stelle.

Warum war ich nicht früher gegangen?

Vermutlich lag das daran, dass ich – und all die anderen, die in der Firma ein Leben in Angst führten –, dass wir in den Fehlern und Defiziten, die unsere Start-up-Familie offenbarte, unsere eigenen Fehler und Defizite sahen; dass die strukturellen Probleme des Start-ups von uns selbst herbeigeführt worden waren.

Es war ein Egoproblem. Auch bei mir.

Und dann ging ich doch.

Das sorgte wiederum bei jemand anderem für ein großes Egoproblem.

Liebe Leserin, lieber Leser,

ich warf meinen Job bei Rivalchemy hin, untermalt vom Sound eines Mannes, der mich anflehte, zu bleiben, vom Sound eines Mannes, der mich inständig bat, nicht zu gehen, vom Sound eines Mannes, der wütend auf mich war, vom Sound eines Mannes (ich rede von ein und demselben Mann), der hoch und heilig schwor, nie wieder ein Wort mit mir zu wechseln.

»Darf ich davon ausgehen, dass ich eine Beurteilung bekomme?«, fragte ich.

»Mach, dass du rauskommst«, sagte Timo.

Und ich machte, dass ich rauskam.

Timo war stinkig auf mich – nicht weil ich ging, nicht wegen der Tatsache an sich, sondern wegen der Art und Weise. Weil ich einer der beiden englischen Muttersprachler in der Firma war (und der einzige, der vernünftig schreiben konnte) – und auch, weil ich ihm ins Gesicht gesagt hatte, dass ich ging. Ich sagte ihm, ich würde gehen, um mir einen Job zu suchen, bei dem ich mehr lernen konnte. Er war persönlich beleidigt (schon durch die Aussage als solche, aber auch, weil ihm die Kontrolle über mich entglitten war) und meinte, er hätte schon gewusst, dass ich gehen würde, es hätte Gerüchte gegeben – aber er hätte es auch an meinem Verhalten in den letzten Wochen gemerkt.

Er lachte. Er wurde wieder seltsam. Ich lachte auch. Es war eine unangenehme Situation. Dann aber meinte er plötzlich, er könne sich ändern. Sein Lachen zeigte nun klar und deutlich, dass ich nicht mehr zu seinen Untertanen zählte, die er nach Belieben herumschubsen konnte. Er konnte sich erlauben, nachzugeben, entspannter zu werden. Er zündete sich eine Zigarette an.

Er könne sich ändern, meinte er. Er wolle nicht, dass ich gehe. Bitte bleib. Bitte!

Ich fand die ganze Situation nur noch peinlich und beschloss, Klartext zu reden und ihm die Gründe für meine Kündigung zu nennen. Es ging nicht nur um Schulung und Weiterbildung, es lag auch an ihm persönlich. Es war das Arbeitsumfeld, das er um sich herum schuf – ein stickiger Ort, eine Atmosphäre, die auf seine und Felix' Vorlieben zugeschnitten war. Ein Ort, der unter der Unfähigkeit der beiden Chefs, vernünftiges Management zu betreiben, zu ersticken drohte, ein Ort, an dem die Arbeit keine Herausforderung darstellte und mich anödete.

»Mach gefälligst, dass du rauskommst«, sagte er.

Weihnachten verbrachte ich bei meiner Familie. Ich ließ den ganzen Ärger des Jahres 2015 hinter mir. Ich genoss die rührselige Üppigkeit des Weihnachtsfests. Ich dachte zurück an das vergangene Jahr, als ich meinen Flug verpasst hatte und einsam durch die Straßen Berlins gezogen war und mich betrunken hatte. Stattdessen nun das volle Programm des englischen Weihnachtsfests: dicke Strickpullover, Cracker, gefüllter Truthahn, Brettspiele – mit voller Hingabe sang ich Weihnachtslieder mit meinem Opa, mischte bei der Schneeballschlacht im Park mit den Nachbarn am Boxing Day eifrig mit und ließ zusammen mit meinen Eltern keinen Weihnachtsfilm im Fernsehen aus.

Man könnte wohl sagen, Weihnachten hatte ich in dem Jahr wirklich gebraucht – das herzerwärmende, süße, kitschige, gefühlsduselige Weihnachtsfest als Gegenpol zu meinem immer emotionsloser werdenden restlichen Leben.

»Gehst du zurück nach Berlin?«, fragte meine Mutter.

»Ehrlich gesagt, ich weiß nicht recht, was ich machen soll«, antwortete ich. »Ich meine schon, ich sollte es noch einmal probieren. Ich will mich von einer negativen Erfahrung nicht unterkriegen lassen.«

Ich sah mir auf Facebook die Fotos von der Rivalchemy-Weihnachtsfeier an. Von der Marketingabteilung war nur Johannes dort. Alle trugen alberne Verkleidungen – Hühner und Kühe, Nikolaus und Scooby-Doo. Mit Ausnahme von Johannes und ein paar anderen wirkten alle glücklich und zufrieden. Es sah aus, als müsse es Spaß machen, dort zu arbeiten, plötzlich verspürte ich sogar einen Anflug von Neid. Aber mir fiel schnell wieder ein, wie es wirklich dort zuging.

Ich verbrachte den Januar in Berlin und genoss die Freiheit.

Ständig erhielt ich Updates über neue Jobs, über die Möglichkeit, Social Media Manager zu werden (was um Himmels willen soll das sein?) oder CRM-Guru oder Global Communications Ninja, und schon diese Jobbezeichnungen ließen mich erschaudern. Ich wusste ja, worauf das hinauslief: Du sitzt da und hast Excel-Tabellen vor der Nase, oder man sagt dir, du sollst irgendetwas machen, das der Chef an dem Tag eben braucht. Derartige pompöse Jobbezeichnungen sollten wohl nicht nur einen Ausgleich für das bieten, was dem Job an Inhalt fehlte, sie sprachen auch die bedürftigen Egos der Leute an, die diese Jobs ausfüllten. Wie aufregend musste es für einen 22-jährigen Uniabsolventen sein, sofort Manager oder Ninja zu werden!

Dann, irgendwann im Februar, bekam ich zwei E-Mails: Die eine war ein Jobangebot von einer Firma namens MyCashMate, die andere kam von Timo: »Alter, ich wünschte, du wärst noch hier.«

Ich löschte Timos Nachricht sofort.

Die E-Mail von MyCashMate machte mich nachdenklich.

Ich wollte nicht wieder für ein Start-up arbeiten, und das sagte ich auch den Leuten bei MyCashMate, als sie mich zu einem Vorstellungsgespräch einluden. Sie versicherten mir jedoch, MyCashMate wäre ein ausgereiftes Start-up – sie arbeiteten seit etwa vier Jahren erfolgreich in Berlin und hatten bereits im Vereinigten Königreich und in ganz Europa Fuß gefasst. Die Firma wirkte schlank und eindrucksvoll, und ich hatte auch schon von ihr gehört. Sie hatte einen Namen als Start-up in der FinTech-Branche, der Branche also, die sich mit technologisch weiterentwickelten Finanzinnovationen beschäftigt, und galt auf diesem Gebiet als eines der führenden Unternehmen in Deutschland.

Bei unserem Gespräch ging es um einen Job im Bereich Kommunikation und Content Management. Ich war beeindruckt, wie wenig mir diese Firma als Start-up vorkam. Sie wollten flexibel und effizient sein wie ein Start-up, aber sonst wie ein seriöses Unternehmen auftreten, insofern boten sie mir das Beste beider Welten: Effizienz und ein grundlegend stabiles Unternehmen. Und da sie von einem sehr bekannten Investor unterstützt wurden, stand auch eine Menge Expertise hinter der Firma, nicht bloß die Egos der Firmengründer.

Letztendlich schien der Job selbst meinen Vorstellungen ziemlich genau zu entsprechen. Ich sollte Frank, den PR-Manager, dabei unterstützen, das Firmenprofil zu schärfen. Das hieß: Artikel schreiben, Videos und Inhalte für die sozialen Medien produzieren, die den Ruf der Firma unterfüttern sollten. Obwohl es außerdem eine eigene Marketingabteilung gab, sollte ich zum Teil auch Marketingaufgaben übernehmen. Aber das würde sich *on the Job* ergeben.

Im Februar 2016 trat ich meine neue Stelle an. An meinem zweiten Tag flogen Frank und ich nach London zur FinTech-Konferenz.

Alles erschien mir viel, viel cooler.

4
MEN'S WORLD

Ich saß im Flieger von Berlin nach London mit meinem neuen Boss, Frank, schick angezogen, entspannt, wir redeten bei einem erfrischenden Glas Saft über Politik.

Um die Mittagszeit landeten wir in Heathrow, es war ein warmer Februartag 2016. In den folgenden Monaten sollten der Brexit und Donald Trump die Welt auf eine drastische und unerwartete Weise verändern, die im Westen vielen scheinbar selbstverständlichen Annahmen den Boden unter den Füßen wegziehen würde. Bis dahin jedoch ging man fest davon aus, dass es niemals zu einem Brexit kommen, Trump niemals die Präsidentschaftswahl gewinnen und die AfD es niemals in den Bundestag schaffen würde. Es fällt schwer, an diesen Punkt zurückzuspringen, so fundamental hat sich der politische Diskurs seitdem gewandelt, so lärmend und rücksichtslos sind seitdem die alltäglichen Diskussionen über Politik geworden. Rassismus, Sexismus, Homophobie, Antisemitismus, die Rückkehr des großen Machohelden: Mit all diesen Dingen müssen wir heute wieder klarkommen. Dabei hatten wir gedacht, diese Zeiten wären längst vorbei. Wir waren uns doch so sicher gewesen. So sicher, dass vernünftige Leute wie Frank oder ich Dinge von uns gaben wie: »Dieser Trump ist ja schon interessant – ein infamer Schreihals von zweifelhaft erworbenem Reichtum, schon klar – aber ein interessanter Typ ist er schon. Gut möglich, dass er mit seiner bloßen Anwesenheit ein System aufmischen kann, das es ansonsten noch nicht einmal schafft, die Folgen der politischen Vorhaben eines Einzelnen oder auch nur dessen Absichten wahrzunehmen.« So weit Originalton Frank.

»Ja, ich sehe schon, dass seine Kandidatur eine willkommene Herausforderung für die alteingesessenen Hierarchien darstellt. Auch wenn er nicht einmal in die Nähe eines Wahlsiegs kommen wird, ist so ein Aufmischen des politischen Establishments an sich positiv zu sehen. Immerhin erinnert er die Elite daran, dass sie zum Scheitern verurteilt ist, wenn sie am Ende nicht auf die Sorgen und Nöte der einfachen Leute achtet.« So weit Originalton ich.

Wir dachten an nichts Böses, weder wir noch alle, die wir kannten, und wie alle anderen auch unternahmen wir: nichts. Die etablierte Weltordnung, so dachten wir, würde zwar gefordert sein, aber schon intakt bleiben, und am Ende wohlwollend und gestärkt aus der Angelegenheit hervorgehen. Wir erkannten damals noch nicht die Parallelen zwischen Trump, der Amerikas Politik aufmischte, und Start-ups, die die Wirtschaft aufmischten, und wir erkannten erst recht nicht, mit was für einer naiven Ignoranz wir dieses Aufmischen, diese Disruption, als gute Sache akzeptierten, ja begrüßten. Ich wandte mich ohne einen weiteren Gedanken wieder meinem Kreuzworträtsel zu und wartete auf die Landung.

Die FinTech-Konferenz in London fand in der Londoner Version der Silicon Alley statt, beim Silicon Roundabout. Der Name geht auf die eher banale Tatsache zurück, dass viele dieser Start-up-Büros in der Nähe eines Kreisverkehrs liegen – und zwar in der Mitte der Old Street, unweit der Hipstergegend um Shoreditch, gar nicht weit von meinem früheren Arbeitsplatz entfernt.

Als ich in London arbeitete, machte ich manchmal lange Spaziergänge durch die City. Ich besorgte mir mein Lunch (in Plastik verpackte Sandwiches, Chips, ein Apfel), setzte mich an ein ruhiges Plätzchen und beobachtete die dunkel gekleideten Massen der vorbeieilenden Businessmenschen. Irgendwie schien die City ständig in Bewegung zu sein, und auf verquere Art und Weise fand ich inmitten dieser Bewegung Ruhe und Entspannung. Bisweilen fühlte ich mich geradezu magnetisch angezogen von diesen Gebäuden (das hängt mit meinem Geschichtsstudium zusammen) und schoss Handyfotos von der Saint Paul's Cathedral oder dem einen oder anderen Pub. Manchmal begab ich mich auch auf historische Spuren, die ein wenig von der gewaltigen Macht des Geldes erzählen oder diese zumindest sichtbar demonstrieren und die Bedeutung Londons für den Rest der Welt wortwörtlich auf ewig in Stein gemeißelt zeigen, so wie antike Säulen davon erzählen, was irgendein durchgeknallter Caesar einst gesagt oder getan hat.

Diesmal aber war ich nicht bloß Zaungast, ich besuchte eine Tagung in der Gegend. Es war ein grauer Tag, und wir saßen in einer Konferenz über die neuesten Entwicklungen in Finanzwesen und Technologie, die offenkundig unser aller Leben auf diese oder jene Weise umkrempeln würden. Von der kontaktlosen Kartenzahlung bis zum Mobile Banking, von Online-Kleinkrediten bis zur Baufinanzierung – Geld bestand längst nicht mehr aus gedruckten Banknoten und schon gar nicht aus geprägten Münzen aus Metall, dieses Spiel war lange vorbei. Selbst für Otto Normalverbraucher war das Geld, mit dem er den Einkauf im Supermarkt oder das Bier in der Kneipe bezahlte, unsichtbar, digitalisiert – genau das, wovon Angela Merkel gesprochen hatte. Geld war etwas, das in Netzwerken und in Daten existierte, und die alten Gebäude, die wir vom Fenster des Konferenzsaals aus sehen konnten, schienen irgendwie schon selbst obsolet geworden zu sein, Relikte jener anderen Regeln, nach denen diese Dinge in jenem fremden Land namens Vergangenheit erledigt wurden.

Wir tranken Kaffee aus kleinen Tässchen, aßen kleines und delikat zubereitetes Gebäck von kleinen Tellern. Wir schüttelten Hände von Leuten, die keine T-Shirts mit aufgedruckten Logos trugen, sondern teure Maßanzüge. Wir redeten mit Menschen, die von gigantischen Investitionen und Konsolidierungen nach dem Wettstreit mit den Banken sprachen. Wir hielten Small Talk mit vielen hohen Tieren und kamen uns sehr wichtig vor.

Ich versuchte, mich anzupassen und so zu tun, als wüsste ich, wovon diese Leute redeten – schließlich war ich gerade einmal seit zwei Stunden in diesem Job und hatte seit meinem Vorstellungsgespräch keinen Fuß mehr in die Büros von MyCashMate gesetzt. Am besten hielt ich mich höflich zurück, stellte Fragen und hörte zu. Ich brachte wohl besser keine eigenen Ansichten oder Gedanken vor und hörte einfach nur gut zu, was die anderen Herrschaften zu sagen hatten.

Die Tagesordnung der Konferenz stand fest: Die CEOs von Europas innovativsten FinTech-Unternehmen und -Start-ups würden Vorträge halten, und es würde Fragestunden und kleinere Diskussionsrunden in Räumen geben, sollten die Teilnehmer noch entsprechenden Bedarf haben. Anschließend Networking und Getränke.

Der erste Redner betrat die Bühne, und mir fiel etwas sehr Eigenartiges an seinem Vortrag auf. Es ging dabei gar nicht nur ums Business oder um Trends, die Rede war stark kulturell fokussiert, sie hatte etwas seltsam Visionäres an sich. In fast jedem Satz kamen Begriffe vor wie »Transformation«, »Evolution«, »Revolution«, »epochal« oder »Ära«. Es klang weniger wie eine Erläuterung dessen, was das betreffende Unternehmen tat, es hörte sich vielmehr so an, als würde hier das exaltierte Bild des typischen technologischen »Vordenkers« aus dem Silicon Valley zelebriert. Während seiner Rede klickte ein Assistent in der Nähe der Bühne auf eine Fernbedienung und projizierte Folien auf eine Leinwand hinter dem Redner: Auf den Folien standen Dinge wie »Wir sind ›Hinter den Spiegeln‹«.

Ich könnte nicht sagen, worum es in dem Vortrag ging. Der zweite Redner trat ganz ähnlich auf wie der erste. Offenkundig hatte er den gleichen Vortragsstil für sich entdeckt. Exakt so sprechen Leute, die TED Talks halten: Sie mischen persönliche Geschichten aus dem eigenen Leben mit geschäftlichen Projektionen und großen, weit ausholenden Statements über Kultur. Dazu bewegte er die Hände langsam und gestikulierte mit wohldurchdachten Bewegungen, sodass seine Rede eine Art rührseliger Herzlichkeit ausstrahlte, als ob dieses ganze Gerede von »Revolution« und »Zukunftsfähigkeit« für ihn eine tiefere emotionale Bedeutung hätte. Es war, als würde er erzählen, wie sich seine kürzlich dahingeschiedenen Großeltern während des Krieges ineinander verliebt hätten.

Dann fiel während der Präsentation des dritten Redners ein Name: Steve Jobs. Bei der Erwähnung dieses Namens wurde mir augenblicklich klar, was diese Männer hier taten. Die Vortragenden folgten dem Beispiel von Steve Jobs: Sie wollten intellektuelle Helden sein, Helden der Technologie, des Designs, des Business. Aber da so viele diese Masche ritten, einer nach dem anderen, geriet das Ganze zu einer Kavalkade von Steve-Jobs-Nacheiferern, und jeder hatte seine ganz eigene Antwort darauf, wie man die Zukunft auf den Weg bringt.

Mir fiel außerdem auf, dass Frank genau wie viele andere Konferenzteilnehmer während der Vorträge die meiste Zeit mit seinem Smartphone hantierte. Das war keineswegs unhöflich gemeint. Er twitterte über die jeweils laufende Rede an seine sämtlichen Follower. Wie so viele andere nutzte er den Hashtag der Veranstaltung, um zu zeigen, dass er da war und dem Vortrag lauschte.

Ganz einfach ausgedrückt ging es bei dem Event um *Positionierung*. Die Redner wurden gefilmt, man würde ihre Vorträge später online abrufen können. Indem sie von Kultur sprachen und diese emotionalen Plädoyers für die Zukunft hielten, positionierten sie sich als intelligent und marktkonform. Die Zuhörer wiederum demonstrierten durch ihre Tweets schlichtweg ihre Vertrautheit mit der Branche. Schon ihre bloße Anwesenheit zeigte, dass ihnen diese Fragen wichtig waren, dass es sich lohnen könnte, sie kennenzulernen.

Ich begann zu erkennen, dass ich nicht bloß von heißer Luft umgeben war, ich wurde Zeuge, wie Menschen diese heiße Luft einatmeten und wieder ausatmeten – und alles nur, um ihr Profil und das der Vortragenden aufzupolieren. Mir wurde klar, dass das Ganze nichts weiter war als eine Art Marketingübung, die dafür sorgen sollte, dass die Redner gut dastanden und sich gut anhörten und dass die Zuhörer demonstrieren konnten, dass auch sie die inhaltslosen Fragen, die da diskutiert wurden, verinnerlicht hatten und für wichtig befanden.

In der ersten Pause führte ich diverse Gespräche – und mir begann zu dämmern, dass die Menschen, mit denen ich redete, durchaus guten Willens sein mochten, in Wirklichkeit aber nur um die völlige Leere in der Mitte des Raums herumeierten. Sie gingen überhaupt nicht auf die Tatsache ein, dass wir keinerlei konkrete Aussagen machten oder reales Geschehen beschrieben oder gar auf die tatsächlichen Veränderungen in der Welt eingingen. Stattdessen artikulierten wir rein rhetorische, bildhafte Gedanken über Revolution, über Disruption, über Veränderungen des Alltags, darüber, wie die Zukunft wohl aussehen könnte, und trotzdem fiel kein Wort von irgendeinem tieferen Sinn. Egal. Denn diese heiße Luft reichte den Unternehmen, die so ihre Existenz mit irgendeiner Art von Autorität auf den von ihnen beackerten Themenfeldern untermauern konnten, um sich weitere Finanzierung zu sichern und junge Leute als Arbeitskräfte anzulocken. Ich hatte bei Rivalchemy die Erfahrung gemacht, dass sich Geschäftsmodelle aus einer Laune des Firmengründers heraus verändern, Arbeitsplätze einfach gestrichen werden konnten – vielleicht gelang es den Gründern gerade durch ihr Gerede über bedeutende Veränderungen in der Finanzierung und über revolutionäre Ideen, jede reale oder konkrete Aussage über ihr Geschäft zu vermeiden. So konnten sie dann auch in Zukunft ihr Geschäftsmodell bei Bedarf verändern und zugleich den Eindruck vermitteln, sie wären Experten auf ihrem Gebiet.

Frank

»Wenn du für eine große Firma im Silicon Valley arbeitest, lernst du das eine oder andere«, sagte Frank. Du lernst, mit dir selbst richtig umzugehen, und du lernst, wie man Coolness, Ruhe und Intelligenz ausstrahlt. Wie ein echter Rockstar eben.

Frank wollte tatsächlich Musiker werden, bevor er die Marketingkarriere einschlug. Geboren und aufgewachsen in Wuppertal, wurde ihm das Leben in der nachkriegsdeutschen Provinz irgendwann langweilig. Das hatte auch etwas mit den politischen Umbrüchen in jener Zeit zu tun. Als Teenager sah er Berichte im Fernsehen, wie die Jugend Deutschlands Nazivergangenheit ans Licht brachte. Die jungen Leute waren wütend angesichts der Lügen, mit denen man sie abgespeist hatte: dass die meisten Deutschen unschuldig seien, dass ihre Eltern und Großeltern unmöglich in die furchtbaren Gräuel der NS-Zeit verstrickt gewesen sein könnten. Frank wurde jedoch nicht politisch aktiv. Er schloss sich nicht der radikalen Linken an, er suchte seinen Ausdruck in der neuen Musik, die in Hamburg und Berlin aufkam. Nach seinem Schulabschluss zog er von zu Hause aus und ging als Sechzehnjähriger nach Hamburg, um Gitarre zu spielen – mit jedem, der mit ihm zusammen spielen wollte.

St. Pauli und die angrenzenden Stadtviertel waren damals der Himmel des Punkrock – wie überall in dieser Zeit herrschte hier die Überzeugung vor, dass die Jugend die Kontrolle über das kulturelle Leben übernehmen würde. Frank war sicher, in der Welt würde es fairer und freier zugehen, wenn die Menschen nur die Art Musik hören würden, die er selbst hörte, wenn sie die Drogen konsumierten, die er konsumierte. Es war Mitte der 70er-Jahre. Er zog hinaus in die Welt, trieb sich in Amsterdam, Paris und London herum. Er spielte mit seiner Band namens *Das Das Das oder Das*, wo immer ihnen danach war, wo immer es eine Szene gab. Aber als es auf die zwanzig zuging, wurde zuerst der Drummer, dann auch der Leadsänger der Band von ihrem Gewissen gepackt, und sie machten sich auf nach Hause.

Frank nicht, nein, er würde niemals in die Falle des Konformismus tappen. Er würde immer frei bleiben – frei von gesellschaftlichen oder religiösen Zwängen. Er verließ Europa, bereiste Indien und China. Er erlebte unmittelbar mit, wie Indira Gandhi den Ausnahmezustand über ihr Land verhängte – es widerte ihn an, dass eine solche Frau einfach die freie Presse dichtmachen konnte. Er wurde in Bombay high und in Kalkutta ausgeraubt, aber irgendwie schaffte er es nach einer Weile, genug Geld zusammenzukratzen, um auf die andere Seite des Himalaja weiterzuziehen – nach Hongkong. Nach Festlandchina ließ man ihn nicht einreisen, aber heruntergekommen, wie er war, blieb er erst einmal in Hongkong, lernte Englisch und sogar ein wenig Chinesisch.

Er fand einen Job als Gitarrist in einer Barband, begann aber später dank seiner Sprachkenntnisse als Übersetzer für eine Bank zu arbeiten. Die Bezahlung war nicht übel, also ging er den Behörden aus dem Weg und ließ sich unter der Hand bezahlen. So schlug er sich zwei Jahre durch und lernte nebenher weiter Englisch und Chinesisch. Am Ende konnte er sich sogar einen Erste-Klasse-Rückflug nach Deutschland leisten. Inzwischen war er 25 und schrieb sich für ein Wirtschafts- und Sprachstudium an der Universität von Düsseldorf ein. Seine Eltern konnten es kaum glauben. Ihr Sohn war wirklich zurückgekommen und schien sogar ziemlich erfolgreich zu sein.

Frank überflügelte seine Kommilitonen, hängte die Gitarre an den Nagel und durchlief in London, Berlin und Hongkong diverse Stationen als Vermittler für internationale Geschäftsleute. Er konnte komplexe Zusammenhänge knapp und schlüssig darstellen. Und vor allem vertraute er auf seine eigenen Übersetzungen. Nichts konnte ihn mehr schrecken. Immerhin hatte er den Raubüberfall in Kalkutta heil überstanden. Ein Saal voller Geschäftsleute war da gewiss weniger furchteinflößend.

Und dann, nach dem Mauerfall, erkannte er, dass er eine neue Herausforderung brauchte. Sollte er nach Hause zurückkehren? Dort gab es keine Arbeit. Er war nun Mitte dreißig, und es ödete ihn an, nur für das Wohlbefinden anderer Geschäftsleute zu sorgen. Er brauchte neue Herausforderungen – und er fand sie in Amerika, im Silicon Valley. Dort wurden seine kommunikativen Fähigkeiten nicht nur hochgelobt, sie wurden auch gut bezahlt. Alle möglichen technischen Experten zogen in jener Zeit in dieses kleine kalifornische Zentrum der Technologie, um dieses oder jenes auf den Weg zu bringen. Frank, der Kommunikator aus Deutschland, half mit, die Systeme aufzubauen, gegen die er als junger Kerl noch rebelliert hatte. Genau die, die uns ruhig und behäbig machen, die uns beschwichtigen sollten. Er rechtfertigte das mit dem technofuturistischen Glauben, diese Systeme würden in Wirklichkeit verändern, wie Länder geführt werden – auch wenn er sich nicht ganz sicher war, ob er das auch wirklich glaubte. Aber diese Zweifel behielt er für sich.

Er wurde sesshaft.

Dann verließ ihn seine amerikanische Freundin. Sie hieß Susannah. Er war seit einem Jahr mit ihr zusammen, sie wohnten sogar zusammen. Als sie ihre Sachen gepackt hatte und einfach verschwunden war, hinterließ sie ihm immerhin noch eine Nachricht: »Du kannst wunderbar reden, aber zuhören konntest du nie.«

Er warf den Zettel in den Papierkorb. Was wusste die denn schon? Er, der Kommunikator! Er hörte immer zu! Blöde Kuh, amerikanische! Sie war es doch, die immer auf eigene Faust loszog und ihn die Scherben zusammenkehren ließ! Wenn jemand nicht zuhören konnte, dann sie!

Frank arbeitete freiberuflich mal hier, mal da als Marketingguru, und er vernetzte sich mit einigen hohen Tieren.

Er kam über die Trennung hinweg. Er beackerte sein Terrain. Er ging auf Partys mit Gründern im Silicon Valley, wo die Leute in großen Gruppen Ecstasy einwarfen und Sex hatten. Es war wunderbar, so befreiend, sich so ganz unverkrampft und lustvoll mit Fremden abzugeben, es mit Frauen zu treiben, die er gerade zum ersten Mal getroffen hatte.

Er arbeitete unaufhörlich, ging von einer Firma zur nächsten, und er brachte seine rebellischen und unkonventionellen strategischen Ideen bei einigen der bekanntesten Unternehmen der Welt unter.

Aber irgendwann verliert auch das aufregendste Dasein seinen Reiz. Frank hatte Heimweh, er brauchte eine neue Herausforderung. Nach fünf Jahren in Kalifornien zog es ihn wieder zurück. Er war Single, er war ein Mann, er konnte für sich selbst sorgen, und er musste dem Monster in sich etwas anbieten. Was konnte herausfordernder sein, als dafür zu sorgen, dass deutsche Start-ups wirklich funktionierten? Dort gab es weder das Geld noch die Macht des Silicon Valley.

Also kam er zurück nach Deutschland.

Er sah sich ein wenig um, dann stieß er auf MyCashMate.

MyCashMate

MyCashMate unterschied sich als Unternehmen ganz erheblich von Rivalchemy, schon weil es das Produkt eines Inkubators war. Das bedeutete, dass ein Investmentteam eine Firma aufgebaut hatte, um potenzielle Marktlücken aufzuspüren. Dann finanzierte und gründete dieses Team Start-ups, die sich dieser Marktlücken annehmen sollten. Der Inkubator war in Berlin und auch international bestens bekannt. Er war auch oft selbst in der Presse, wegen schlechter Arbeitsbedingungen, einem hohen Stresslevel und hohen Burn-out-Raten. Aber die Start-ups, die er an den

Start brachte, hatten nahezu allesamt Erfolg. Das lag vermutlich daran, dass der Inkubator erkannt hatte, dass das Schwierigste für ein Start-up die Anfangsphase war. Wenn die Firma einmal lief, finanzielle Rückendeckung und ihr eigenes Geschäftsmodell entwickelt hatte und wachstumsbereit war, befand sie sich in einer besseren Position und hatte mehr Erfolgsaussichten als ein Unternehmen, das nach der Gründung seinen Weg erst einmal selbst finden musste, wie es bei Rivalchemy der Fall war.

MyCashMate wurde vom Inkubator im Jahr 2012 gegründet, bekam seine »Serie-A-Finanzierung«, wurde zu Gesprächen mit »Serie-B-Investoren« angeleitet und im Jahr 2015 vom Inkubator unabhängig. Nun stand die Firma vor der Aufgabe, ihre weiteren Ziele zu erfüllen, um an die nötige »Serie-C-Finanzierung« zu kommen. Zu diesen Zielen gehörte ein solides Wachstum, damit die Firma genug Erträge generieren und die Investoren davon überzeugen konnte, auch in den USA Fuß fassen zu können. Die Firma hatte einen »Soft Launch« in Griechenland, der ihre Effektivität auf ausländischen Märkten demonstrieren sollte, und heuerte mehrere Leute für die Büros in Athen an. Und die Firma generierte mit ihren Dienstleistungen tatsächlich Einnahmen: Die Nutzer zahlten bis zu zehn Euro im Monat für die MyCashMate-App (optional bei reduzierter Funktionalität auch nur fünf oder drei Euro, und auch eine durch angehängte Werbung finanzierte kostenlose Version wurde angeboten). Die App selbst half den Benutzern, ihre Finanzen im Griff zu behalten, inklusive Budgetverwaltung, sowie ihre individuellen Finanzziele in Echtzeit zu managen. So konnte sie sich direkt mit den Bankkonten verbinden sowie Ein- und Ausgänge verfolgen und diese mit dem eigenen Budget abgleichen. Auch eine Reihe personalisierter Finanzdienstleistungen gehörte zum Angebot: Wer einen persönlichen Finanzberater haben wollte – zum monatlichen Höchstbeitrag –, bekam unbegrenzte telefonische Beratung durch das MyCashMate-Team, das dem Kunden bei der Strukturierung seiner Finanzen Hilfestellung leistete. Das lief in der Firma unter der Bezeichnung »MyCashMate Helpers«. Das Unternehmen hatte in jedem Quartal seit Mitte 2015 Gewinne ausgewiesen, und nun stieß ich im Februar 2016 als 92. Angestellter zum Unternehmen – das somit ein paar weniger Mitarbeiter hatte als Rivalchemy. 78 dieser Mitarbeiter waren männlich, 66 weiße Europäer. Von den übrigen zwölf stammten elf aus Indien und einer aus Kolumbien. Die vierzehn Frauen in der Firma arbeiteten überwiegend im Marketing, in der Personalabteilung (der Inkubator hatte die Firma so weit vorangebracht, dass sie eine Human-Resources-Abteilung, also Personalabteilung, aufbauen konnte) und in den Teams der »MyCashMate Helpers«.

MyCashMate unterschied sich insofern von Rivalchemy, als die Manager allesamt etwas älter waren als in anderen Berliner Start-ups. Bei Rivalchemy waren die Leute im Schnitt etwa 26 Jahre alt. Bei MyCashMate lag das Durchschnittsalter dagegen eher bei 35: Die neueren Mitarbeiter wie ich waren zwischen 21 und 28, die Führungskräfte, Abteilungsleiter und Firmengründer waren alle um die 40 Jahre alt.

Da das Unternehmen von einer Firma finanziell gestützt worden war, die den Erfolg dieses Start-ups hatte sicherstellen wollen, hatte MyCashMate bestimmte Strukturen verpasst bekommen. Es gab klar abgegrenzte Abteilungen, betriebliche Hierarchien, Pflichten für leitende Mitarbeiter, und auch die Beziehungen der Abteilungen untereinander waren klar geregelt. So gesehen war MyCashMate eine Art »Start-up-Konzern«: ein Start-up, das schnell und effizient handeln und reagieren konnte, aber auch eines, in dem Informationsflüsse klar definiert und Verantwortlichkeiten fest zugeordnet waren.

Seit der Gründung wurde MyCashMate in der Start-up-Community als Erfolg gepriesen, und die Gründer, Malcolm Cartwright und Franz Ulrich, waren beide alte Hasen in der Finanzwirtschaft und gaben für die Presse ein gefälliges Bild von Solidität, Vernunft und fundiertem ökonomischem Fachwissen ab. Malcolm, der Amerikaner, hatte viele Jahre als Trader an der Wall Street gearbeitet, sich aber für einen Wechsel entschieden, weil seine deutsche Frau unbedingt wieder in ihr heimatliches Berlin wollte. Franz war ehemaliger Finanzanalyst im staatlichen Sektor. Zusammen boten sie das, was ein Magazin als »solide Kombination aus amerikanischem Flair und deutscher Vernunft« beschrieb. Malcolm hatte einmal etwas gesagt wie »Das Problem in Deutschland ist nicht die Regulierung oder die Gesetze, das Problem ist schlechtes Management, schlechte Prozesse. In den USA erwarten wir von jedem, dass er seinen Job erledigt, aber wir unterstützen die Leute auch dabei. Genau diese Haltung wollen wir in die deutsche Start-up-Szene einbringen.« Das gefiel mir.

Das Büro lag in Berlin-Tempelhof, unweit des Tempelhofer Felds. Vom Büro aus konnten wir Kreuzberg sehen. Es war keine ehemalige Fabrik, sondern ein schickes Bürogebäude, in dem auch andere Unternehmen ihren Sitz hatten. Das komplette Team belegte zusammen eine Etage.

Neben Frank, welcher der Leiter der PR-Abteilung war, und mir hatten wir auch noch eine Werkstudentin im Team, Federica aus Portugal. Federica studierte in Madrid, wollte jedoch während eines Urlaubssemesters Erfahrungen im Bereich Kommunikation und Finanzen sammeln. Frank übertrug ihr die Organisation von Events, auf denen Malcolm den gleichen Trick vorführen konnte wie die Redner, die ich mit ihm in London gesehen hatte: über Kultur und persönliche Erfahrungen sprechen und immer schön Begriffe wie »Revolution« einstreuen. Es ärgerte mich ein bisschen, dass Federica als Werkstudentin Aufgaben übertragen bekam, die ich bei Rivalchemy gehabt hatte (eigentlich ärgerte mich, dass ich dort so lange wie ein Werkstudent behandelt worden war), aber grundsätzlich war ich froh, dass meine Arbeit nun wirklich als das anerkannt wurde, was sie war: gute, solide Arbeit, die zum Erfolg der Firma beitrug. Artikel, die ich verfasst hatte, wurden unter Malcolms Namen in führenden internationalen Zeitungen veröffentlicht. Frank, der gut vernetzt war, half mir, die entsprechenden Kontakte zu knüpfen und zu halten. Er war dafür zuständig, dem Unternehmen möglichst viel Presseecho zu verschaffen, und er sorgte oft dafür, dass wir möglichst positiv dargestellt wurden.

MyCashMate lief richtig gut.

Bevor ich fortfahre, sollte ich vielleicht kurz erwähnen, dass manche Leute durchaus persönlich enttäuscht waren, als sie erfuhren, dass ich meinen Lebensunterhalt als persönlicher Ghostwriter meiner Chefs verdiente. Sie waren den Ratschlägen und Gedanken der Berühmtheiten, Denker und Persönlichkeiten des öffentlichen Lebens gefolgt und eigentlich davon ausgegangen, dass diese Leute ihre Artikel, Tweets und Reden selbst verfasst hatten. Aber so läuft das eben, wenn die Medien Inhalte für ihre Seiten brauchen (vor allem seit der massiven Umstellung von Print- auf Online-Publikation, was zu einem erhöhten Bedarf an wechselnden beziehungsweise neuen Inhalten geführt hat), und dann verlangen, dass diese Inhalte von Leuten erstellt werden, die bestimmten Profilen entsprechen.

Nicht jeder kann Texte schreiben, die dann in weltweit sichtbaren Publikationen erscheinen. Dafür braucht es einen gewissen Ruf. So könnte beispielsweise ein Banker mit zehn oder mehr Jahren Berufserfahrung in der City of London sicherlich einen Artikel über das Bankwesen in einer Fachzeitschrift unterbringen. Jemand wie ich, der die City of London eher von seinen Spaziergängen samt Handyschnappschüssen kennt, könnte das nicht. Und doch: Da ich nun einmal schreiben kann und Leute wie Malcolm schreiben sollten, konnte ich ihm zuarbeiten. Ich schrieb also einen Artikel, er redigierte oder versah ihn mit Anmerkungen, ich übernahm die Endbearbeitung und schickte das Ganze dann an die Presse.

Also, um das klarzustellen: Sofern ihr jemanden ehrlich bewundert, der nicht gerade Kolumnist ist, wird dieser Jemand in aller Regel nicht der Mensch sein, der »seine« Artikel, Tweets oder was auch immer tatsächlich persönlich verfasst.

»Meine« Artikel wurden fast immer veröffentlicht, so präsent war MyCashMate in der deutschen Start-up-Szene. Das Ganze wurde zu einer echten Erfolgsgeschichte.

Es schadete auch nicht, dass Malcolm (im Unterschied zu Franz) ausgesprochen fotogen war und das Spiel mit den Medien sehr gut beherrschte. Wie Steven (der CEO von POp!) konnte er bei Veranstaltungen gut improvisieren und stets eloquent und mühelos Fragen beantworten.

In mancher Hinsicht war mein Job also relativ unkompliziert. Mit der Zeit übernahm ich natürlich noch weitere Aufgaben. Dazu gehörte auch, Frank bei seinen Versuchen zu helfen, die Wahrnehmung des Unternehmens auf dem amerikanischen Markt zu verbessern – die ultimative Herausforderung. Ohne jede PR-Erfahrung war ich sehr froh, mit diesen Leuten arbeiten zu können.

Es dauerte allerdings nicht sehr lange, bis ich bemerkte, dass Frank zu der Sorte Mensch gehörte, die ich von früher bereits kannte.

März 2016: Lunch mit Frank

Bei Timo und Felix erlebte ich abrupte Richtungswechsel im Management und das ständige Konkurrieren spontaner Impulse. Immer sagten sie mir, ich könnte eigenverantwortlich arbeiten und mein Ding machen. Ich trieb auf dieser Grundlage meine Ideen voran, arbeitete mit den dafür nötigen Leuten in der Firma zusammen. Am Ende bliesen sie dann mein Projekt wieder ab und verlangten stattdessen von mir irgendwelche simplen redaktionellen Arbeiten, bis es wieder hieß, ich hätte alle Freiheiten, neue Ideen einzubringen. Ein regelrechter Teufelskreis.

Jetzt war Frank mein Boss. Da die Firma viel ausgereifter und Frank älter war als Timo, wollte ich nun, dass die Sache anders lief.

Ich beschloss, nach unserem London-Trip meine Bedingungen auf den Tisch zu legen. Bei einem unserer ersten gemeinsamen Mittagessen fragte mich Frank, was ich brauchte, um gut arbeiten zu können. Ich sagte, ich müsse wissen, mit was für einer Art von Manager ich es bei ihm zu tun hatte: War er penibel, war er flexibel oder war er irgendetwas dazwischen? Ich erzählte ihm, wie ich mir in meiner Zeit bei Rivalchemy ziemlich gegängelt und zugleich in Stich gelassen vorgekommen war und mich gefragt hatte, wieso ich überhaupt nach Berlin gekommen war.

Das kam bei ihm an. Er sagte: »Mikromanagement ist der sicherste Weg, jede Innovation abzuwürgen: Die Leute kontrollieren zu wollen, ihnen ständig auf die Finger zu schauen, darauf zu achten, dass sie irgendwelchen vorgegebenen Kleinkram erledigen – das tötet jede Kreativität. Ich hatte damals im Valley einen Chef, der war gegenüber meiner Abteilung exakt so drauf. Am Ende bildete das Marketing nicht das Produkt ab, sondern ihn. Was dich betrifft, Sam, möchte ich, dass du einfach produktiv bist, dass du tust, was du für das Beste hältst, und mich auf dem Laufenden hältst. Ich will, dass du dein Talent, deine Kreativität in die Firma einbringst.«

Ich stocherte in meinem grünen Thaicurry herum, lächelte und versuchte auszublenden, dass mir das irgendwie bekannt vorkam. Ich hoffte nur, bei Frank würde das Ganze anders laufen.

Februar 2016: Ein Gespräch über Genies und Götter

Auf der FinTech-Konferenz in London hatte ich ein einziges wirklich interessantes Gespräch, und zwar mit einem Journalisten namens Leon Bellow. Er arbeitete für britische und amerikanische Zeitungen, seine Spezialgebiete waren Technologie, Politik und Kultur. Ich hatte zuvor schon einige seiner Artikel gelesen und war überrascht, ihn dort anzutreffen. Also sprach ich ihn im Foyer des Konferenzsaals einfach an. Die zweite Diskussionsrunde war gerade im Gange. Frank war im Saal und twitterte fröhlich vor sich hin.

Leon hatte mir gerade gesagt, so etwas wie Technologie gebe es überhaupt nicht.

»Was meinen Sie denn damit?«, fragte ich.

»Technologie ist für sich genommen nur ein Begriff, der Dinge verkaufen soll«, meinte er. »Technologie ist eine

Industrie, aber auch eine Philosophie. Etwas, das den Leuten gefällt – der Begriff ist extrem schwammig, jeder kann mit diesem Etikett alles Mögliche verkaufen. Wenn Sie mir also erzählen, Sie arbeiten im Bereich Technologie, schalte ich gedanklich zumindest teilweise bereits auf Durchzug. Sie sagen, Sie arbeiten im Bereich Technologie, ein anderer meint, er hätte einen technologischen Fortschritt verwirklicht, der dritte behauptet, er hätte zu Hause irgendeine neue Technologie installiert. Das ist doch alles viel zu ungenau, oder nicht? Sie sagen, Sie arbeiten im Bereich Technologie, weil es Eindruck schindet, aber in Wirklichkeit wollen Sie gar nicht, dass die Kunden verstehen, was Sie tun. *Fertigen* Sie wirklich etwas an? Nein. Sie profitieren schlicht von einem aufgeladenen Begriff.«

Der Mann war mir sofort sympathisch.

Wir redeten eine Weile über die Start-up-Szene und die diversen Branchen, die sie hervorbrachte, wie etwa FinTech. Ein Teil des Problems lag seiner Ansicht nach an der Kultur im weiteren Sinne.

»Hightech und Technofuturismus: die unaufhaltsame Weiterentwicklung der Technik, Fortschritt. Die Leute im Silicon Valley sind ganz besessen davon. Fortschrittsglaube ist dort die Basis für alles. Die glauben wirklich, ›kreative Disruption‹ wäre in jeder Branche eine gute Sache, denn wer Disruption schaffen will, muss Technologie nutzen und deshalb auch erzeugen. Und weil Technologie gleich Fortschritt ist, ist ihre Erzeugung immer etwas Positives. Und sie glauben, da Technologie dir die Chance gibt, disruptiv zu sein, muss sie auch das Richtige sein, ohne Rücksicht auf die Folgen. Aber die Leute, die hinter alledem stehen, denken nicht an die Folgen.«

Ich fragte ihn, was er von den einzelnen Charakteren halte, den Leitwölfen, Leuten wie Steve Jobs und Elon Musk –

Männer, die von anderen Männern in der Branche geradezu angebetet werden.

Leon nahm einen Schluck Wasser und blinzelte in die Ferne, während er über seine Antwort nachdachte. Schließlich erklärte er mir, viele Leute in der Branche hielten diese Männer für einzigartig, für absolute Genies. »Vielleicht sind sie ja auch Genies, aber der Glaube, jemand sei ein Genie, ist etwas anderes als wirkliche Genialität. Aber wenn ›Tech‹ und ›Start-ups‹ quasi synonym für Intelligenz stehen, dann siehst du, was die Attraktivität dieser Persönlichkeiten ausmacht. Und da diese Charaktere so sehr im Rampenlicht stehen, hängen sich die Leute auch daran, um vielleicht selbst ein wenig Ruhm abzubekommen. Was übrigens auch auf die Medien zutreffen kann – wer über diese Leute schreibt, hat meistens auch mehr Leser und mehr Klicks.«

Wieder überlegte er eine Weile und fuhr dann fort: »Sie werden auch vergöttert, weil sie verschiedene wichtige Themen unter einen Hut bringen: Business, Technologie und Medien, sie machen daraus ein geschlossenes Ganzes. Und damit ziehen sie das Geld an. Und deshalb werden sie auch so vergöttert. Das andere, die Sache mit dem ›großen Denken‹ dieser vermeintlichen Visionäre, das hält natürlich das Interesse der Leute aufrecht, ist aber weniger wichtig.«

Wir sprachen auch darüber, ob sich diese Sichtweise der technologischen Leitfiguren wohl eines Tages verändern könnte.

»Na klar«, meinte Leon, »das passiert doch schon heute. Je mehr negative Nachrichten über diese Großkonzerne ruchbar werden, desto mehr schadet es auch den Führungsfiguren. Das wirkt in beide Richtungen. Und auch für Start-ups ist das schädlich: Sie wollen vielleicht die Zuckerbergs und Steve Jobs dieser Welt imitieren, aber sie stehen als Idioten da, wenn ihre Geschäfte nicht laufen, und das ist, offen gesagt, alles andere als selten der Fall.«

Und während er sich schon auf das Treffen mit seinem Freund einrichtete, sprach Leon voll dunkler Ahnungen über die politischen Konsequenzen dieser Veränderungen. »Früher war es eine Art Prinzip aller Branchen, dass das Kapital den Kampf gegen die Arbeiterschaft zu führen versucht: Die Unternehmer wollen verhindern, dass sich die Arbeiter gewerkschaftlich organisieren. Eine unerwartete Konsequenz von Start-ups und diesen großen Technologien besteht darin, dass der Vorteil weiter in Richtung des Kapitals verschoben wurde. Wenn die *Gig Economy* weiter wächst, stehen die Gewerkschaften vor einem unfassbar schweren Kampf gegen das Kapital: Und noch beängstigender ist, dass der Staat weder die Möglichkeit noch die Absicht hat, hier einzugreifen. Die Technologie hat die Gesetzgebung bereits meilenweit abgehängt, der Staat kommt einfach nicht mehr hinterher. Start-ups sind viel, viel kleiner. Vergiss nicht, das sind nichts weiter als kleine Fische, die versuchen, mit dem zurande zu kommen, was sie selbst können – aber sie folgen dem Beispiel der großen Tiere. Wenn also ein riesiges Technologieunternehmen das Finanzamt bescheißt, dann werden das die Start-ups genauso machen.«

»Stimmt«, sagte ich. »Aber um auf Steve Jobs und die anderen Führungsfiguren zurückzukommen: Warum nimmt der Hype um sie fast religiöse Züge an?«

Er sah nachdenklich auf seine Uhr – er hatte sich eigentlich mit einem Freund zum Mittagessen verabredet, auf den er nun wartete – und meinte dann: »Vielleicht hat es damit zu tun, dass einen diese Technologien ›von der Wiege bis zur Bahre‹ begleiten. Du bist bei Facebook und bleibst dabei, du bist Apple-Jünger und bleibst es für immer, es wird zu einem Teil deiner Identität. Sogar die Person Steve Jobs wird Teil deiner Identität. Aber vergiss nicht: Die Technologie befindet sich im Besitz privater Firmen. Du denkst vielleicht, du bekommst ein bisschen was vom Intellekt eines Steve Jobs ab, wenn du dir einen iPod kaufst – in Wirklichkeit gehörst du ihm, solange du lebst.«

Elon Musk, Steve Jobs und all die anderen

Jeder will so sein wie Steve Jobs.

In der Kultur der grenzenlosen Freiheit des männlichen Egos verkörpert niemand besser das Ideal des Technikgenies, Künstlers und Geschäftsmanns in einer Person als Steve Jobs. Er ist der Übervater in der Welt der Technologie. Er ist der Kapitän auf dem Schiff namens Zukunft. Er ist das Vorbild für alle anderen. Er ist Shakespeare, Da Vinci und Mozart in einer Person, und nicht nur das. Er ist der Klassenprimus, der Klügste, der Schönste, der Stärkste.

Ich könnte immer so weitermachen, aber ich muss mich fragen: Was soll das eigentlich? Wieso sollte jemand im Gewand eines Menschen auftreten wollen, der nichts weiter ist als ein Vertreter für einen Großkonzern? Und dann auch noch für einen Konzern, von dem bekannt ist, dass er durch absichtlich herbeigeführtes Veralten von Produkten Abfall und Kosten produziert, dass er Ungleichheit fördert durch miserable Arbeitsbedingungen in den Fabriken, dass er das Symbol schlechthin ist für nichtssagenden, ziellosen Fortschritt?

Nun ja, offensichtlich geht es dabei, wie Leon meinte, ums Prestige. Wenn du dieser Sprecher wärst, dann würde man definitiv dich für den Besten, den Klügsten, den Größten von allen halten.

Denn der Hype um die Start-ups ist der Hype um das männliche Ego. Tatsächlich habe ich in meiner ganzen Zeit in Berlin bisher gerade einmal ein oder zwei Start-ups gesehen, die von Frauen gegründet worden waren. In den USA waren mit Stand von 2017 ganze siebzehn Prozent der bis dahin bestehenden Technologiefirmen von Frauen gegründet worden. Das muss man sich einmal vorstellen: weniger als jede fünfte.[26] Dass auch die Angestellten größtenteils männlich waren, habe ich bereits erzählt.

Männer.

Könige. Götter. Väter. Männer.

Wir sind Eroberer. Wir haben den Weitblick.

Wir kommen, sehen und siegen.

Männer eben.

Jeder Turm ein Phallussymbol, Hauptsache, alle können ihn sehen.

Männer.

Vom Geld einmal abgesehen, ist Prestige der große Antrieb für Leute, die Führungspositionen in Start-ups innehaben. Die Chance, bekannt zu werden, als jemand gesehen zu werden, der der Welt die Zukunft nahebringt, als jemand, der mehr Weitblick besitzt, der die Dinge tiefer durchdringt – und letztlich als jemand, der als genialer Künstler gesehen wird, der vor allem eines kann: verkaufen, verkaufen, verkaufen.

Und natürlich sind mit hohem Prestige auch allerbeste Chancen verbunden. Wie Timo kann man sich als jemand positionieren, der so viel Talent hat, dass die ganzen Praktikantinnen gar nicht anders *können*, als mit ihm ins Bett zu gehen. Mein Freund Dave aus Amerika (das war der Freund, der für dieses Medizin-Start-up gearbeitet hat) hat mir erzählt, einer seiner Bosse hätte sich ganz gezielt dieser Firma angeschlossen, um die Sexmöglichkeiten, die sich ihm dort bieten würden, optimal auszuschöpfen: Der Typ gab sogar des Öfteren vor Kollegen im Pub damit an.

Der Mann mit dem großen Ego betritt unter heftigem Applaus die Bühne. Der Applaus dauert eine Minute. Zuletzt hebt er die Arme, um für Ruhe im Publikum zu sorgen. Er nähert sich dem Mikrofon. Und ganz ruhig, ganz nebenbei, sagt er: »Vielen Dank.« Das Publikum lacht: Wie kann ein so außergewöhnlicher, so visionärer Mensch so bescheiden sein? Und dann, im Dunkel der nun herrschenden Stille, hält er seine Rede, mal über Kunst, mal über Persönliches, mal über Technologie, aber immer geht es um Visionen und um Verkaufen.

Genau das ist es, wovon die Egos auf den Bühnen der FinTech- und wie sie nur alle heißen Konferenzen träumen: Auf der Bühne als Visionär anerkannt zu werden, von einer Zuhörerschar, die Tweets über sie in die Welt setzt, die sie zitiert, von Magazinen, die diese Person, diesen Mann als größtes Genie unserer Zeit feiern.

Diese Vision vom männlichen Genie auf dem Feld der Technologie zieht Start-up-Gründer und Manager in dieser Szene an wie das Licht die Motten. Die Körpersprache, das ganze Gehabe, ihre Art zu reden, alles dreht sich um diese Vision.

Doch was verbirgt sich hinter diesem äußeren Schein? Nichts! Oder Schlimmeres.

Sehen wir uns doch zum Beispiel jemanden wie Frank an. Es kam regelmäßig vor, dass er mich anschrie (mich und andere Leute im Team), wenn wir nicht genau das taten, was er wollte. Und der Clou: Er sagte uns gar nicht, was er wollte. Noch nicht einmal, wenn wir ihn darum baten. Da haben wir's: Er erwartete von uns, dass wir jederzeit auf seiner Wellenlänge lagen, aber natürlich enttäuschten wir regelmäßig seine Erwartungen – weil er uns ja nicht sagte, was diese Erwartungen waren. Wieder wurde uns erzählt, wir sollten selbstständig etwas auf die Beine stellen, und dann wurden wir bestraft, wenn wir etwas taten, das nicht den Erwartungen unserer Manager entsprach.

Einerseits ist es schlicht und einfach schlechtes Management, wenn dir jemand sagt, er wolle dir nicht jede Kleinigkeit vorschreiben, und dann bestraft er dich, wenn du es wagst, etwas in eigener Initiative zu unternehmen. Andererseits ist dieses Verhalten für mich Ausdruck eines psychischen Problems. Ich kann das natürlich nicht beweisen, aber bei Typen wie Felix, Timo und Frank – und selbst bei den Leuten im Vertrieb – hattest du immer das Gefühl, dass diese Männer dem Rest der Welt irgendetwas beweisen mussten. Die mussten dem Rest der Welt unbedingt gefallen. Die mussten dem Rest der Welt zeigen, dass sie »gut« und »klug« und »visionär« waren, dass sie »ihr Geld wert« waren. Sie waren zwar fachlich oft unsicher, konnten dies aber verbergen, indem sie Technologiefloskeln und Start-up-Sprech verwendeten. Und dadurch, dass sie das stereotype Techgenie gaben, konnten sie andere Leute fertigmachen. Wenn sie scheiterten, lag es nicht an ihrer Führungsschwäche und mangelnder Ausbildung, es lag an ihren Mitarbeitern, die einfach nicht kapierten, worauf es in der Welt der Technologie ankam. Wenn die Produkte voller Fehler waren und die Kunden sich ständig beschwerten, lag es nicht an schlechter Produktplanung, es lag nur daran, dass die Kunden die ihnen dargebotene Kunst nicht verstanden.

Und wenn sich Frauen oder Minderheiten oder Nichtheteros beschwerten, waren das nichts weiter als Querulanten, Unruhestifter, die die wunderbare Umgebung kaputtmachen wollten, die diese technischen Genies zu erzeugen versuchten.

Eitle Pfauen allesamt, die durchs Büro stolzierten und angaben, die so taten, als hätten sie ihre Arbeitslast, ihre Teams, ihre Projekte im Griff. Dabei machten sie am Ende nichts weiter, als ihr Gefieder zur Schau zu stellen, ohne zu erkennen, dass sie selbst der Kern des Problems waren.

Und weil die Unternehmen Abbilder dieser Männer waren, fühlten sich auch andere Männer veranlasst, sich ähnlich zu verhalten. Und sogar die Produkte selbst trugen den Stempel ihres Machocharakters. Die Art von Geschäften, die diese Typen aufbauten, schien besonders die Aufgabenbereiche und Tätigkeiten zu betreffen, die bis dahin von Frauen ausgefüllt worden waren. Als wollten sie versuchen, die Lücke zu füllen, die ihre Mütter in ihrem Leben hinterlassen hatten. Sie bauten Online-Dienste auf, die ihnen halfen, ihre Wohnung sauber zu halten, ihre Klamotten zu waschen, sie mit Essen zu versorgen oder gar sie zu trösten, wenn es ihnen nicht gut ging.

Ich hatte das auch schon zwei Jahre zuvor auf der Start-up-Messe gesehen – die Firmen dort schienen vor allem auf die Bedürfnisse von Männern zugeschnitten zu sein. Magazine und andere Medien transportierten nur zu gerne deren Sicht der Realität: Die Probleme der Welt warteten darauf, von Unternehmern (also von Männern) gelöst zu werden. Sie fragten niemals, ob denn die dabei entstandenen Unternehmen von irgendeinem Interesse oder Wert wären. Ob es denn wirklich Leute gab, die unbedingt jemanden brauchten, der zu ihnen ins Haus kam und beispielsweise die Wäsche für sie erledigte (auch das konnte man über eine App organisieren).

Dass Start-ups schlicht zu Projekten männlicher Eitelkeit werden konnten, zu Vehikeln der verletzten, bedürftigen Egos dieser ach so großartigen Männer, ist mir und vielen anderen schon seit langer, langer Zeit klar. Da laufen ein paar Typen herum, die nichts weiter im Sinn haben, als ihre Mitarbeiter, ihre Kunden und den Rest der Welt hinters Licht zu führen.[27]

Im Internet findest du jede Menge Geschichten über solche Kerle, über Start-ups mit ihren eigenen Miniaturausgaben von Steve Jobs, und jeder davon hielt sich für genial, erzählte allen anderen, was und wie sie es zu tun hatten, aber sie selbst hatten keine Ahnung von Produkten, Technik oder Unternehmensführung. Das Einzige, was sie hatten, war eine Vorstellung davon, wie sie selbst gerne gesehen werden wollten – und sie schoben alles und jeden beiseite, das dieses Image störte. Frauen, die nicht mit ihnen ins Bett gingen oder wenigstens mit ihnen flirteten, wurden an den Rand gedrängt. Minderheiten, die sich über die rassistischen Witze ihrer Vorgesetzten beschwerten, wurden niedergemacht. Und täglich wurden diese Männer dreister und wütender, weil sich der ersehnte Applaus einfach nicht einstellen wollte.

Elon Musk, der prominenteste Techguru der Gegenwart, ist ständig in der Presse. Er ist jemand, der verkaufen kann, der Ahnung von der Technologie hat, aber er ist auch ein kontroverser Charakter. Seit 2018 beschädigt er seinen eigenen Ruf und den Ruf seines Unternehmens durch sein befremdliches Online-Gebaren – in einem Podcast rauchte er einen Joint, einen Rettungshelfer bezeichnete er ohne jeden Beweis als pädophil. Und was noch wichtiger ist: Tesla, Musks Unternehmen, ist Gegenstand juristischer Untersuchungen geworden, weil es versucht haben soll, die gewerkschaftliche Organisierung einiger Mitarbeiter zu verhindern.[28] Dies zeigt deutlich, wie eng die Unternehmen und ihre Führungspersönlichkeiten miteinander verwoben sind: Zu dem Vorfall mit dem Rettungshelfer kam es, nachdem dieser Musk kritisiert hatte.

Und genau wie sein Gründer ist auch das Unternehmen Tesla auf Kampf eingestellt, wenn Arbeiter Kritik üben und ihre Rechte einfordern.

Frühjahr 2016: Alltag mit Frank

Nun fragt ihr euch bestimmt, wie ein typischer Arbeitstag mit Frank aussah.

Morgens kam er ins Büro, erzählte mir gut gelaunt irgendetwas, das er gesehen oder gelesen hatte, und fragte mich, was ich davon halte. Das war meist so etwas wie ein Video über irgendeine Firma mit immensem Produktionswert, aber mieser Außendarstellung.

Dann schickte er mir meistens eine Frage zum Thema Marketing. Er wollte wissen, woran ich gerade arbeitete. Ich sagte es ihm. Ich schrieb Texte für Werbematerialien, versuchte, Magazine anzusprechen und neue Ideen für die Marketingabteilung zu entwickeln. Einmal hatte ich beispielsweise die Idee, Glückskekse mit MyCashMate-Branding herstellen zu lassen, wobei wir die Sprüche für eine bestimmte Veranstaltung bearbeiten konnten. Ich verfasste die entsprechenden Texte.

Dann besprachen wir die neue digitale Marketingstrategie, an der wir gerade parallel zur eigentlichen Marketingabteilung arbeiteten und welche die Firma in die Lage versetzen sollte, neue und aufregende Ergebnisse zu kreieren. Das Ganze bestand im Grunde aus einer PowerPoint-Präsentation mit allerlei eindrucksvollen Grafiken, auf denen zu sehen war, wo wir standen und wohin die Reise gehen sollte, und war größtenteils heiße Luft. Aber genau für diese Dinge war Frank geholt worden. Schließlich war er der große strategische Kommunikator aus dem Silicon Valley.

Dann, kurz vor Feierabend, nahm er mich beiseite und fragte, wo auf dem Video, das er mir am Morgen gezeigt habe, meine Idee zu finden sei. »Ich verstehe nicht ganz, was du meinst«, sagte ich dann. Er sagte, er habe gewollt, dass ich eine Idee entwickle, und wieso ich das denn nicht getan hätte? Ich sagte ihm, er habe mir einfach nur ein Video gezeigt. Er wurde wütend und machte mich herunter, nur weil ich ihm widersprochen hatte.

So sah das grundsätzliche Muster unserer Zusammenarbeit aus. Ich erkannte schon früh, dass ich seine Sprache würde lernen müssen, seine Ausdrucksformen, dass ich Fragen stellen musste, die ihm nicht auf die Nerven gingen – genau wie ich es schon bei Timo hatte lernen müssen. Und das tat ich dann auch Tag für Tag, ich hörte ihm zu und schluckte meine eigene Frustration herunter. Aber irgendwie wurde mir etwas klar: Timo hatte es nicht fertiggebracht, irgendjemanden seinen eigenen Job erledigen zu lassen und musste sich in jede Kleinigkeit einmischen. Bei Frank wurde mir allmählich klar, dass er mich dazu brachte, seinen Job für ihn zu erledigen. Was ich noch ausführlicher darlegen werde.

Die Kaffeemaschine als Ausdruck männlicher Individualität

»Zu Hause habe ich eine sehr teure Kaffeemaschine«, sagte Frank. »Ich kann nicht einfach irgendwo meinen Kaffee trinken, es sei denn, ich bin in Südamerika, denn dort, in Brasilien, vor allem in manchen Kleinstädten, bekommst du wirklich einen gut gerösteten Kaffee. Ausgereiften Kaffee. Kaffee für Kenner. Hier in Berlin glaubt jeder bescheuerte Hipster, er kennt das Geheimnis guten Kaffees, bloß weil er weiß, wie man eine Blume auf den Cappuccinoschaum malt – ich trinke, nebenbei bemerkt, niemals Cappuccino. Aber es ist nun mal so, dass die Leute bloß auf die Ästhetik achten, aber nicht auf den Geschmack. Nein, ich habe mir eine Kaffeemaschine von einer sehr bekannten, exklusiven italienischen Firma gekauft. Sie ist eigentlich für Cafés und Restaurants gemacht, für einen ausgewachsenen Gaststättenbetrieb. Ich muss aber einfach sicher sein, dass bei meinem heimischen Kaffeekonsum die Qualität stimmt. Ich trinke hier in Deutschland oder in Europa keinen Kaffee, den ich nicht selbst gemacht habe, und dafür ist eben meine eigene Maschine am besten geeignet. Sie produziert extrem subtile Feinheiten in Geschmack und Konsistenz des Kaffees, die man mit der Zeit eben zu schätzen lernt. Gewöhnliche Leute würden derlei feine Unterschiede gar nicht erst wahrnehmen – Perlen vor die Säue, sozusagen. Nein, Kaffee ist der reine, der ultimative Genuss. Und nur ich selbst weiß, wie ich mir diesen Genuss bereiten kann.«

Seit ein paar Wochen hatte ich nun den Job bei MyCashMate, und ich ertrug Franks endlose Vorträge immer weniger. Ich tat mein Bestes, um ihm keinen Anlass für solche Reden zu bieten, sonst stand ich jedes Mal mit dem Rücken an der Wand und wartete darauf, dass sich eine passende Möglichkeit zur Unterbrechung ergab. Oder ich musste etwas erfinden wie: »Oh, entschuldige, da muss ich wirklich rangehen«, und einen nicht existierenden Anruf entgegennehmen.

So auch an diesem Tag.

Ich fragte Frank nie wieder, ob er einen Kaffee haben möchte.

Während ich mir meinen Billigkaffee zubereitete (Knopf drücken, keine speziellen Hebel betätigen, nicht diesen simplen Vorgang so behandeln, als säße ich im NASA-Kontrollraum am Steuerpult einer hochkomplexen Marssonde), versuchte ich, den Charakter dieses Typen zu durchschauen, wollte erkennen, welchen Einfluss Frank auf meine Arbeit, auf meinen Job hatte. Ich hatte in meiner Zeit bei Rivalchemy gelernt, wie es ist, ohne jede Struktur im Unternehmen einfach der Persönlichkeit des Chefs ausgeliefert zu sein, so wie man am Strand der Sonne ausgeliefert ist. Wenn du dich nicht schützt, holst du dir einen Sonnenbrand.

»He, Schwuchtelchen, wie lange brauchst du noch an der blöden Maschine?«, rief Dennis, der Manager der Vertriebsabteilung, der ungeduldig hinter mir stand, seine Bürotasse in der Hand.

»Voll der krasse Hetero, gelle?«, beliebte ich zu scherzen.

»Worauf du einen lassen kannst«, gab er zurück, gar nicht zu Scherzen aufgelegt. »Hundert pro hetero.«

Sommer 2016: Männeregos, wohin man schaut

Das Arbeiten mit Frank war schwierig, und ich hatte gelernt, erfolgreich mit ihm umzugehen, genauer: ihn erfolgreich zu umgehen. Ich war bei Weitem nicht der Einzige, der das schaffte. Überall in der Firma sah ich Leute meines Alters, die bereit und willens waren, Anweisungen entgegenzunehmen, die offen für konstruktive Kritik waren, um sich zu verbessern, und die auch in der Lage waren, effizient innerhalb der Betriebsabläufe zu arbeiten, die der Inkubator etabliert hatte. Doch auch diese Leute arbeiteten im Prinzip die meiste Zeit an ihrem Manager vorbei. Weil es nicht anders ging.

Mein Bild von Start-ups hat sich durch die Arbeit bei MyCashMate noch einmal deutlich erweitert. Ich hatte gedacht, immer und überall würde das totale Chaos regieren, aber MyCashMate schärfte meinen Blick. Das Problem hier war in erster Linie schlechtes Management durch Männer, die in Positionen befördert wurden, mit denen sie entweder nicht klarkamen oder die ihnen erlaubten, die Interessen der Firma mit Füßen zu treten.

Da war der Leiter des Kundenbetreuungsteams, Ulf aus Dresden, ebenfalls knapp vierzig. Er hatte ein Team von rund fünfzehn jungen Leuten unter sich, die den Kunden in jeder Hinsicht hilfreich zur Seite standen. Sie waren hauptsächlich mit der Bearbeitung von Kundenanfragen in verschiedenen Ländern beschäftigt. Von außen betrachtet schien es eine ganz fröhliche Truppe zu sein, unter Ulfs Regime waren sie jedoch seiner Arbeitszeit absolut unterworfen. Ulf kam morgens um acht Uhr und ging abends gegen acht Uhr (er machte Überstunden, um der Firmenleitung zu zeigen, dass er eine Gehaltserhöhung verdiente). Und um sicherzugehen, dass auch sein Team den Anschein von Leistung bot, verlangte er, dass alle so lange arbeiteten wie er. Es gab Geschichten über Druck, Mobbing und bisweilen auch die Androhung einer schlechten Beurteilung, über Empfehlungen, diesen oder jene zu feuern, falls er nicht mitzog. Das Absurde daran war, dass der telefonische Kundendienst offiziell gar keine zwölf Stunden pro Tag besetzt war: Das Team stand für die Kunden von neun bis achtzehn Uhr zur Verfügung. Dazu kam, dass aufgrund der unterschiedlichen Sprachen, die das Team bedienen musste (Deutsch, Englisch und Griechisch), auch noch verschiedene Zeitzonen in den Ländern der Kunden zu berücksichtigen waren. Folglich riefen Kunden aus Griechenland niemals nach sechzehn Uhr deutscher Zeit an. Trotzdem dachte Ulf nicht im Entferntesten daran, das Team auf der Basis dieser Daten einzuteilen – es ging nur darum, was er verlangte. Er strukturierte den Arbeitstag der Leute nach seinen Vorstellungen. Auf diese Weise vergeudete er Zeit, Talent und Ressourcen seines Teams und setzte sie auf weniger produktive Projekte an, etwa das Erfassen von Prozessen und Kundenhistorien (die das System ohnehin automatisch aufzeichnete). Aber schließlich musste er ihnen etwas zu tun geben. Logischerweise herrschte große Unzufriedenheit im Team (wir reden von dem Team, das für glückliche und zufriedene Kunden sorgen sollte), und viele verließen die Firma wieder. Um diesen Schwund aufzufangen, begann Ulf, genau jene Versprechungen zu machen, die ich schon bestens kannte: Dieses Unternehmen ist euer Unternehmen, ihr könnt es verändern, wenn ihr nur wollt, ihr könnt hier frei schalten und walten, ihr könnt euch selbst verwirklichen und euer Talent einbringen – ihr müsst einfach nur genau das tun, was ich sage.

Dann war da noch das Marketingteam, mit dem wir als PR-Abteilung einige Überschneidungen hatten, mit Abdul aus London als Leiter. Er litt unter einem anderen Problem. Er war weder Macho noch herrschsüchtig, dafür aber zutiefst unsicher. Das ist ein ernstes Problem und darf nicht kleingeredet werden. Er litt unter einer massiven psychosozialen Angststörung. Es war offensichtlich, wie sehr das Team unter seiner Unsicherheit litt, so wie kleine Kinder unter der Unsicherheit ihrer Eltern leiden. Abdul, aus England wie ich, freundete sich schnell mit mir an, wir gingen mehrmals in der Woche zusammen mittagessen. Diese Treffen verliefen grundsätzlich so, dass ein 41-jähriger Mann einen 27-jährigen eine Stunde lang ausfragte, wie er sein Leben in den Griff bekommen sollte. Er hatte Probleme mit seiner Frau, seinen Eltern, seinen Kindern. Ich versuchte, ihm klarzumachen, dass es sich um Probleme mit seiner eigenen Wahrnehmung handelte. Er fühlte sich immer zurückgesetzt (vielleicht hing es mit seiner Kindheit zusammen – keine Ahnung, ich bin kein Psychologe) und brauchte deshalb ständig Bestätigung. Er konnte keine schwierigen Entscheidungen treffen, weil er Angst hatte, etwas falsch zu machen. Er schob Dinge auf die lange Bank. Er konnte Feedback nicht ertragen, weil es eine Spirale von Ängsten und Selbstzweifeln bei ihm auslöste. Nachdem er einem seiner Teammitglieder eine Leistungsbeurteilung mitgeteilt hatte, ging er zu seinem Schreibtisch und warf seine (volle!) Kaffeetasse an die Wand. Das ganze Büro wandte sich schockiert um und starrte in seine Richtung. Es blieb ihm nichts übrig, als zu behaupten, die Tasse wäre ihm ausgerutscht (was natürlich keiner glaubte). Ich fragte ihn, was los war.

»Sam, du glaubst nicht, was sie gerade gesagt hat«, berichtete er. Wir waren nach draußen gegangen, um eine Runde spazieren zu gehen.

»Wer?«, fragte ich.

»Laura, da drin.«

»Laura, aus dem Marketingteam?«

»Ja. Wir haben ein Projekt abgeschlossen, Zeit fürs Feedback. Ich gab ihr ihre Leistungsbeurteilung, aber als ich sie um ihr Feedback bat, meinte sie, manchmal hätte sie den Eindruck, ich sei ein wenig desorganisiert in Sachen Aufgabenverteilung. Ich und desorganisiert! Ich bin so was von organisiert. Ich bringe Struktur in die ganze Scheißarbeit des kompletten Teams, Abend für Abend. Die sind so undankbar, alle miteinander. Alles Arschlöcher. Ich und desorganisiert? Mein Gott!«

Der Schweiß stand ihm auf der Stirn, ich konnte sehen, wie die Adern in seinen Schläfen pulsierten.

»Abdul, beruhige dich bitte mal«, sagte ich. »Mann, das haben wir doch schon mal besprochen. Bloß weil dir jemand eine konstruktive Rückmeldung gibt, heißt das nicht, dass er dich als Mensch und im Ganzen kritisieren will. Die sagen doch bloß, dass sie diesen einen Punkt gerne etwas durchdachter hätten. Und überhaupt, vergiss nicht, dass man es mit dem Grübeln auch übertreiben kann: Manchmal denkst du über Arbeit nach und denkst und denkst immer weiter und kannst gar nicht mehr aufhören. Das wirkt für dich dann so, als würdest du Aufgaben strukturieren, aber in Wirklichkeit grübelst du nur. Darüber haben wir doch schon mal gesprochen.«

Abdul schaffte es nicht, sich zu beruhigen. Er ging zurück ins Büro und behandelte sein ganzes Team eine Woche lang ganz furchtbar, ließ sie immer schwerer schuften, verlegte die Abgabetermine für ihre Projekte gleich um Wochen nach vorne. Das hielt er wohl für strukturierte Arbeit. Außerdem legte er der Firmenleitung nahe, Laura zu feuern, und sie wurde gefeuert.

Ich will mich nicht über seine Unsicherheit lustig machen oder ihn heruntermachen. Ich will einfach nur eine simple Tatsache aufzeigen: In Start-ups sind die Mitarbeiter den Launen ihrer Vorgesetzten schutzlos ausgeliefert. Und wie diese Vorgesetzten psychisch ticken, kontrolliert kein Mensch. Es sind tendenziell Männer, die andere Männer ermuntern, sich fies zu verhalten. Mit anderen Worten: Start-ups vergrößern die egozentrischen Tendenzen aller dieser Männer.

Und letztendlich wirkt sich das auch darauf aus, wie die Produkte gemacht und die betrieblichen Abläufe gestaltet werden.

Wenn beispielsweise dem Supermacho in der Produktionsleitung sein Ego wichtiger ist als das Produkt, um das es doch eigentlich gehen müsste, dann geht das natürlich auf Kosten der Produktivität und der Qualität des Produkts selbst.

Wenn Manager sprunghaft sind und keine Entscheidungen treffen können, erhalten Partner und Kunden widersprüchliche Botschaften.

Wenn Manager keine Kritik vertragen, hat das zur Folge, dass die Firma auf Feedback keinen Wert mehr legt oder kein Feedback von den Kunden berücksichtigt.

Ganz im Ernst: Aufgrund von Abduls Unfähigkeit, sich – die erbetenen! – Rückmeldungen seiner Teammitglieder auch nur anzuhören, stellte sich bei mir der vage Eindruck ein, dass er auch in seinen Marketingaussagen die Fragen oder Bedenken der Kunden zum Unternehmen in keiner Weise berücksichtigte.

Und dann war da noch Max, der Leiter der Entwicklungsabteilung. Der ließ sein Team jeden Morgen wortwörtlich antreten – alle Teammitglieder standen im Kreis und diskutierten ihre Aufgaben für den Tag. Die Idee dahinter war, dass die Teammitglieder auf diese Weise die Kollegen auf wichtige Dinge aufmerksam machen oder um Hilfe bitten konnten. Dieses Kurzmeeting, wie es auch in anderen Firmen üblich war und ist, sollte Kommunikation auf eine Weise anstoßen, die zu Problemlösung, Teambuilding und spontanen Arbeitsgruppen führen würde. Zumindest sollte es das Gefühl vermitteln, dass die zu leistende Arbeit nicht isoliert erledigt wurde, sondern vielmehr so, dass die Gruppe insgesamt etwas davon mitbekam – und im Notfall auch helfend zur Seite stand. Der Witz dabei war, dass man dabei eigentlich nur dann etwas hätte sagen sollen, wenn man etwas zu sagen hatte – wenn nicht, dann nicht. Max räumte damit auf. Er wollte, dass immer jeder etwas sagte. Er wollte, dass jeder im Team allen irgendetwas mitteilte. Er hielt es, aus welchem Grund auch immer, für besonders dynamische Teamarbeit, wenn jeder irgendetwas sagte und nicht nur die, die wirklich etwas Substanzielles beizusteuern hatten. Und er achtete darauf, dass das auch bei jedem Einzelnen ankam. Auf diese Weise verspürten alle den Druck, sich irgendetwas aus den Fingern saugen zu müssen. Deshalb wusste irgendwann keiner mehr, ob ein Problem wirklich ernsthafter Natur oder nur darauf zurückzuführen war, dass der oder die Betreffende eben irgendetwas sagen musste. Am Ende bekam niemand innerhalb des Teams schneller Hilfe, wenn er oder sie wirklich Hilfe brauchte. Der Sinn und Zweck dieser Meetings im Stehen hatte sich damit erledigt, aber Max verschafften sie immer noch das Gefühl, er trage Verantwortung für eine hochgradig dynamische Abteilung.

Max hatte auch die Vorliebe, aus der Arbeit eine Art Spiel zu machen. Er führte ein Whiteboard mit Tabellen für jeden einzelnen Mitarbeiter, der Name stand vor der jeweiligen Zeile. Wenn sie etwas Positives geleistet hatten, bekamen sie einen goldenen Stern. Etwas Negatives wurde durch einen schwarzen Punkt gekennzeichnet. Wer drei schwarze Punkte hinter seinem Namen stehen hatte, wurde gefeuert. Bei drei goldenen Sternen geschah überhaupt nichts. Aber die ganze Firma sah Tag für Tag diese Tafel, was einen immensen Druck auf die Mitarbeiter erzeugte.

Es kam, wie es kommen musste: Max verbreitete immer mehr Panik im Produktteam, entsprechend wurde das Produkt immer fehlerhafter, und im gleichen Maße häuften sich auch die schwarzen Punkte hinter den Namen.

Um es noch deutlicher zu sagen: Die Kunden und das Produkt sind zweitrangig, was in der Firma wirklich zählt, sind die Launen der Manager.

Start-up-Machos

Ich habe die Start-up-Welt schon mehrfach als eine Bühne beschrieben, auf der sich bestimmte Charaktere nur zu gerne austoben. Und wenn die meisten dieser Charaktere verunsicherte Männer sind, dann wird das Start-up über Konkurrenzdenken, über bestimmte Vorstellungen von Männlichkeit, von Leistung und Erfolg, diese Männlichkeit bis zur völligen Ungenießbarkeit aufblähen. Toxisches Machotum wird so zum beherrschenden Prinzip in Start-ups.

Da es sich überdies in der Regel um internationale Unternehmen handelt, die mit dem Problem zu kämpfen haben, dass einzelne Mitarbeiter die Kultur ihrer Kollegen nicht unmittelbar oder intuitiv verstehen (schon allein deshalb, weil viele Mitarbeiter nicht in ihrer Muttersprache, sondern in der globalen Zweitsprache Englisch kommunizieren), suchen die Leute nach dem einen verbindenden Element – und das ist, da, wie bereits erwähnt, vor allem Männer in Start-ups arbeiten: Männlichkeit. Und so läuft es im Prinzip überall: unverschämtes Verhalten gegenüber Frauen, herablassende Witze über Minderheiten, Verächtlichmachung von Homosexualität und generell ein primitives Verhalten und die Erzeugung einer unappetitlichen Arbeitsatmosphäre.

Bin ich eine Lusche? Verstehe ich keinen Spaß? Vielleicht. Aber wir schreiben inzwischen immerhin das 21. Jahrhundert: Wir sollten kein Arbeitsumfeld tolerieren, in dem Menschen, die nicht weiß und/oder männlich sind, das Gefühl gegeben wird, als Aussätzige oder Minderwertige behandelt zu werden, nur weil irgendwelche Idioten von Männern meinen, nur so miteinander klarkommen zu können, oder warum auch immer. Kaum zu fassen, dass ich das überhaupt schreiben muss, aber es ist leider so. Frauen sollten nicht das Gefühl haben müssen, am Arbeitsplatz (oder in der Gesellschaft) weniger wert zu sein, Minderheiten sollten nicht wegen ihrer Hautfarbe (oder Religion) herabgewürdigt werden dürfen, und, meine Güte, es macht mich wütend, das schreiben zu müssen, niemand sollte sich wegen seiner oder ihrer Sexualität ausgegrenzt, einsam, traurig oder anders als die anderen fühlen müssen.

Meine Güte! LERNT DOCH EINFACH, SPASS ZU VERSTEHEN!

Wie bitte?

Nein. Sexismus und Rassismus und Homophobie (und auch die Diskriminierung von Älteren oder Behinderten und andere Vorurteile) sind der Punkt, an dem eine seit jeher dominante Gruppe innerhalb einer Gesellschaft ihren historisch begründeten Vorteil ausnutzt, um einen historisch weniger dominanten Teil der Gesellschaft zu entmachten, und sei es auch nur auf subtile oder nicht unmittelbar offenkundige Weise. Das kann ein gewalttätiger Angriff sein: Ein Schwuler wird nachts auf dem Heimweg verprügelt. Es kann auch nur ein Wort sein, wenn ein Schwarzer in Amerika von einem wütenden Kunden mit dem N-Wort beleidigt wird. Oder es kann etwas noch weniger Sichtbares sein, wenn eine Frau für die gleiche Arbeit im gleichen Unternehmen weniger Gehalt bekommt als ein Mann. In all diesen Fällen wird nicht nur irgendjemand nicht ernst genommen, nein, seine oder ihre Menschenwürde wird vollkommen missachtet, die Leute werden erniedrigt. Witze reißen, Fäuste schwingen, Ideen ignorieren, ungerechte Bezahlung – das alles sind im Grunde nichts anderes als bestimmte Ausdrucksformen von: DU ZÄHLST NICHT, UND DENK IMMER DARAN: ICH KANN DAS MIT DIR MACHEN, WEIL DU ABSOLUT NICHT ZÄHLST.

Start-ups sind toxisch. Sie sind rassistisch, sexistisch, homophob – und die Unternehmenskultur ist derart voll davon, dass es unmöglich wird, zwischen diesen Missständen und der eigentlichen Arbeit des Start-ups zu differenzieren. Und sie sind schon schlicht deshalb toxisch, weil die Männer sich das ungestraft erlauben können, und sie wissen, dass sie es können. All diese Dinge sind leider in unserer Gesellschaft sehr präsent, aber in Start-ups steigert sich das Ganze in einem unnatürlichen, ungerechten und unerträglichen Maß.

Sexismus live

Frauen werden am Arbeitsplatz nach wie vor an den Rand gedrängt. Auch wenn Frauen in den Industriestaaten enorme Fortschritte erzielt haben und auch wenn in Schwellenländern Frauen beginnen, immer besser in die traditionelle, patriarchal geprägte Arbeiterschaft vorzudringen: Frauen werden am Arbeitsplatz noch immer benachteiligt und in Start-ups ganz besonders. Das geschieht auf ganz unterschiedlichen Ebenen: bei der Bezahlung, beim Nicht-ernst-Nehmen, beim professionellen Umgang im Allgemeinen oder auch auf der Ebene von »Gib mir deine Handynummer, oder du bist gefeuert.«

Auch in der Werbeagentur in London existierten Sexismus und *Machismo*. Die Typen in der Chefetage waren Angeber, machten abfällige Kommentare über neu eingestellte weibliche Mitarbeiter und sagten den Frauen in der Firma, sie sollten sich für die Büroparty möglichst sexy anziehen. Das war falsch und hätte nicht passieren dürfen. Aber: Es gab ernsthafte Bemühungen, dafür zu sorgen, dass die Firma als Arbeitgeber auf Chancengleichheit achtete. Und es war eines der ersten Unternehmen in der Werbebranche überhaupt, das seine Gehaltsstrukturen transparent machte.

Wir jüngeren Mitarbeiter waren in Zeiten groß geworden, in denen Frauen in leitenden Positionen normal waren, es war normal für Frauen, prominente Führungsfiguren zu sein. Wir fanden es kein bisschen seltsam, Frauen als Professoren oder Manager zu haben. Ich gebe aber zu, wir taten nicht genug, um mit dem noch immer präsenten alten Stil und den frauenfeindlichen Witzen der älteren männlichen Kollegen aufzuräumen. Es schien uns einfach okay zu sein: Comedians redeten schließlich auch ständig über die Unterschiede zwischen Männern und Frauen, und wir hielten das eben für normal.

Erst in Berlin verstand ich, wie Sexismus wirklich funktioniert und wie auch ich selbst meine Rolle dabei spielte. Meine Mitbewohnerin Ilse, die in diversen linken politischen Gruppen aktiv war, forderte mich auf, mir über meine eigenen Vorurteile Gedanken zu machen und über meinen Beitrag zu einer Welt, in der ich, wenn auch stillschweigend, von meinem Status als Mann profitiere.

Nun gut:

- Ich habe nie in Erwägung gezogen, dass ich einen Job wegen meines Geschlechts nicht bekommen könnte.
- Ich musste bei Meetings nie darüber nachdenken, welchem Geschlecht ich angehöre und ob ich vielleicht deswegen weniger ernst genommen werde.
- Ich wurde am Arbeitsplatz niemals wegen meines Geschlechts in unangemessener Weise angesprochen.
- Die Leute hören zu, wenn ich rede.

Ich will damit Folgendes sagen: Um Sexismus zu verstehen, musste ich erst einmal verstehen, inwiefern ich selbst davon profitiere und dazu beitrage. Und da war mir so einiges entgangen. Ich ließ zu viel durchgehen. Ich war ein Teil davon.

Meine Neuerziehung schaltete gleich mehrere Gänge hoch, als ich in die Start-up-Welt kam. Bei Rivalchemy bekam ich mit, wie in den Vertriebsteams über Frauen geredet wurde (Miststück, Schlampe, Nutte). Ich wurde von den Vertriebsleuten, die das für witzig hielten, zu Partys mit Pornostars und Prostituierten eingeladen. Ich erlebte, wie sich Frauen entweder zu einem von allen respektierten Status aufschwingen konnten wie Antonia (durch typisches Machoverhalten) oder wie sie auf unerträgliche Weise verunglimpft wurden (wie Claudine). Und natürlich erlebte ich, wie Frauen als reine Sexobjekte behandelt wurden, am Arbeitsplatz und auf Partys. Arme wurden um Schultern gelegt, Frauen von Männern an sich gezogen, deren Nähe sie ganz offenkundig nicht haben wollten. Ich sah Hände, die Hintern tätschelten oder zwickten – und Schlimmeres. Ich sah, wie diese Typen Frauen aufforderten, mit zu ihnen nach Hause zu kommen oder sich ein wenig aufreizender anzuziehen. Und wie sie ihnen sagten, sie sollten einfach die Schnauze halten, wenn sich Männer unterhielten.

Und es gab unter den Mitarbeitern von MyCashMate noch ganz andere Dinge. Dennis, der Vertriebsleiter aus Holland, schickte am Wochenende seine Drohne an den Badesee und machte Aufnahmen von Frauen im Badeanzug – oder nackt. Die Fotos teilte er dann mit den Kollegen in der Firma. Nicht mit mir, wohlgemerkt, zum Glück war ich in seinen Augen eine »Schwuchtel«.

Claudine war natürlich das Paradebeispiel eines Opfers von Belästigung und Missbrauch. Sie konnte nicht zur Arbeit gehen, ohne dass ihr Boss Sex von ihr verlangt hätte. Man stelle sich das einmal vor. Man stelle sich vor, wie unglaublich wütend einen das machen muss.

Aber diesmal war ich wild entschlossen, etwas dagegen zu tun. Selbst wenn es misslang oder ich mich dumm dabei anstellte, wusste ich, dass ich aktiv werden musste, wenn ich derlei Verhalten aus der Firma verbannen wollte.

Und macht euch keine Sorgen: MyCashMate bot reichlich Gelegenheit, gegen Sexismus vorzugehen, beiläufigen ebenso wie strukturellen.

Beiläufiger Sexismus: ein Witz

> Frauen sind dumm.
> Frauen können nicht programmieren.
> Frauen sollten von Männerarbeit die Finger lassen.
> Hey Mädel, ab in die Küche! Bleib vom Computer weg!
> Hey! Hey! Drinks hierher. An die Schreibtische, hopp, hopp!
> Aber nicht zu schnell weggehen, ich will deinen Hintern sehen!

Man kann sich nur wundern. Manche Männer pflegen noch immer diesen eigenartigen Humor. Vielleicht als Ersatz für richtigen Humor, und natürlich verschafft ihnen die Erniedrigung von Frauen ein besseres Gefühl – und die Solidarität anderer Männer.

Immer wenn ich solche Formen beiläufigen Sexismus nun bei MyCashMate erlebte, schritt ich dagegen ein. Ich versuchte, für die Frauen Partei zu ergreifen und dem Typen zu sagen, er solle sich nicht wie ein komplettes Arschloch aufführen. Das Ergebnis? Sie nannten mich einen Schlappschwanz, eine Schwuchtel, aber das ist schon okay. Wenn die Leute so reagierten, wusste ich, dass die Botschaft angekommen war. Die Solidarität galt nicht dem Mann, sondern der Frau.

Dieses beiläufige Herabsetzen und Erniedrigen von Frauen hat eine sehr ernste Funktion: Die Frauen sollen unten gehalten werden, sie sollen nicht erfolgreich sein können, die Männer in den Start-ups wollen sich selbst gut und stark und mächtig fühlen. Sie wollen, dass sich Talent durchsetzt – und zwar Talent, mit dem sie gut zurechtkommen, und das heißt in aller Regel: Männer.

Das ist Sexismus pur.

Und das ist der Witz bei dem Ganzen: Dadurch, dass Start-ups neue, junge Firmen sind, ohne bewährte Strukturen, die gewährleisten, dass sich die Leute professionell benehmen, kann eine Kultur des Sexismus fast ungehindert entstehen.

Sexismus am Arbeitsplatz: Lydia

Lydia und ich freundeten uns bei MyCashMate an. Unsere Arbeitsplätze lagen nahe beieinander, und wir unterhielten uns oft, während das Chaos um uns herum, mit seinen schwarzen Punkten und goldenen Sternen, immer mehr außer Kontrolle geriet.

Eines Tages bat ich sie, mir von ihren Erfahrungen mit Sexismus zu erzählen. Ich wollte verstehen, was Frauen in Start-ups durchmachen. Sie schrieb mir die folgende E-Mail:

Bevor ich bei MyCashMate anfing, arbeitete ich bei einer Bank. Ich hatte einen Job als Entwicklerin, wo ich eine Menge Respekt erfuhr. Hinter meinem Rücken waren die Männer dort zweifellos sexistisch, aber zumindest rissen sie ihre Witze nicht, wenn ich dabei war.

In den Start-ups sah das Leben anders aus. Ich war zuerst bei einer anderen Firma, ebenfalls als Entwicklerin.

Gleich in meiner ersten Woche musste ich feststellen, dass mein Chef, natürlich männlich, mich nicht ernst nahm und mich vor den männlichen Kollegen heruntermachte. Er sagte zum Beispiel, »Okay, wir nehmen deinen Vorschlag mal auf, aber jetzt gehst du besser in die Küche und machst uns einen Kaffee.« Das war in der ersten Woche!

Ich bereute es, den Job überhaupt angenommen zu haben, und wollte wieder gehen. Die Entscheidung wurde mir eines Tages sozusagen abgenommen. Ich tippte meinem Chef auf die Schulter, um seine Aufmerksamkeit zu bekommen. (Ich stand hinter ihm, und wenn ich ihn mit Namen anredete, reagierte er nicht mehr darauf.) Er packte mich am Arm, bog ihn zur Seite und schrie mich an: »Fass mich bloß nicht an, blöde Schlampe!«

Ich ging zur Personalabteilung, aber die sagten mir, da könnten sie nichts für mich tun, der Typ sei für die Firma zu wichtig. Ich kündigte und fand den Job bei MyCashMate.

Ich bin jetzt seit einem Jahr hier und überlege, ob ich kündige. Als Entwicklerin hat man es schwer in Start-ups. Einerseits habe ich hier die Möglichkeit, eine Menge Erfahrung zu sammeln. Andererseits ist es als Frau unmöglich, dort vernünftig zu arbeiten.

Es gibt viele Inder im Entwicklerteam. Und das soll jetzt nicht rassistisch klingen – es ist einfach eine Tatsache: Wenn ich etwas vorschlage, diskutieren sie es manchmal auf Hindi – ich kann die Sprache nicht. Ich muss ihnen sagen, sie sollen bitte Deutsch oder Englisch sprechen. Das tun sie dann auch, aber ich bekomme regelmäßig mit, dass sie kein Hindi sprechen, wenn ein männlicher Kollege etwas vorschlägt. Nur bei mir. Logischerweise habe ich da den Verdacht, dass sie über mich reden. Ich weiß, das klingt rassistisch, gerade jetzt, mit Brexit und Trump und AfD und was weiß ich. Ich habe nur den Eindruck, dass Männer immer Wege finden, dich auszuschließen, dabei merken sie es selbst manchmal gar nicht.

Und die Typen in der Firma reißen ständig die übelsten sexistischen Witze. Ich könnte das Spiel mitspielen und mich genauso bescheuert benehmen – das würde das Leben leichter machen, aber ich weigere mich. Also bin ich für die Typen vom Vertrieb nur noch »Lydia, die Lusche« und »Lydia, die Lesbe«. Letzteres meinen sie als Beleidigung, aber ich weigere mich, es als Beleidigung zu nehmen. Was für ein bescheuerter Haufen von Macho-Arschlöchern.

Manchmal merkte ich, dass sie mich ernst nehmen, wenn ich Make-up trage. Ich beschloss, es öfter zu probieren, obwohl ich mich bisher das ganze Leben noch nie geschminkt habe. Genau genommen war es eine aus dem Büromanagement, die mir das erzählt hat. Sobald du 'nen kurzen Rock anziehst, nehmen sie dich ernst. Also sagte ich mir: Make-up ja, Minirock nein.

Aber letztendlich bist du als Frau in dieser Firma einfach ganz übel dran. Ewig diese sexistischen Witze, diese dummen Sprüche, der Ärger. Sobald du das Büro verlässt, ist Berlin eine Stadt, in der du für voll genommen wirst – aber hier drin löst sich Feminismus in Wohlgefallen auf. Sorry, aber hier gibt's echt keine Spur davon.

Warum? Ganz einfach: Start-ups sind für Männer gemacht. Männer glauben nicht, dass Frauen es draufhaben. Es geht nur um das männliche Ego. Ich arbeite hier mit einem Designer zusammen, er heißt William und ist aus Kanada. Bei einem Projekt hat er meine Vorschläge vollkommen ignoriert. Eines Tages dann sagte er, es tue ihm leid, und ich hätte gute Ideen. Warum? Weil Max, der Produktionsleiter, ihm gesagt hatte, er solle auf mich hören. Auf einen Mann hört er also, aber von sich aus auf eine Frau zu hören, das bringt sein Ego nicht fertig.

Ich kündige. Ich werde hier nicht noch mehr Zeit verschwenden, hier nicht und in keinem anderen Start-up. Ich suche mir einen Job, bei dem es vielleicht nicht so innovativ zugeht, aber dafür anständiger.

Lydias Einschätzungen erwiesen sich als absolut korrekt – und die Vorurteile gegenüber Frauen viel weiter verbreitet, als irgendjemand gedacht hatte. James Damore wurde Mitte 2017 von Google gefeuert, weil er ein Dokument unter dem Titel »Google's Ideological Echo Chamber« im Unternehmen verbreitet hatte. Darin argumentierte er, Männer seien für datengestützte Aufgaben biologisch besser geeignet als Frauen. Seine Vorstellungen dürften die Art und Weise beeinflusst haben, wie er und andere im Google-Konzern arbeiten.

Es war vollkommen richtig, dass er gefeuert wurde.

Frühsommer 2016: Nicht ganz so beiläufiger Sexismus

Bei meiner ersten MyCashMate-Party gingen wir in ein bayrisches Brauhaus in Berlin-Mitte.

Wir hatten gegessen und getrunken (die Jungs zerdepperten nur so zum Spaß Biergläser, übergossen sich gegenseitig mit Bier und grölten herum, was für tolle Arbeit sie doch leisten würden), für die Kolleginnen hatten sie Dirndl organisiert. Die Firmengründer forderten die Frauen auf (es gab nur eine Handvoll weiblicher Angestellte), sich auf der Toilette umzuziehen, damit das Ganze etwas bayrischer wirkte. Die Frauen, die die Atmosphäre genossen und auch nicht mehr ganz nüchtern waren, spielten mit.

Als sie zurückkamen, legte das Brauhaus Musik auf, und die Jungs (nur zur Klarstellung: Ich rede von vierzig erwachsenen Männern) umringten die Frauen und forderten sie auf zu tanzen. Es gab jede Menge sexuell aufgeladene Tänze, und die Männer redeten darüber, mit welchen der Mädels sie ins Bett gehen würden.

Ich ging zum Firmengründer und sagte ihm, das gehe zu weit. Der antwortete: »Hey, jetzt krieg dich gefälligst wieder ein. Den Mädels gefällt's doch.«

Das ist also die übliche Reaktion auf den ganzen Sexismus: Die Frauen sind selbst schuld. Sie wollen das doch. Sie ziehen sich so an, sie lächeln beim Tanzen, also müssen sie total gut drauf sein. Dass hier Alkohol und eine Art Gruppeneuphorie im Spiel waren, schien ihn nicht zu interessieren. Und dass die Frauen sich am nächsten Morgen vielleicht missbraucht und angewidert angesichts der ganzen Sache fühlen würden, schon gar nicht. Und jetzt ratet mal, was passierte. Die Frauen erlebten genau dies (sie haben es mir erzählt). Und dann? Genau: Den Jungs war's egal.

Und dann geht es auch um das berufliche Ansehen. Frauen kommen in solchen Unternehmen auf eine Weise in einen Ruf, wie das bei Männern nicht der Fall ist. Ich habe vielleicht als Spielverderber gegolten oder als einer, der nicht mitspielt, wenn andere einen Kollegen »einfach nur so« als Schwuchtel bezeichnen oder Frauen erniedrigen, aber das Seltsame ist: Als Frau gerätst du viel leichter in einen negativen Ruf, im sexuellen Sinn. Ein Mann konnte immer noch ein toller Verkäufer sein, ein Spitzenprogrammierer, ein großartiger Manager – eine Frau dagegen war entweder eine nervige Emanze (wenn sie sich weigerte, mit den männlichen Kollegen ins Bett zu gehen) oder eine Schlampe (wenn sie mitmachte).

Hannah, der ich aus der Zeit bei Rivalchemy noch immer ein wenig nachhing, war ironischerweise vor diesen Unterstellungen bei Rivalchemy dadurch geschützt, dass sie die Freundin des Chefs wurde. Keiner nannte sie eine Schlampe, keiner nannte sie nervig (was gerade von Felix durchaus zu erwarten gewesen wäre, wäre sie nicht seine Freundin gewesen). Aber natürlich wurden ihr Ansehen und ihre Sicherheit nur durch die Autorität des Mannes geschützt, mit dem sie zusammen war. Tatsächlich hat man ihr mehrmals vorgeworfen, sich durch die Beziehung mit Felix einen reichen Kerl geangelt zu haben. Und Felix selbst? Der wurde als Eroberer gefeiert. Ein talentierter Profi, ein toller Hecht, der sich eine zehn Jahre jüngere Freundin geangelt hatte.

Sex klebt an Frauen in Start-ups wie Farbe an der Wand. Theoretisch ließe sich schon beides voneinander trennen, aber was soll die Mühe, die Farbe von der Wand zu kratzen, allein schon der technische Aufwand! Die Frauen müssen alles Menschenmögliche tun, damit die Dinge im professionellen Rahmen bleiben – und wenn doch etwas vorfällt, sind sie es, die die Notbremse ziehen müssen. Sexuelle Belästigung in Start-ups ist real, sie ist ein echtes Problem. Aber erst mein Gespräch mit Claudine, Anfang 2015 in jenem Café in Kreuzberg, als sie mir erzählte, wie sie von Felix ständig bedrängt worden war, machte mir das ganze Ausmaß dessen erst wirklich bewusst. Die Kündigung war für sie der einzige Ausweg gewesen.

Doch warum lassen sich Frauen das gefallen? Weil in Start-ups die Männer das Heft in der Hand haben. Sie sind von Männern umgeben, die es genauso machen und die anderen noch ermutigen.

Eine Spielwiese für Rassismus

Ganz ehrlich jetzt – *Hautfarbe:* Was könnte alberner sein, als jemanden ausgerechnet danach zu beurteilen? Aber natürlich muss ich hier erst einmal wieder auf meine eigene, privilegierte Stellung verweisen. Mir als Weißem (und noch dazu männlich) ist es nie widerfahren, dass jemand meine Intelligenz wegen meiner Hautfarbe in Zweifel gezogen hätte. Niemals wurde ich wegen meiner Hautfarbe bei einem Meeting nicht ernst genommen. Niemals ist mir wegen meiner Hautfarbe ein Ladendetektiv quer durch ein Geschäft gefolgt. Und nie hat die Polizei oder die Security am Flughafen oder irgendeine andere Autoritätsperson wegen meiner Hautfarbe ein besonders wachsames Auge auf mich geworfen. Keine Institution dieser Welt hat mich jemals wegen meiner Hautfarbe in irgendeiner Weise daran gehindert, einen Job zu bekommen oder ein Formular auszufüllen.

Das wurde mir jedoch erst bewusst, als ich mich regelrecht dazu zwang, darüber nachzudenken, inwiefern ich von einer Welt voller Rassismus profitiere. Erst da begriff ich, dass ich dieser Welt etwas entgegensetzen musste und muss.

Ich will es einmal ganz schlicht und direkt ausdrücken: Die Welt der Start-ups ist rassistisch. Zutiefst rassistisch. Noch in jeder Firma, bei der ich gearbeitet habe, noch bei jeder Veranstaltung, an der ich teilgenommen habe, ist irgendwann jemand in herausgehobener Position aufgetaucht und hat etwas derart Beschämendes und aus der Zeit Gefallenes gesagt oder getan, dass selbst Rudyard Kipling sein chauvinistischer Nationalismus im Halse stecken geblieben wäre.

Aber wenn ich sage, die Szene ist zutiefst rassistisch, soll das nicht heißen, sie wäre *gewalttätig* oder in irgendeiner Weise vergleichbar mit dem Rassismus und den Vorurteilen der Vergangenheit. Und dennoch ist und bleibt sie zutiefst rassistisch. Wenn Start-ups eine Spielwiese für weiße, heterosexuelle Männer sind, dann sind, wenn du nicht mindestens einer dieser Kategorien angehörst, deine Chancen, es in der Start-up-Welt weit zu bringen, sehr überschaubar.

Ich bat meinen Freund Manish, der als dunkelhäutiger Brite bei MyCashMate arbeitete, um seine Einschätzung.

> *Der Rassismus hier ist eine tagtägliche Beleidigung deiner Intelligenz. Ohne jeden Grund lassen die Leute auf der Arbeit blöde Sprüche über das Essen oder die Geschichte vom Stapel und erkennen oder verstehen nicht, wie dumm sie sind oder wie verletzend diese Kommentare sind.*
>
> *Und dann gibt es da noch ein ganz anderes, beunruhigendes Gefühl: Verdiene ich weniger als meine weißen Kollegen? Antworten die Leute auf meine E-Mails oder löschen sie sie sofort, wenn sie meinen exotischen Absendernamen sehen? Werde ich in meiner Karriere behindert, ohne dass ich es mitbekomme?*
>
> *Als ich zur Firma kam, unterhielt ich mich beim Mittagessen mit Malcolm. Er wollte über nichts anderes reden als über die Flüchtlingskrise. Weißt du, was der gesagt hat? Er sagte: ›Diese Leute zerstören Europa mit ihrer fremden Kultur.‹ Der Typ leitet unsere Firma und findet nichts dabei, so etwas einem Menschen mit dunkler Hautfarbe ins Gesicht zu sagen. Er sieht nicht, dass die Leute zuerst einmal einfach nur Menschen sind. Er sieht bloß die Unterschiede und ist ganz besessen davon.*
>
> *Wenn sie Daten zur Erfassung nach Indien schicken, ist das pure Routinearbeit, richtig? Sie wollen das nicht selbst erledigen, es ist ihnen zu monoton. Weißt du, wie*

die im Vertriebsteam das nennen? »Den Kulis was zu schaffen geben« nennen die das. Kulis. Scheiße, kannst du dir das vorstellen? Diese dreckige Beleidigung aus der Kolonialzeit für indische Diener, und das hier, in Berlin – in der Stadt, in der einst Adolf Hitler seine Reden geschwungen hat.

Es kotzt mich an.

Die Bullshit-Kultur

Wie bereits erwähnt, tut die Firma ihr Möglichstes, damit eine heterogene Gruppe von Leuten zusammenarbeitet, die nichts weiter als gemeinsame Basis haben als die englische Sprache und die Tatsache, dass alle für die gleiche Firma arbeiten. Das Unternehmen versucht geradezu, eine »Vision« zu schaffen – die tatsächliche Unternehmenskultur wächst aber um die Leute herum, die hier arbeiten, ihre Interaktionen, ihre Ideen und so weiter. Und einer der offenkundigsten Unterschiede zwischen den Leuten liegt in ihrer Herkunft und ihrem Aussehen.

Es bilden sich verschiedene Gruppen, unverbindlich, nicht ganz ernst gemeint. Die Holländer essen zusammen mit den Holländern, die Spanier spielen Tischkicker mit den Spaniern, die Briten futtern ihre Sandwiches und nörgeln zusammen herum, die Deutschen hängen immer mit den Deutschen herum. Natürlich findet auch Austausch statt, aber das passiert ziemlich gekünstelt, unbeholfen. Und auch auf ziemlich vorhersehbare Weise. »Oh, hey, Hombres, Zeit fürs Lunch? Aber noch nicht für die Siesta, oder?«, solche Sachen. Aber bloß weil Weiße einander immer auf der Basis irgendwelcher Stereotypen sehen, ist das noch lange kein Rassismus. Nein, der Rassismus kommt ins Spiel, wenn diese Haltung gegenüber Leuten anderer Hautfarbe zelebriert wird, das ist eine ganz andere Ebene.

»Hey, Nigga, was geht?«, sagte Bert, der Vertriebsmanager aus Holland zu Ramoth, dem Senior Growth Manager aus Simbabwe.

»Oh, hey«, gab Ramoth verlegen zurück und senkte den Blick.

»Hey, Bert«, sagte ich, »sag dieses Wort nicht, Mann.«

»Jetzt krieg dich mal wieder ein, Schwuchti«, sagte Bert. »Meine Güte, Ram stört sich nicht dran, was hast du für ein Problem?«

Und Bert stürmte aus dem Büro.

Ramoth bedankte sich bei mir, dass ich etwas gesagt hatte. Aber warum hatte er nicht selbst reagiert?

»O Mann, das meinst du nicht im Ernst, oder? Selbst wenn du in der Hierarchie über jemandem stehst, schützt dich das nicht. Es ist so ermüdend. Stell dir vor, du musst deinen Job erledigt bekommen – das ist schon anstrengend genug. Und dann hast du mit Leuten zu tun, die den ganzen Tag solche Sprüche ablassen – über deine Stimme, deine Hautfarbe, deine geistigen Fähigkeiten. Stell dir mal vor, wie ermüdend das dann ist. Ganz ehrlich, du willst nicht auch noch jedem mit dem erhobenen Zeigefinger kommen, sonst kriegst du in deinem Job überhaupt nichts mehr geregelt.«

Dennoch: Ramoth war von Berts Spruch zutiefst verletzt – auch wenn der es nur im Scherz gemeint hatte. Und das ist nur zu verständlich – Sprüche dieser Sorte haben eine widerwärtige Geschichte.

Aber der Rassismus in diesen Unternehmen geht noch viel tiefer. Bei Rivalchemy gab es ein oder zwei Leute dunkler Hautfarbe, beide im Entwicklerteam. Sie wurden innerhalb des Teams wie ganz normale Kollegen behandelt – solange kein Alkohol im Spiel war. Bei einer Party jedoch betrank sich Bruno, ein Businessanalyst aus Spanien, derart, dass er die beiden lautstark als seine Sklaven bezeichnete, die ihm gefälligst etwas zu trinken holen sollten. Die Chefs hörten das, unternahmen nichts und lachten sogar noch darüber.

Als ich mich ihnen gegenüber beschwerte, sie hätten einschreiten müssen, meinten sie nur, ich solle mich nicht so anstellen.

Auch der Rassismus bei MyCashMate nahm noch ganz andere Ausmaße an. An einem Abend, als wir nach der Arbeit noch etwas trinken gingen, war eine Gruppe von uns in einer trendigen Bar in Berlin-Mitte. Dennis, ein Typ aus dem Vertriebsteam (wieso bloß immer das Vertriebsteam?), hielt es für angebracht – besoffen, wie er war –, Ashok, dem Programmierer aus Südindien, der ebenfalls dabei war, einmal ordentlich die Meinung zu geigen.

»Weißt du, Ashok, es ist einfach so, die Weißen stehen oben, und du und die Schwarzen, ihr steht ganz unten. Es ist wie eine Pyramide. Die Weißen an der Spitze, alle anderen Rassen darunter.«

Er meinte das ernst. Er redete über die Niederlande und Geert Wilders, den international bekannten Rechtspopulisten und lautstarken Anführer der – was für eine Ironie – »Partij voor de Vrijheid – Partei für die Freiheit«. Er redete davon, wie recht doch dieser Wilders hatte.

Die Leute lachten bloß – und wieder versuchte ich, diesem Idioten etwas entgegenzusetzen, und wieder wurde ich als Schwuchtel oder was weiß ich beschimpft. Ich nahm Ashok zur Seite und riet ihm, am Montag zur Firmenleitung zu gehen, ich würde ihm sehr gerne Rückendeckung geben, damit Dennis abgemahnt oder gefeuert würde. Solche

Vorstellungen und Sprüche haben meiner Meinung nach im 21. Jahrhundert nichts mehr verloren.

Ashok nickte.

Am Montag kam Malcolm, einer der Gründer von MyCashMate, an meinen Schreibtisch und bat mich, mit ihm aus dem Büro zu gehen. Schon im Foyer, in der Nähe der Aufzüge, fragte er mich, was los sei. Ich sagte es ihm. Er nickte, schien zu verstehen. Dann legte er mir die Hand auf die Schulter und sagte, er würde sich darum kümmern.

Ich ging wieder an die Arbeit und schrieb Ashok eine Mail mit einem Smiley. Er antwortete mit einem traurigen Gesicht. Als ich ihn später traf, sah er überhaupt nicht glücklich aus. Warum?

»Sie haben mich gefeuert«, sagte er.

»Wie bitte? Wieso das denn?«, fragte ich.

»Ich habe ihnen gesagt, was passiert ist, aber sie haben mir gesagt, dass es besser wäre, wenn ich von selbst gehe.«

»Wie können die das machen? Ich verstehe überhaupt nichts mehr. Vorhin stand ich mit Malcolm da drüben und habe ihm alles erzählt.«

»Na ja, sie sagen einfach, ich bin selbst schuld. Sie meinen, dass man durch sein Verhalten den Menschen vermittelt, wie man behandelt werden möchte. Und wenn er sich wirklich rassistisch verhalten hat, dann ja vielleicht, weil ich bei der Arbeit mal 'nen Witz gerissen habe oder so.«

Er hatte Tränen in den Augen. Für ihn hieß das, dass er seine Arbeitserlaubnis in Deutschland verlieren würde.

»Ich versteh das einfach nicht«, sagte ich.

»Sieh mal, sie meinten, vielleicht mache ich zu viele Witze. Und na ja, ich bin ja meistens eher lustig unterwegs, und vielleicht habe ich auch mal bei der Arbeit einen Witz gemacht.«

»Über die Hautfarbe von jemand anderem?«, wollte ich wissen.

»Nein, vielleicht habe ich mich mal über die Frisur von Dennis lustig gemacht oder so was. Deshalb sagt Malcolm, ich bin selbst schuld, wenn mir die Leute mit rassistischen Witzen kommen.«

»Das ist doch Bullshit!« Vor lauter Wut stiegen mir Tränen in die Augen.

»Ich weiß nicht«, sagte er nur.

»Keiner ist jemals wegen seiner Frisur umgebracht worden!«, schrie ich. »Menschen sind wegen ihrer Hautfarbe umgebracht worden. Es ist totaler Bullshit. Das sind völlig verschiedene Dinge. Es muss erlaubt sein, einen Witz zu machen, ohne deshalb mit Rassismus konfrontiert zu werden. So ein Schwachsinn.«

»Ich weiß nicht«, sagte Ashok.

»Es tut mir so leid«, sagte ich.

»Es ist nicht deine Schuld. Ich kann zurück nach Mumbai und wieder studieren. Alles gut.«

Wir gingen auseinander. Ich stürmte in Malcolms Büro und wollte von ihm wissen, was da gelaufen war. Er erzählte mir Folgendes: »Ashok ist kein Teamplayer, Sam. Ashok reißt Witze und stört die Atmosphäre im Team. Er hat nie wirklich reingepasst.«

»Bullshit«, sagte ich, »du hast bloß keine Lust, dich mit einem konkreten Problem zu befassen, also hast du einfach jemanden gefeuert.«

»Moment mal, Sam.«

»Nein, Malcolm, es ist falsch. Es ist absolut widerlich. Es ist falsch, und ich mache das nicht mit.«

»Jetzt hör mal gut zu«, sagte er. »Du hältst dich wohl für ne Art Heiligen, aber ich sage dir, Ashok war kein guter Mitarbeiter. Wir haben ihn respektvoll behandelt, und jetzt geht er zurück nach Indien. Es gibt nichts, was du oder sonst jemand dagegen tun kann. Also hör gefälligst auf, hier rumzujammern.«

»Okay, ich kündige. Ich setze sofort ein Kündigungsschreiben auf und gehe.«

»Prima, mach nur. Aber sei gewarnt. Du hast drei Monate Kündigungsfrist, und wenn du einfach nicht mehr kommst, werden wir dich vor Gericht so zerpflücken, dass dir Hören und Sehen vergeht. Und du kannst sicher sein, wir sorgen dafür, dass du keinen Job mehr bekommst. Hast du verstanden? Ich sorge dafür, dass du in Berlin nie wieder Arbeit findest.«

Ich wusste, dass das eine leere Drohung war. Ich rannte aus dem Büro. Auf dem U-Bahnsteig traf ich, immer noch wutentbrannt, Ashok und erzählte ihm, was passiert war.

Er schüttelte den Kopf.

»Sam«, sagte er, »bitte tu das nicht. Ich will nicht, dass auch du noch meinetwegen den Job verlierst.«

»Es ist nicht deinetwegen. Die da oben sind der Grund«, sagte ich.

»Lass gut sein. Du hast dich für mich eingesetzt, und ich bin dir dankbar dafür. Aber jetzt hör mal zu, Mann, ganz im Ernst, wenn du kündigst, fühle ich mich auch noch deswegen schuldig. Ich will das nicht. Und außerdem kannst du, wenn du bleibst, den anderen da drin noch etwas Rückendeckung geben.«

Der weiße Heilsbringer. So wollte ich nun wirklich nicht gesehen werden, und ich selbst sah mich gewiss nicht so. Als ich später auf meinem Bett lag, klangen mir Ashoks Worte dennoch in den Ohren, und ich erkannte, dass ich vielleicht wirklich noch etwas tun konnte. Ich konnte dafür sorgen, dass andere weiße Typen in der Firma sich nicht wieder so eklig verhielten, und ich konnte ein Wort mit Dennis reden.

Ich schluckte meine Wut herunter und ging am nächsten Tag wieder zur Arbeit. Malcolm lachte. Ich forderte bestimmte Veränderungen. Ich ging zu Dennis und sagte ihm, dass er sich vollkommen bescheuert verhalten hatte. Er wirkte sichtlich getroffen, weil ich ihn kritisiert hatte.

Als ich von seinem Schreibtisch wegging, rief er mir hinterher: »Hey, Sam! Scheiß-Schwuchti!«

Homophobie

Ganz offensichtlich wäre kein Start-up komplett ohne das dritte im *Trio infernal* der drei gängigsten und ekligsten Vorurteile, die Homophobie.

Alles, was dumm ist, ist schwul.

Alles, was anders ist, ist schwul.

Wenn eine Frau nicht mit einem Typen ins Bett will, muss sie eine Lesbe sein.

Alle Lesben sind widerlich.

Wenn du nicht jedes Wochenende ausgehst und durch die Clubs ziehst, dir die Kante gibst und mit fremden Frauen ins Bett gehst, bist du eine nichtsnutzige Schwuchtel.

Ich habe anhand der Beispiele für Sexismus und Rassismus wohl zur Genüge gezeigt, was ich mit beiläufigen Vorurteilen meine und wie sich diese in Start-ups manifestieren – doch dasselbe gilt auch für Nicht-Heteros – selbst hier in Berlin.

Das läuft vielleicht nicht so offen wie beim Rassismus und Sexismus, aber die heterosexuelle Machogang wird immer dafür sorgen, dass sich Nicht-Heteros niemals wirklich unbeschwert und frei fühlen können. Sie werden nicht zu Drinks eingeladen, sie werden in Tools wie R-byte Talk aus Gruppenchats herausgehalten, und sie werden ganz bestimmt nicht dabei unterstützt, beim Chef zu fragen, wie es mit einer Gehaltserhöhung oder Beförderung aussieht.

Die Ursache für diese Vorurteile ist eindeutig in der Kultur toxischer Männlichkeit zu suchen. Verhalten und Gewohnheiten einer Gruppe sich selbst überschätzender erwachsener Männer lassen sich durch fast nichts bremsen, und der bei Weitem größte Teil dieser Gruppe ist weiß und heterosexuell und erzeugt eine Arbeitskultur, die ihnen selbst – und nur ihnen selbst – in den Kram passt und zum Vorteil gereicht. Alle anderen werden aus dem ebenso simplen wie oberflächlichen Grund außen vor gehalten, dass sie eben anders sind. In einer solchen Kultur wird so getan, als sei alles nur Spaß, nur ein Spiel oder nichts weiter als ein Abbild der Art und Weise, in der der Rest der Welt ohnehin tickt.

Und damit ist noch nichts gesagt über die Diskriminierung von Behinderten, die man in diesen Unternehmen findet, oder über Altersdiskriminierung, und schon gar nicht über den Gedanken an nicht ausschließlich binär strukturierte Geschlechterrollen in solchen Firmen.

Immerhin konnte ich hoffentlich ein Bild davon zeichnen, wie selbst in einer so fortschrittlichen Firma wie MyCashMate, die in Berlin als seriös und nachhaltig wahrgenommen und in der Presse stets als ernst zu nehmender Geschäftspartner (immerhin war sie das Produkt eines Inkubators) mit seriösen Unterstützern beschrieben wurde – wie selbst ein solches Unternehmen in seinem Innersten einen von Dummheit und Vorurteilen geprägten *Machismo* praktiziert, der jedem zivilisierten und toleranten gesellschaftlichen Impuls zuwiderläuft.

»Na und?« – könnte man sich fragen. Vorurteile gibt es doch überall, oder nicht? Ja, in der Tat, ganz recht. Aber Vorurteile und Ungleichbehandlung sind dann noch einmal besonders schockierend, wenn sie an Orten stattfinden, von denen alle Welt annimmt, sie seien inklusiv, fair und garantierten jedem Menschen das Recht auf Arbeit. Unternehmen, die sich ihrer internationalen Qualitäten und des respektvollen und fairen menschlichen Umgangs rühmen. Was wird aus dieser Start-up-Vision, wenn sie sich bei näherem Hinsehen als pure Lüge herausstellt: Start-ups sind nicht universell und weltoffen. Sie sind für weiße Männer gemacht.

Rockstars, Muckis, Kompensation

Wie ich inzwischen vermutlich zur Genüge beschrieben habe, tragen die Jobs in Start-ups oft lachhafte Bezeichnungen – Marketing Rockstar, Developer Guru, Genius, Ninja und dergleichen. Es ist jedoch wichtig, festzuhalten, dass auch diese Rollen dem traditionellen »Gendering« gehorchen und das männliche Ego bauchpinseln. Sie verschleiern nämlich nicht nur Probleme mit dem Job als solchem, indem sie nichts darüber aussagen, was die jeweilige Aufgabe oder Zuständigkeit eigentlich ausmacht. Sie ermutigen vor allem bestimmte Arten von Personen, sich um den Job zu bewerben – Personen nämlich, die einen Schub für ihr Ego dringend gebrauchen können.

Natürlich schließe ich mich da keineswegs aus. Auch wenn ich die Jobbezeichnung peinlich fand (ich machte zügig einen schlichten »Manager« aus meinem »Guru«), vermittelte sie doch ein Gefühl dafür, was ich für die Firma sein *könnte* – nämlich jemand, der ernst genommen wird, nicht bloß einer der üblichen Trottel im Marketing, sondern einer, dessen Meinung Gewicht hat. Ein Guru. Ganz offensichtlich war da nichts dran.

Aber diese Titel sind eben auch gegendert. Man stelle sich vor, die Firma hätte Stellen für »Marketing-Elfen« oder -»Feen« ausgeschrieben, »Entwickler-Hexen« oder eine »Rechtsverdreher-Ballerina«. Wäre das nicht großartig? Schließlich würden diese Begriffe doch vielleicht noch viel nuancierter als die oben genannten Beispiele zum Ausdruck bringen, worum es in dem Job geht. Die Marketingperson muss besonders flink sein und für die Firma magische Resultate produzieren – jedenfalls bessere als die, die man von »Rockstars« erwarten dürfte. Was leistet schon ein Rockstar? Er spielt sein Solo und zieht alle Aufmerksamkeit auf sich, während der Rest nur die Begleitmusik spielen darf?

Es gibt da so einen Spruch, den Entwickler gern anbringen: »Garbage in, Garbage out«. Damit ist gemeint: Wenn du ein mieses Produkt machst, ein Produkt schlecht managst oder deine Marketingaktion nichts taugt, erwarte nicht, dass am Ende etwas Vernünftiges dabei herauskommt. Und meistens kommt sogar noch viel größerer Mist dabei raus.

Ich könnte den Spruch auch variieren zu »Ego in, Super-Ego out«. Start-ups sind so etwas wie Ego-Booster. Wenn du schon mit einem gewissen Stolz auf dich selbst hineingehst, wirst du am Ende ganz von dir selbst besoffen wieder hinausgehen. Demut ist wichtig, wenn man etwas lernen will. Dagegen sind freie Hand beim Schaffen des Arbeitsumfelds, das du haben willst, und eine miese Feedback-Kultur der sichere Weg, um aus Start-ups ein Paradies für Narzissten werden zu lassen.

Timo fuhr beispielsweise regelmäßig aus der Haut, wenn jemand ein anderes Ergebnis im Sinn hatte als er selbst. Der betreffende Mitarbeiter wurde dann in der Firma von ihm heruntergemacht. Dann ging er auf seine Facebook-Seite und stellte ein paar Fotos von irgendeiner Dachterrassenparty aus der letzten Woche ein und wählte als Bildunterschrift etwas wie »Rivalchemy-Chef sein ist das Größte!«

Frank war da etwas anders gestrickt. Frank hatte sich besser unter Kontrolle als Timo, aber an Eitelkeit nahmen sich die beiden nichts. Er spielte in seiner Freizeit Musik (ein Überbleibsel aus seiner Zeit in Hamburg) und lud Aufnahmen bei SoundCloud hoch – einfach nur Solostücke, bei denen er seine Gitarre bearbeitete. Es waren immer spontane Sachen, das soll ein Solo ja auch sein. Sie waren nicht übel, aber auch nichts Weltbewegendes – jedenfalls nichts, was einem die Fans und Follower in Scharen zutreibt. Und doch bekam Frank zu einem seiner Songs über tausend Likes. Wie das? Aus dem gleichen Grund, aus dem er auch über 10 000 Follower auf Twitter hatte: Er hatte sie schlicht gekauft. Es bestand eine klare Diskrepanz zwischen dem Inhalt der Kommentare und dem Gehalt der Songs. »Großartiger Mix« als Kommentar zu einem schlichten Gitarrensolo? Da passte was nicht. Insgesamt schien Frank ein inneres Gefühl überkompensieren zu wollen – er wollte mehr geliebt, mehr geschätzt, mehr als Genie gesehen werden, als es in Wirklichkeit der Fall war. Er war in jeder Hinsicht ein ganz normaler Mensch – das ist nicht das Schlechteste –, und doch musste ihn eine strahlende Aura von Erfolg und Weisheit umgeben, damit er sich selbst besser fühlte.

Das ist auch einer der Gründe, warum die Gründer ihre PR-Leute so lieben. Sie tragen das Bild, das die Welt von ihnen, den Gründern, haben soll, in die Welt hinaus. Sie sind Gründer, sie sind Pioniere, Forscher, Entdecker. Sie sind nicht einfach bloß Geschäftsleute. Sie sind Revolutionäre, sie machen nicht einfach nur irgendeine Arbeit. Und diese Neigung zur Kompensation kommt in der Start-up-Kultur noch auf vielfältige andere Art und Weise zum Ausdruck. So ist die Start-up-Welt geradezu besessen von Sport.

Ich treibe durchaus selbst Sport und bin ein guter Tennisspieler, muss aber doch sagen: Es erstaunt mich, wie viel Wert in der Start-up-Szene auf einen perfekten Körper gelegt wird, auf Muskeltraining (das in umgekehrt proportionalem Verhältnis zu dem steht, was an Muskelkraft für die Arbeit benötigt wird – es braucht kein Sixpack, um auf einer Computertastatur herumzutippen) oder auf Ernährung. Eine Woche lang Low-Carb, dafür pfundweise Proteine beim Lunch, ein Date wird abgesagt, weil die dumme Nuss doch tatsächlich in eine Salatbar gehen wollte – Salat! »Dabei hatte ich ihr doch klipp und klar gesagt, dass Salat und Gemüse voller Verunreinigungen und Bakterien stecken!«

In dieser Selbstoptimierung findet der Männlichkeitswahn der Start-ups ihren perfekten Ausdruck: Es geht darum, das vollkommen optimierte Bild zu formen, das die anderen von dir haben sollen. Die Welt soll mit den richtigen Daten über dich gefüttert werden. Die Welt soll deine Muskeln im richtigen Licht sehen. Das alles ist Teil des bestens dokumentierten Phänomens von Typen, die so unsicher sind, dass sie ihre sämtliche Freizeit im Fitnessstudio verbringen müssen.

Es ist nichts dagegen zu sagen, wenn Leute gesund leben und ihren Körper gut in Schuss halten wollen. Aber in Start-ups bläht sich das Ganze auf unnatürliche Weise auf. Die Typen fachsimpeln unentwegt über Proteinshakes und Fitnessstudio-Sessions, über Ironman-Wettbewerbe und quetschen sich in enge, hautenge, knallenge T-Shirts. Ich bezweifle so langsam, dass man darüber noch ein Wort verlieren muss. Die Botschaft dürfte klar sein.

Start-ups haftet nichts Kämpferisches, Spontanes, Innovatives oder Neues an: Es geht einfach um das Verlangen, Kontrolle auszuüben, das Verlangen nach positivem Feedback, den Wunsch nach Anerkennung des männlichen Egos hoch drei: im Geschäftsleben, in der Sprache und den Produkten, in der Interaktion mit anderen Menschen – und es gibt nichts, was sie zügeln könnte. Die Slogans im Start-up-Dunstkreis, die die Leute dazu bringen sollen, härter, länger, engagierter zu arbeiten – sie sind unweigerlich auf genau diese Typen zugeschnitten: Häng dich rein oder hau ab, hier ist kein Platz für Loser, nur Gewinner bleiben an Bord.

Männer. Eitle Pfauen. Nichts kann sie bremsen.

Es sei denn, versteht sich, dass zwei eitle Pfauen es miteinander ausfechten wollen.

Max vs. Frank

Als Kind habe ich gerne ein Computerspiel namens »Abe's Oddysee« gespielt. Darin geht es um die Geschichte des fremden Planeten Oddworld, der von einer eigenen Spezies von Geschäftsleuten beherrscht wird, den Glukkons. Sie haben die Mudokons versklavt, eine Spezies schwächlich aussehender Humanoiden, die in ihren Fabriken schuften müssen. Nebenbei haben die Glukkons die Geschichte, Kultur und Kunst der Mudokons zerstört. Der Held, Abe, ist aus der Fabrik entwischt, hat seine Kultur wiederentdeckt und kehrt zurück, um die Fabrik zu zerstören und die anderen Mudokons zu befreien.

Ich liebte dieses Spiel, nicht bloß wegen der verrückten und mitreißenden Geschichte (nicht immer nur nach dem Motto »Bring die Klötze in die richtige Reihenfolge« oder

»Erobere das Land«) – es war einfach schön gestaltet. Das Spiel machte sich – und macht sich auch heute noch – einfach großartig auf der Playstation. Fabrikhöllen und Industriebrachen wirkten perfekt authentisch, ebenso wie die natürlichen und fruchtbaren Landstriche, wo das Leben wuchs und gedieh. Eine Gruppe von Fabelwesen in dem Spiel waren die Scrabs. Sie lebten in der Wildnis, einsame Jäger – sie waren muskulös, ein wenig wie albtraumhafte Dinosaurier. Wenn Abe einem von ihnen über den Weg lief, war es vorbei mit ihm. Sie rannten ihm einfach hinterher und töteten ihn. Es gab nur eine Situation, in der sie nicht sofort versuchten, Abe zu töten: wenn ein anderer Scrab in der Nähe war. Dann mussten sie ihre Überlegenheit beweisen und erst einmal den anderen bösen Dinosaurier vernichten.

Darf ich vorstellen: Max. Denn kennt ihr schon. Das ist der mit dem Morgenkreis, bei dem jeder etwas sagen muss. Außerdem haben wir ihn am Anfang des Buchs bereits kennengelernt – er war der Typ, der Amar die Abschiebung angedroht hatte, falls dieser bei dem Event im Olympiastadion nicht schnell genug lief.

Max war der Chefproduktmanager, und er tat alles Erdenkliche, um zu verhindern, dass am Ende ein gutes Produkt herauskam. Er sorgte jedoch mit aller Kraft dafür, dass das Produkt am Ende »sein« Produkt war. Ganz offenkundig wurde dies durch seinen (nicht vorhandenen) Umgang mit Feedback und Input – er wollte, dass die Leute nur das machten, was er wollte. Wenn sein Team sagte, dies oder jenes sei keine so gute Idee, war ihm das schlicht egal. Für ihn ging es nicht darum, dass die Firma etwas von Wert produzierte, für ihn zählte nur, dass er selbst etwas damit anfangen konnte. Daraus folgte ein gewisser Mangel an Funktionalität des Produkts im Allgemeinen, und im Speziellen dessen Neigung, falsche Empfehlungen abzugeben oder den Betrag zu überschätzen, den die Leute zum Beispiel für ihre Freizeit ausgeben könnten. Wir bekamen häufig Beschwerden, dass das Produkt den Geldbetrag, den Kunden im Monat zur freien Verfügung hatten, falsch einschätzte, und dass die betreffende Funktion sogar dazu geführt hatte, dass einige Kunden ins Minus gerutscht waren. Nun, sagte Max, sie hätten eben auf den Beratungsservice von MyCashMate zurückgreifen sollen. Ohne uns wären sie sicherlich noch höher verschuldet, so Max' Argumentation. Dabei wäre es doch an uns gewesen, den Leuten zu helfen, Geld zu sparen, nicht, es zu verlieren.

Der Witz bei der Sache war einfach: Das Produkt baute nicht auf realen Daten auf, sondern auf dem, was Max für einen angemessenen Betrag hielt, den *er selbst* für zum Beispiel eine Party ausgeben würde. Das Produkt war wortwörtlich auf ihn selbst zugeschnitten. Er war reich, also war der Kunde es auch.

Frank war Max da ziemlich ähnlich. Er hatte die Neigung, das Produkt in einer Weise zu vermarkten, die zu ihm passte, aber nicht zum Unternehmen. Er benutzte mit Vorliebe leere Phrasen, die die Kunden mehr verwirrten, als dass sie ihnen wirklich weiterhalfen. Dinge wie »Schlag den Weg des finanziellen Erfolgs ein«, »Lass dein Geld rocken«, statt schlicht: »Einfache und effektive Kostenplanung mit MyCashMate « oder »Besser haushalten und bares Geld sparen mit MyCashMate«, um ein paar Beispiele zu nennen. Das Ergebnis war eine fatale Kombination: ein Produkt, das auf eine ganz bestimmte Person zugeschnitten, aber für eine ganz andere beschrieben war.

Bei Rivalchemy hatten Felix und Timo ganz unterschiedliche Vorstellungen von ihrem Unternehmen. Das Produkt und die Versprechungen, die darüber gemacht wurden, wurden vorsätzlich offen gelassen, damit sie in diese Lücke einfügen konnten, was ihnen gerade passte: Das Produkt konnte schließlich nachbearbeitet werden. Aber hier, bei MyCashMate, passte das Produkt nicht zur Zielgruppe und das Marketing nicht zum Produkt. Und da wir nur eine begrenzte Zielgruppe und verglichen mit Banken oder Finanzmanagern einen äußerst begrenzten Marktanteil hatten, mussten wir natürlich darauf achten, möglichst effektiv und zielorientiert zu arbeiten, was unser Marketing und die Funktionalität des Produkts betraf. Wir konnten uns nicht einreden, »wenn wir das produzieren, dann werden die Kunden schon kommen«. Nein, wir mussten darauf achten, dass das Produkt auch das leistete, was es sollte – und wir das auch richtig kommunizierten.

Aber das taten wir natürlich nicht. Max ließ sein Team nur das machen, was er haben wollte, und wir schrieben das, was Frank wollte.

Das Resultat? Eine Katastrophe.

Wir produzierten nicht nur am Kundenbedarf vorbei, wir beschrieben das Ganze dem Kunden auch noch falsch. Wir waren nicht in der Lage, Kritik oder Feedback aufzunehmen und zu berücksichtigen.

Wir verbrachten Wochen mit immer wiederkehrenden Meetings, in denen wir versuchten, Frank möglichst vernünftige Ideen nahezubringen – er hörte sich das an, und am Ende des Meetings malte er als Zusammenfassung ein komplexes Diagramm auf das Flipchart, das zeigen sollte, wie wir ihn im Stich gelassen hatten. Warum hatten wir nicht einfach gemacht, was er verlangt hatte?

Mir wurde klar, dass Franks Aktivitäten – sein Getuschel und Getue mit seinen Netzwerkkontakten, die ständigen Treffen mit irgendwelchen »Multiplikatoren« – die Firma kein Stück voranbrachten. Es gab schon das eine oder andere positive Ergebnis, aber das Wichtigste war, dass er dabei gut dastand.

Und dann, als er eines Tages merkte, dass das Produkt nicht so funktionierte, wie er es den Kunden versprach, wen machte er als Schuldigen aus? Max.

Anstatt das Produkt und die Marketingpläne zu vereinfachen, wollte er das Produkt so verändern, dass es zu seiner Sprache passte. Das war für Max natürlich keine Option, also ließ er Frank bei einer angespannten Besprechung wissen, er solle das Produkt doch bitte so beschreiben, wie es gemacht sei. Das Problem lag natürlich darin, dass das Produkt sich an keiner geltenden Spezifikation orientierte – es war schlicht und einfach so, wie Max es haben wollte.

Für die nächsten paar Monate lagen Marketing und Produktion im Dauerclinch – Ergebnis des Hahnenkampfs zwischen diesen beiden Männern.

Damit hatten wir also zwei Teams in der Firma, die eigentlich eine große Familie hätte sein sollen. Zwei Teams, jeweils geführt von männlichen Egos. Frank veränderte in seinen Pressemitteilungen gerne auf den letzten Drücker die Produktnamen, ohne das Produktteam zu informieren. Die mussten dann seine Änderungen aufnehmen und alles hektisch nachbearbeiten, obwohl der Name doch eigentlich vorher abgesprochen worden war.

Und wie bei Rivalchemy machten wir Versprechungen, die wir nicht halten konnten. Allerdings nicht am Telefon, sondern schriftlich. Öffentlich. Wir kündigten das Leistungsspektrum und künftige Features unseres Produkts in Magazinen an, und zwar ohne jede Rücksprache mit dem Produktteam: Die Investoren lasen die Ankündigungen und waren begeistert! Wow! Was für tolle Hightechverfahren des guten Haushaltens, damit stehen wir praktisch konkurrenzlos da. Von der Tatsache, dass bestimmte Features weder im Produkt integriert noch in Planung waren, einmal ganz abgesehen: Frank ging es einfach nur darum, *sich selbst* gut dastehen zu lassen. Und die Journalisten würden mit Freuden solche Neuigkeiten berichten, denn die versprachen jede Menge Klicks. Letztendlich brachte das der Firma viel Aufmerksamkeit – aber das Produktteam stand im Regen und war stinksauer.

Diese Manie, dem anderen eins auswischen zu müssen, war in der Firma an allen Ecken und Enden präsent, und das in einem Kontext voller Rassismus und Sexismus und Homophobie – und in einem globalen Umfeld, in dem Brexit und Trump quasi vor der Haustür standen.

Einfach Arbeit

Wie bei Rivalchemy waberten ständig irgendwelche Gerüchte durchs Büro: über Drogen, über Sex zwischen Chefs und Praktikantinnen, über Bordellbesuche des Vertriebsteams. In der Zeit lernte ich, zwischen Arbeit und Privatleben klar zu trennen – ich ließ mir nicht mehr von außen sagen, wie ich mein Leben zu führen hatte. Die alte Lüge der Selbstoptimierung verfing bei mir nicht mehr, und ich verfolgte in Sachen Arbeit in erster Linie nur noch meine eigenen Interessen.

Ich wollte einfach nur in Sachen PR, Marketing und Content-Erstellung dazulernen, zumal vor allem Letzteres ja auch mit Recherche und Schreiben zu tun hatte. Ich fand den Job interessant, und ich erkannte, dass ich wertvolle Erfahrungen sammelte, solange man mich meinen Job machen ließ: mit Journalisten besprechen, was beim Publikum gut ankommt, eine ausgewogene Mischung aus Information und Unterhaltung in einem Artikel unterbringen und dergleichen. Also ließ ich die Gerüchte Gerüchte sein: Mir war egal, wer mit wem ins Bett ging, und es interessierte mich schon gar nicht, ob die Leute in der Firma, die mir größtenteils immer mehr wie Arschlöcher vorkamen, fette Partys feierten.

Montagmorgens sah ich regelmäßig auf den Rechnern, an denen die Kollegen »arbeiteten«, Fotos vom Freitagabend auf ihren geöffneten Facebook-Seiten. In Shorts und T-Shirt, wie sie in Kreuzberg Flaschen zerdepperten und besoffen durch Neukölln zogen, und dann kamen sie am Montagmorgen ins Büro und trugen immer noch dieselben Klamotten. Ja sicher, total cool, Partys sind Partys, und ich kann ja nun nicht behaupten, ich hätte im Lauf des Lebens nicht auch meinen Teil davon abbekommen. Für mich machte es nur einfach keinen Sinn, das Ganze so nach außen zu tragen – nichts anderes will ich damit sagen. Ich erkannte, wie diese Leute in der Start-up-Firma ihr Leben sahen: Sie würden in dieser Woche die Welt revolutionieren und es am Wochenende wieder ordentlich krachen lassen, mit Drogen und allem, was dazugehörte. Das war anders als das, was ich in London mitbekommen hatte. Dort hatten die Leute zumindest eine realistischere Sicht auf ihr Leben – sie tranken, weil ihr Job sie langweilte und deprimierte. Das ist zwar nicht wirklich besser als in der Start-up-Szene, aber wie konnte es sein, dass die Leute in den Start-ups ihre Jobs eben nicht langweilig und deprimierend fanden? Wie konnten sie sich so blenden lassen, dass sie tatsächlich an den ganzen Quatsch vom hartem Arbeiten und noch härterem Feiern glaubten?

Nun, welche Überraschung – die Leute, die wirklich daran glaubten, waren weiße, heterosexuelle Männer. Das waren die, die in der lockeren Arbeitswoche, den peinlichen

Slogans und den partyseligen Wochenenden etwas für sich entdecken konnten. Jeder, der irgendwie anders war (es sei denn, er besaß ein Übermaß an Selbstsicherheit), zog sich von diesem Image des Start-up als Ort harter Arbeit und heftiger Partys immer mehr zurück. Und selbst weiße, heterosexuelle Männer gingen bisweilen auf Abstand: Ich zum Beispiel, und ich war nicht der Einzige. Warum? Weil wir eben irgendwie anders waren. Ich tickte politisch anders – ich wollte nicht einfach immer und immer mehr nehmen und die Welt nach meinem Ego formen. Und ein paar andere waren auch anders drauf, und sie wurden ausgeschlossen, weil sie keine Lust hatten, am Montagabend einen trinken zu gehen – sie sahen sich lieber Sci-Fi-Filme an oder lasen ein Buch. Zum Beispiel Leute wie Martin, der Chef der Rechtsabteilung: Der war so anders (weil er auch ein bisschen älter war als der Rest der Firma), dass er, sobald er konnte, seinen Arbeitsvertrag von einer Festanstellung auf eine Anstellung auf Auftragsbasis umstellte (und den positiven Effekt eines Beraterstatus genoss). Warum? Weil er den ganzen Mist einfach nicht mehr ertragen konnte.

Letztendlich sind Start-ups nichts weiter als eine Gelegenheit für einzelne Männer, Macht in ihrer ursprünglichsten Form auszuleben, Macht wie in einer gestrigen Welt – und dadurch etwaige Defizite auszugleichen. Die ganzen Sexpartys waren deshalb auch nur eine Form der Kompensation. Die Produkte, die sie machten, etwa solche, die einem halfen, seine Wäsche gemacht zu bekommen, waren ein Weg, das eigene Leben auf die Reihe zu kriegen, ohne die klassische, traditionell von Frauen ausgefüllte Rolle selbst besetzen zu müssen. Und die von ihnen gepflegte Kultur war von Männern für Männer gemacht.

Eine klägliche Kultur.

Und natürlich hat dieses Image herzlich wenig mit dem Image Berlins als freier, offener und liebenswerter Stadt zu tun.

Ich erledigte währenddessen zwei Jobs – neben meiner eigentlichen Content-Arbeit räumte ich das Informationschaos auf, das Frank mit seinen erbärmlichen kommunikativen Angewohnheiten anzurichten pflegte.

Und bei mir begann sich der alte Stress wieder bemerkbar zu machen, diese tief sitzende Angst.

5
PRODUKTPROBLEME

Maschinen funktionieren. Sie beweisen so, dass wissenschaftliche Theorien stimmen. Zumindest in einem alltäglichen, allgemeinen Sinne. Dampfmaschinen funktionieren. Atomkraft funktioniert. Computer funktionieren. Für uns Laien beweist das den Unterschied zwischen Tatsache und Fiktion, zwischen Physik und Alchemie – dass es ein Ergebnis gibt, dass es sich nicht nur um schräge Ideen handelt, verrücktes Gefasel, um irre Typen mit noch irreren Haaren.

Start-up-Produkte funktionieren. Zumindest können sie funktionieren. Sogar manche Dinge, die man tagtäglich benutzt, wurden ursprünglich von Start-ups erfunden: zum Beispiel die Messenger-Dienste, mit denen man mit Freunden und Familie kommuniziert, etwa WhatsApp. Oder die App zur Fotobearbeitung. Die kleine Küchenhilfe, die den Kaffee genau richtig zubereitet. Die Produkte von Start-ups können uns tatsächlich bei bestimmten Tätigkeiten helfen, und manchmal sind sie auch wirklich großartige Innovationen.

Eine Vielzahl der von Start-ups angebotenen Produkte gehen jedoch weniger auf Innovation als auf Optimierung des Vorhandenen. Sie haben das Ziel, mit Genauigkeit und Effizienz unser Leben zu verbessern. Beim Kochen können wir die *genaue* Temperatur einstellen. Für unseren Körper finden wir nach unserem jeweiligen Bedarf *genau* die richtigen Übungen. Wir können *genau* festlegen, was wir den Tag über tun sollen, indem wir die Technologie bei der Entscheidungsfindung hinzuziehen.

Den optimalen Zustand für etwas zu kennen bedeutet jedoch nicht, dass er auch der *richtige* ist. Persönlich mögen wir unseren Toast vielleicht ein wenig verbrannt. Unsere Körper sind so unterschiedlich, dass es lächerlich ist, zu erwarten, dass wir alle mit Waschbrettbauch und Riesenbizeps herumrennen – ganz zu schweigen davon, dass wir vielleicht etwas größer oder kleiner als »optimal« sind. Und gebricht es uns denn derart an Selbstvertrauen, dass wir nicht mehr in der Lage sind, selbstständig Entscheidungen zu treffen? Mir jedenfalls scheint es, dass die Betrachtung unserer Gedanken und Gefühle in einem gegebenen Augenblick durchaus hilfreich bei der Entscheidungsfindung sein kann, auch wenn es darum geht, wie wir unseren Toast mögen.

Die Technik spielt eine Rolle dabei, unser Leben effizienter zu gestalten, aber ich glaube nicht daran, dass sie das absolute A und O ist, als welches sie dargestellt wird.

Die von Start-ups produzierte Technik funktioniert – obwohl sie es könnte – häufig nicht. Vielmehr gaukelt die Technik dem Kunden bisweilen nur vor, dass sie automatisiert funktioniert, dabei erfordert sie im Hintergrund einen manuellen Support, etwa durch einen Service Desk oder Ähnliches. Obendrein kann die Technik den Kunden in einer Weise anfällig machen, mit der er selbst gar nicht gerechnet hat. Diese Produkte sind also nicht nur ineffizient, sondern können regelrecht schädlich für uns sein.

Dysfunktional und überflüssig

Wie jedes andere Unternehmen in Europa, hatten auch wir unser Marketingmaterial auf die Fußball-Europameisterschaft 2016 zugeschnitten (wenngleich ich nicht vollständig überzeugt bin, warum – es ist ja nicht so, dass die Leute mehr Thunfisch oder, wie in unserem Fall, mehr Finanzprodukte kaufen, bloß weil ein Fußball und eine Nationalflagge drauf sind). Die Absicht ist schlicht, dem Publikum etwas zu signalisieren. Wenn man eine Flagge hat, zeigt man den Kunden, dass die eigene Marke Fußball »mag« und damit auch versteht, was der Kunde mag. Aber glaubt das denn jemand? Der Zusammenhang zwischen einem internationalen Fußballereignis und dem Angebot von MyCashMate hätte jedenfalls nicht fadenscheiniger sein können. Und doch wurden die beiden verbunden: Fußball, persönliche Finanzen.

Solche Signalgebung ist keinesfalls irrelevant: Sie bestimmte auch unsere Arbeit an dem Produkt. Wir produzierten etwas, das den Leuten helfen sollte, Geld zu sparen. Und doch waren viele der von uns produzierten Funktionen eigentlich gar keine sinnvollen Funktionen. Stattdessen lieferten sie nur einen Haufen Daten, Schaubilder und Nutzeranalysen - Informationen, die man auch ohne unsere zahlreichen Add-ons, die wir bereitstellten, verstanden hätte. So boten wir etwa internationale Umrechnungskurse und einen einfachen Rechner an. Außerdem sagten wir den Kunden, wie viele Transaktionen sie in einer Woche getätigt hatten (wenn man weiß, wie oft man etwas mit der Kreditkarte gekauft hat, weiß man noch lange nicht, wie viel Geld man ausgegeben hat, und erst recht nicht, ob das Geld sinnvoll angelegt wurde), an welchen Orten sie dieses Geld ausgegeben hatten (Berlin-Mitte, Berlin-Friedrichshain,

Berlin-Kreuzberg … Und das soll einem dann was genau sagen? Es ist vielleicht nützlich, zu wissen, wenn einem die Kreditkarte gestohlen wird – aber diese Daten erhebt der Kreditkartenanbieter sowieso!) und in welcher Währung.

Keins dieser Features konnte als besonders *nützliche* Funktion bezeichnet werden. Es waren nur glänzende Knöpfe mit schicken Designs und hübschen Schriftarten. Dass sie nicht nützlich waren, ließ sich ganz leicht feststellen: Hatte man nach dem Gebrauch das Gefühl, nützliche Informationen erhalten zu haben? Wenn ja, dann sehr gut. Aber wenn nicht, insbesondere im wiederholten Falle, dann musste diese Funktion einem anderen Zweck dienen. Der Nutzen solcher Funktionen lag also woanders: Vielleicht *fühlte* sich der Nutzer besser oder sicherer. Vielleicht gaben sie dem Nutzer auch das *Gefühl*, alles besser unter Kontrolle zu haben. Für uns schließlich signalisierten diese Features dem Kunden lediglich, dass wir uns als Firma mit dem Finanzmanagement befassten und ihm als Technologieunternehmen alle nur erdenklichen Möglichkeiten bieten wollten und konnten. Dies diente der Bindung des Kunden, der die App weiterhin verwenden sollte. Für MyCashMate war es stets leichter, kleine Zusätze zu produzieren, anstatt wirklich große Fortschritte im Finanzmanagement zu machen. Schaut her: Buttons! Grafiken! Analysen! Daten!

Alles nutzlos. Es ist wie bei einem Schweizer Taschenmesser, das zwar tatsächlich ein Messer beinhaltet, dessen andere Werkzeuge jedoch ziemlich überflüssig sind: Fischentschupper, Plastiktütenhalter, Zehennagelknipser. Und manches funktionierte nicht einmal wirklich.

Einer der Gründe, warum wir uns weiterhin moderner Technik bedienen, die wir für mangelhaft, unzureichend, nutzlos oder einfach schlecht halten, ist unsere Bequemlichkeit. So einfach ist das. Wir benutzen einen fehlerhaften Staubsauger, einen schlechten Föhn oder eine ratternde Waschmaschine weiterhin, weil die Alternativen – den Besen zu nehmen, die Haare mit dem Handtuch zu trocknen oder zum Waschsalon zu gehen – unbequemer erscheinen, als die mangelhaften Geräte weiter zu verwenden.

Natürlich könnte es auch sein, dass wir es uns schlicht nicht leisten können, unsere Maschinen bei jeder Panne zu reparieren oder zu ersetzen, aber unsere Bequemlichkeit lässt sich noch deutlicher demonstrieren: Wir verwenden Technologien, von denen wir nicht nur *wissen*, dass sie nicht wie versprochen funktionieren, sondern dass sie *schädlich* für uns sind. Online-Kommunikationsangebote, die unsere Daten an Dritte verkaufen, soziale Medien, die nachweislich negative Gefühle und Ängste steigern, mobile Geräte, die mit Krebs in Verbindung gebracht werden. Alles nur, weil es einfach viel bequemer ist, als ohne diese Geräte und Technologien zu leben.

Wir sind nicht nur von der Technik selbst abhängig, sondern auch von dem Glauben, *dass sie uns dient*. Ich meine, selbst nach all den Datenskandalen besuchen wir immer noch die sozialen Netzwerke.

Oder nehmen wir das Beispiel des Schrittzählers in den Smartwatches. Die Leute benutzen ihn, um die Anzahl der Schritte zu zählen, die sie an einem Tag tun. Dahinter steckt der Gedanke, dass 10 000 Schritte täglich für einen gesunden, aktiven Lebensstil ausreichen. Natürlich ist das ein großer Vorteil für vielbeschäftigte Menschen, die keine Zeit haben, sich körperlich zu betätigen. Das Problem ist aber, dass die Smartwatch-Schrittzähler fehlerhaft sind und die Schritte häufig falsch berechnen. Zum Beispiel kann es sein, dass sie ein Winken mit der Hand als Schritt erkennen. Das führt dazu, dass man am Ende des Tages glaubt, 8000 Schritte gegangen zu sein, obwohl die Wahrheit näher bei der Hälfte liegt, weil alles, was man mit den Händen getan hat, hinzugerechnet wurde.[29] Ähem.

Doch obwohl die Menschen dies wissen, verwenden sie diese Technologie weiterhin. Warum? Weil sie dennoch unterschwellig fest an Selbstoptimierung glauben. Die Tatsache, dass die Benutzung spielerisch ist beziehungsweise auf den Prinzipien eines Spiels beruht, steigert zudem die emotionale Reaktion auf den Gebrauch der Technik: Man fühlt sich belohnt, wenn man seine Ziele erreicht und »gewinnt«, und schuldig, wenn man es nicht schafft und »verliert«. In gewissem Maße glauben wir, dass wir uns stetig verbessern können, wenn wir nur die richtigen Daten über uns selbst haben. Wir setzen uns willkürliche Ziele und gestatten der Technik, unser Leben zu bestimmen, selbst wenn sie uns davon abbringt, als Individuen zu denken und zu fühlen, und verhindert, dass wir uns darauf fokussieren, welche Bedeutung und welchen Sinn unser Leben für uns hat. Stattdessen akzeptieren wir eine allgemeine Liste von Lebensprioritäten, die wir mithilfe moderner Technik verfolgen. Auf die Frage »Wie möchte ich mein Leben verbessern?« antworten wir in Gedanken nicht mehr mit: »indem ich engere Beziehungen zu geliebten Menschen aufbaue« oder »indem ich mehr Zeit auf Dinge verwende, die mir Spaß machen«, sondern mit: »indem ich durch den Einsatz von Technik gesünder, fitter, schlauer werde«. Und jetzt kommt der größte Witz: Die schillernden Zahlen, von denen wir uns bei unseren Anstrengungen leiten lassen, bedeuten im Zweifelsfalle gar nichts. Nehmen wir zum Beispiel eine Gehirntrainings-App. Es gibt hier keinerlei Evidenz, dass die App funktioniert, aber die User glauben an ihre Funktion, weil sie einen gewissen Fortschritt feststellen, gemessen an »IQ-Punkten«, irgendwelchen »Trophäen« oder der Schnelligkeit einer Antwort, was jedoch in keinster Weise auf einer wissenschaftlichen Grundlage beruht.

Weil wir den Unterschied zwischen nützlichen und nutzlosen Informationen nie begriffen haben, geht es uns schließlich nur noch um die Informationen selbst.

Juni 2016: Die neue Produkteinführung

Wir hatten dekoriert. Das Büro von MyCashMate war normalerweise steril und ordentlich, mehr wie ein herkömmlicher Arbeitsplatz. Es war in mehrere kleinere Räume unterteilt, die durch Glaswände getrennt und durch einen langen Gang miteinander verbunden waren. Am Ende des Ganges befand sich eine Küche und daneben die Toiletten. Trotz der üblichen Start-up-Features (Tischkicker, Starposter – in diesem Fall von Warren Buffett –, einem skandinavischen Regal mit Bechern, Pflanzen und Technologiemagazinen) machte das Büro einen eher tristen Eindruck. Die zahlreichen Flaggen und Fußballposter, die wir nun aufgehängt hatten, sorgten jetzt für eine Art Karnevalsatmosphäre. Jede Mannschaft, deren Land in der Firma vertreten war, hatte eine Flagge bekommen: Spanien, Italien, Frankreich – und auch wir Engländer hatten unser Sankt-Georgs-Kreuz aufgehängt.

Als Malcolm schließlich eine E-Mail im Unternehmen herumschickte, in der er versprach, dass die Küche in eine »Fußballzone« umgewandelt werden würde (was bedeutete, dass die Mitarbeiter ihre Arbeit unterbrechen und die Spiele im Fernsehen anschauen konnten, solange sie die Zeit wieder nachholten), gab es geschlagene fünf Minuten Jubel und Applaus.

Während wir nun zusahen, wie Cristiano Ronaldo herumhumpelte und so tat, als wäre er verletzt, und dann doch Portugal ins Finale führte, bereiteten wir eine Produkteinführung vor. Zum Glück war ich diesmal nicht am Marketing beteiligt. Obendrein brachten wir überraschenderweise nicht nur irgendein neues Feature heraus, sondern tatsächlich ein richtiges, neues Produkt!

Was war das also für ein Produkt? Nun, das war von Anfang an mysteriös. Wie bereits erwähnt, war Max nicht bereit, etwas zu entwickeln, das er nicht wollte. Und Frank wollte nur Dinge vermarkten, die er auch wollte. Eine unmögliche Situation. Malcolm, der Geschäftsführer, blieb hartnäckig: Eine Lösung musste her. Drei Tage in Folge hielt er Sitzungen ab, zu denen er das gesamte Führungsteam in sein Riesenhaus in Potsdam einlud, um aus der Sackgasse herauszufinden.

Am Montag wurde etwas verkündet. Man hatte etwas ausgeknobelt. Die Produkteinführung sollte wie geplant vonstattengehen, sodass man sich nicht zu sorgen brauchte. Was wurde verkündet?

Frank war weg.

Malcolm sagte, Frank habe beschlossen zu gehen.

Die Wahrheit kam wenig später ans Licht, als wir heimlich mit einigen Leuten aus dem Führungsteam sprachen. Ich sage heimlich, aber Max genoss die Geschichte regelrecht. Frank hatte nicht gekündigt.

Bei den Treffen des Führungsteams hatte man Frank mitgeteilt, dass er Max' Plan zu befolgen und alles zu vermarkten habe, was das Team produziere. Daraufhin fuhr dieser aus der Haut, schimpfte wüst und zerbrach schließlich den Teller, auf dem ihm Malcolm das Abendessen serviert hatte. Malcolm forderte ihn auf, sofort das Haus zu verlassen, und sagte, er brauche am Montag gar nicht erst zur Arbeit zu erscheinen. Frank ordnete seinen Anzug und stürmte aus der Tür. Seine Tausende und Abertausende falscher Follower nahm er mit sich.

Sein Zorn, sein Unvermögen und seine Unfähigkeit, Feedback anzunehmen, waren ihm zwischenmenschlich erneut in die Quere gekommen.

Das Produkt wurde also das, was Max haben wollte: ein Investment Management Tool. Es sollte den Kunden helfen, ihren Budgets entsprechende Investitionsmöglichkeiten zu erkennen und zu planen, und es sollte sich weiterhin mit dem Bankkonto der Kunden vernetzen lassen, was mögliche Investitionen noch klarer und einfacher machen würde.

Nachdem uns Franks »Kündigung« mitgeteilt worden war, stand ich auf dem Balkon des Büros und blickte Richtung Tempelhofer Feld, wo Touristen tranken, fotografierten, andere Leute nach dem Weg fragten. Ich spürte eine Hand auf meiner Schulter: Es war Malcolm.

»He, Sam«, sagte er.

»He, Malcolm.«

»Ich weiß, du machst dir bestimmt Sorgen, aber hör zu, ich will nur, dass du weißt, dass du unsere volle Unterstützung hast. Frank hatte Probleme, also musste er gehen. Du hingegen hast dich als sehr vielversprechend erwiesen. Wir wissen, dass du hart im Team gearbeitet hast, dass du derjenige warst, der die Vordenker-Artikel in den Medien untergebracht hat, dass du derjenige warst, der Netzwerke für das Unternehmen geknüpft hat. Frank war gut, aber wir wissen, dass er durch seine besondere Art der Kontaktpflege, bei der er häufig nicht im Büro war, viel an dich delegiert hat. Wir vertrauen dir also, dass du weitermachst wie bisher. Arbeite weiterhin so hart, dann ist alles in Ordnung.«

»Danke«, sagte ich und genoss das unerwartete Lob. »Aber sag mir, was ist jetzt mit dem Plan? Der Produktveröffentlichung? Wollt ihr Jungs, dass ich Franks Arbeit übernehme?«

»Nicht ganz, Sam. Wie gesagt, du machst weiter wie bisher. Wir holen einen neuen PR-Typen – jemanden, den wir kennen und dem wir vertrauen.«

Nach dem Spiel ist vor dem Spiel: ein neuer Chef

In der Woche darauf kam Uwe. Er war dem Unternehmen schon einige Zeit durch den Inkubator bekannt, und man wusste, dass er daran interessiert war, die PR-Leitung der Firma zu übernehmen.

Seine Geschichte war der Franks insofern sehr ähnlich, dass er wie dieser in jungen Jahren ins Silicon Valley übergesiedelt war. Er hatte dort für verschiedene Unternehmen gearbeitet und Unsummen an Geld dadurch verdient, dass er den Unternehmen half, auf den deutschsprachigen Märkten Fuß zu fassen.

Trotz dieser jahrzehntelangen Erfahrung versuchte Uwe, möglichst jung zu wirken. Soll heißen: Ein geschiedener 45-Jähriger mit schütterem Haar tat sein Bestes, wie ein dynamischer und quirliger Jungspund zu erscheinen. Er kam mit dem Skateboard zur Arbeit, hatte seine Mütze verkehrt herum auf dem Kopf und trug zerrissene Jeans und T-Shirts im Büro. Franks Stil war wesentlich würdevoller und seinem Alter eher angemessen gewesen: Hemd, Hose, Schuhe. Ich sage damit nicht, dass ich einen älteren Kerl dafür verurteile, dass er sich kleidet, als wäre er noch sechzehn. Die Leute können tragen, was sie wollen. Uwe hatte jedoch etwas Unprofessionelles, Würdeloses und Konfuses an sich, das einem sofort auffiel, wenn man ihm begegnete, und das durch seine Kleidung noch unterstrichen wurde. So traute man ihm zum Beispiel auf keinen Fall ein Netzwerk seriöser Fachjournalisten zu, auf das er zurückgreifen könnte, um das Unternehmensprofil zu schärfen. Egal. Immerhin verkörperte er allein durch sein Äußeres die schäbige Fassade »ewiger Jugendlichkeit« der Szene.

Als er zu MyCashMate kam, fragte er mich zunächst, was ich die ganze Zeit gemacht hätte. Ich hatte einige Unterlagen vorbereitet und sagte, wir könnten diese beim Mittagessen gemeinsam durchgehen.

Ich fasste meine Aufgaben und Ziele, meine Erfolge und Misserfolge bei der Arbeit zusammen. In einem koreanischen Restaurant (das sich aus unerfindlichem Grunde wachsender Beliebtheit in der ganzen Stadt erfreute) überreichte ich ihm meine klar strukturierten Unterlagen. Verträumt überflog er die Blätter, unterstrich hier und dort etwas. Dann nickte er und fragte mich, was MyCashMate meiner Meinung nach sei.

»Was meinst du?«, fragte ich. »Es ist ein Unternehmen.«

»Nein, nein«, entgegnete er verträumt. »Was bedeutet es dir? Die Vision des Unternehmens.«

»Nun, ich glaube, die Vision des Unternehmens ist es, das Finanzmanagement für die Leute zu vereinfachen, und so sehe ich es auch«, sagte ich.

»Nein, nein, das ist keine Vision«, sagte er. »Eine Vision ist groß, breit, allumfassend.« Seine Augen waren nun halb geschlossen. »Eine Vision ist ein Traum.«

»Okay«, sagte ich. »Wie siehst du es denn?«

Er atmete tief ein. Dann legte er seinen Hühnchen-Wrap auf den Teller. Er sah aus, als betete er.

»*With MyCashMate you are in the cockpit of the money car.* Mit MyCashMate sitzt du im Cockpit des Geldautos.« Er atmete aus und nahm einen Riesenschluck Wasser.

»Was?«, fragte ich.

Er sah mich wütend an.

»Verstehst du die Scheiße nicht? Vielleicht ist dein Englisch ja nicht gut genug.«

»Ich komme aus England«, sagte ich. »Erstens gibt es Cockpits nur im Flugzeug, nicht im Auto. Zweitens ergibt das gar keinen Sinn. Es hat nichts mit dem zu tun, was wir machen. Die App hilft den Leuten dabei, ihre Finanzen zu ordnen – es macht sie nicht zum Fahrer des Geldautos.«

»Der *driver's seat*, der Fahrersitz«, sagte Uwe. »Damit sitzen die Leute auf dem Fahrersitz, das habe ich gesagt. Von einem Cockpit habe ich nichts gesagt.«

Oh Gott, dachte ich. Noch so ein Verrückter. Noch so ein wahnsinniger Idiot aus dem Silicon Valley. Noch so ein Typ, der mit Worten herumspielt, nie arbeitet und die ganze Zeit großartige Visionen, Ideen und Träume hat. Dass er wütend werden konnte, wenn man ihm nicht zustimmte, wusste ich jetzt auch. Im Gegensatz zu Frank stand er obendrein nicht zu seinen eigenen Fehlern: Er behauptete nun, er habe nicht »Cockpit« gesagt. Nun, wenigstens kannte ich das alles schon, und wenigstens hatte ich Malcolms Unterstützung.

Ich sagte: »Schau, das Problem ist, dass das alles Mögliche heißen könnte – geben wir euch das Geld, um ein Auto zu kaufen? Helfen wir euch bei einem Kredit? Was? Das ist nicht klar genug.«

Uwe sah an mir vorbei und ignorierte mich. Er wischte sich mit einer Serviette den Mund, zerknüllte sie und legte sie in seine Schüssel.

Brav gingen wir wieder ins Büro und verbrachten die nächsten vier Wochen damit, eine neue Vision für das Unternehmen zu ersinnen. Ich erinnerte Uwe daran, dass es vornehmlich darum ging, die Einführung eines Investment-Tools zu begleiten, er hingegen beschloss, dass wir eine neue Vision für das Unternehmen benötigten. Wie Timo bei Rivalchemy verlangte auch Uwe, dass ich andere Projekte und Verabredungen verschob, um ihm bei seiner Aufgabe zu helfen. Außerdem hatte ich seine Methoden zu befolgen: Wir klebten Post-its mit neuen Visionen für die Unternehmensidentität an die Wand.

Die Zettelchen waren in vier Kategorien unterteilt: Rosa für Idee, Gelb für Produktvorteil, Blau für »geldbezogenes Thema« und Grün für »konkretes Konzept«. Wir klebten sie an die Wand, und Uwe geriet sofort in Rage, wenn ich oder irgendjemand sonst diese Vorgehensweise infrage stellte. Ich schlug vor, die Arbeit wenigstens zu formalisieren, damit wir sehen könnten, welche Ideen gut waren und welche nicht, aber Uwe reagierte erneut zornig und beleidigte mich vor der gesamten Belegschaft.

»Du hast keine Ideen, keine Ahnung, keine Vision!«, schrie er.

Ich seufzte. Ich hatte diese Art von Arbeit satt. Und ich war müde. Solche Angriffe trieben nicht mal mehr meinen Blutdruck in die Höhe, noch bekam ich vor lauter Angst ein flaues Gefühl in der Magengegend. Stattdessen prallte das alles einfach von mir ab. Es war mir längst egal.

Ich sagte ihm, dass ich die Arbeit wieder aufnehmen würde, die ich vor seinem Eintritt in die Firma gemacht hätte.

Das Minimalprodukt

Wenn Start-ups ein neues Produkt auf den Markt bringen wollen, versuchen sie, ein sogenanntes MVP zu schaffen. Die Abkürzung steht, wie ich in Kapitel zwei bereits erklärt habe, dabei nicht, wie im Sport, für »Most Valuable Player«, und es sind auch nicht die Initialen irgendeiner obskuren Partei.

MVP steht für »Minimum Viable Product« – also für ein Minimalprodukt, das funktioniert, die Kunden zufriedenstellt und Rückmeldungen für seine Weiterentwicklung möglich macht. Es ist auf das Wesentliche reduziert, erfüllt jedoch seinen Zweck. In diesem Sinne ist es mehr als nur ein Prototyp, aber auch noch kein High-End-Produkt. Das MVP eines Hauses etwa würde Wände, Böden und Dach umfassen, aber die Zimmer wären leer, und alles wäre weiß getüncht. Bad und Toilette würden funktionieren, aber man würde sich nicht recht wohlfühlen, geschweige denn »zu Hause«.

Nach dem Prototyp kommt die Testphase, in der in der Regel das MVP zum Einsatz kommt. Eine ausgewählte Kundengruppe gibt ihr Feedback zur Verbesserung ab, Entwicklungen werden gemacht, das Design wird verbessert und der Funktionsumfang erweitert.

So lassen sich die Ressourcen des Teams mit geringstem Zeitaufwand effektiv nutzen, um Resultate zu erzielen.

Daher erwartet von Start-up-Produkten auch niemand, dass sie von Anfang an perfekt sind. Vielmehr erwarten die Start-ups, dass im frühen Stadium allerlei Defekte und Fehlfunktionen auftreten.

Wenn man zum Beispiel eine Tasse produzierte, würde man diese allen möglichen Tests unterziehen, bevor man sie auf den Markt brächte: Kann sie Wasser halten? Geht sie in der Spülmaschine kaputt? Hält sie Spülmittel aus?

Da die von Start-ups angebotenen Produkte jedoch meist digital sind, können sie laufend weiter verbessert werden, also auch nach ihrer Markteinführung. Man beginnt mit einem MVP, verbessert es bis zur endgültigen Marktreife und dann immer weiter während des gesamten Lebenszyklus des Produkts.

Das ist die »ideale« Version einer Start-up-Produktion. Die Realität sieht meist ganz anders aus: Dort geht man mit der Haltung »Das korrigieren wir später« über alle möglichen Fehler hinweg, und das MVP selbst ist in der Regel höchst mangelhaft.

Persönlichkeit und Produkt

In der Schlussszene des Kinofilms *The Social Network* von 2010 sitzt Jesse Eisenberg als Mark Zuckerberg allein da und nutzt Facebook. Er hat all seine Freunde verloren, alle verprellt, die ihn je mochten. Was will uns der Film damit sagen? Der Typ, der mit anderen Menschen nicht klarkommt, hat das Tool entworfen, mit dem wir unsere Freundschaften pflegen.

Dies wird unter anderem dadurch möglich, dass die Arbeit in Start-ups in einem Vakuum stattfindet. Es gibt schlicht keine Regeln für die Arbeitsorganisation, keine Hierarchien. Wie bereits erwähnt, mangelt es auch den Stellenbeschreibungen derart an klaren Inhalten, Anweisungen und Zielen, dass niemand so recht weiß, was für einen Job er eigentlich hat: Die Arbeitnehmer tun einfach, was der Arbeitgeber von ihnen verlangt, ganz gleich, ob es sinnlos oder kontraproduktiv ist. Somit findet die Persönlichkeit des Chefs mit ihren sämtlichen Unsicherheiten und Fehlern ungehindert Ausdruck, was sich schließlich auch im Produkt niederschlägt. Dabei spielt es keine Rolle, ob der Charakter des Anbieters – wie bei Jesse Eisenbergs Facebook-Gründer – in direktem Kontrast zum Produkt steht. Facebook ist die Website, auf der wir miteinander in Kontakt treten, basierend darauf, was Mark Zuckerberg als angemessene Regeln für soziale Interaktionen betrachtet: Nähe, Distanz, Mitteilsamkeit und Diskretion sind nach seinen Vorstellungen abgestimmt. Selbst wenn er, wie im Film dargestellt, überhaupt nicht weiß, wie man einen zwischenmenschlichen Umgang pflegt.

Dieses Prinzip der Einflussnahme einer Persönlichkeit auf ein Produkt zeigt sich sowohl bei Rivalchemy als auch bei MyCashMate. Bei Rivalchemy gab es ständige Reibereien zwischen Timo und Felix, sodass weder die Produkte klar benannt wurden, noch das Unternehmen insgesamt eine eindeutige Richtung erhielt. Es wurde hin und her gezerrt, produzierte halbgare Sachen und lausige Ideen. Oder nehmen wir jenes eine Projekt, das meine Handschrift trug, das Produkt, das ich mir ausdenken sollte. Es gab einen Grund dafür, warum es sich nicht von den Angeboten unserer Mitwettbewerber unterschied – weil jemand wie ich einfach nur eifrig einen Job erledigen wollte, ohne die geringste Ahnung davon zu haben, wie solche Produkte funktionieren. Ohne jede Erfahrung im Produktentwurf kopierte ich einfach, so gut ich konnte. Das ist keine Entschuldigung, aber das kommt dabei heraus, wenn man Angst um seinen Job hat.

Und was war das Problem bei MyCashMate? Weil die Mitarbeiter unfähig zu Feedback waren, schenkte das Unternehmen seiner eigenen Feedback-Funktion kaum Beachtung. Sie dümpelte dahin, und die Leute kümmerten sich fortan einfach gar nicht mehr darum, ob wir nun irgendwelches Feedback bekamen oder nicht.

Selbst wenn die Maschine läuft, selbst wenn die Produkte funktionieren, sind sie in der Regel das direkte Resultat dessen, wie die Chefs diese Produkte haben wollen. So entsteht weder für den Markt noch hinsichtlich der Funktionalität das bestmögliche Produkt. Es spiegelt schlicht die Wünsche und Persönlichkeiten der Entscheider wider. Untergeordnete Mitarbeiter wiederum können oder wollen leider keine Verantwortung für solche Projekte übernehmen und richten sich ganz nach der Autorität der Führungsperson. Schließlich stellte die Firma einen Ninja zum Kickerspielen ein, keinen Projektmanager zum Leiten von Projekten.

Frank war, mit einem Wort, tatsächlich ein Rockstar. Er wollte Gitarre spielen und singen und auf der Bühne stehen und geliebt werden. Er wollte nicht hören, dass er etwas falsch machte. Als Leiter der PR-Abteilung war er unfähig, mit anderen Menschen zu kommunizieren. Somit trug er dazu bei, dass auch innerhalb des Unternehmens eine Rockstarattitüde aufkam: Man kümmerte sich einfach nicht darum, was die Kunden wollten. Uwe setzte diesen Trend fort und verstärkte ihn sogar noch, indem er der Unternehmenskommunikation sein verträumtes, »visionäres« Element hinzufügte.

Dann war da aber noch Max. Erinnert ihr euch an seinen kindergartenartigen Morgenkreis, in dem jeder sagen musste, was er gerade tat – auch wenn er nichts Neues zu sagen hatte? Die alte Arbeitsweise wurde einfach deshalb verworfen, weil sie alt war, und dafür diese neue Methode eingeführt, nur weil sie Max mehr zusagte. Dadurch kam es zwischen einzelnen Projekten zu Verwirrung, und statt die Zusammenarbeit zu fördern, sorgte dieses Vorgehen für ein Auseinanderdriften der Arbeitsbereiche.

Und dann fand ja noch, wie ich bereits beschrieben habe, Max' Vorstellung davon, was bezahlbar sei, Niederschlag im Produkt. Somit budgetierten sie die Nutzer, wie er es für angemessen hielt, und nicht, wie es für diese sinnvoll gewesen wäre. Und dann schleichen sich auch noch die Vorurteile, welche die Menschen bewusst oder unbewusst hegen, in die Produkte ein …

Vorurteile und Produkte

Ich habe bereits dargelegt, dass Start-ups Orte sind, an denen sich machohafte Neigungen verstärken. So kommt es im Unternehmen zu Auswüchsen von Sexismus, Rassismus, Schwulenhass und anderen Vorurteilen. All das ist real, wenn auch nicht auf den ersten Blick sichtbar – und schlägt sich letztlich in den Produkten nieder.

Um Zugang zu den Produkten von MyCashMate zu erlangen, mussten die Kunden ein Formular ausfüllen, mit dem ihre persönlichen Finanzdaten abgefragt wurden. Dann wurden die Kunden in verschiedene Kategorien finanzieller Gesundheit eingestuft. Schlechte Finanzgesundheit bedeutete geringes Einkommen und hohe Ausgaben. Gute Finanzgesundheit bedeutete das Gegenteil. Insgesamt gab es acht Stufen von schlecht bis ausgezeichnet. Da jedoch Max darüber entschied, wonach hohe oder geringe Einkommen und Ausgaben zu bemessen waren, ohne sich dabei auf allgemein anerkannte Bewertungsmethoden zu stützen, erhielten die Kunden Profile und Budgetierungspläne nach seinem Dafürhalten. Da Max seine Vorstellungen von reich und arm und gesund und ungesund in das Produkt projizierte, reproduzierte dieses auch Max' Vorurteile. Dies zeigte sich ganz deutlich daran, welche Personengruppen in welche Kategorien fielen. So wurde eine überproportional große Anzahl innerstädtischer Nutzer und Nutzer aus

Griechenland als finanziell ungesund eingestuft, wohingegen weiße Deutsche aus der Mittelschicht überproportional als finanziell kerngesund galten. Freilich mochte das die finanzielle Realität widerspiegeln. Dennoch basierte die Klassifizierung allein auf Max' Annahmen. Kunden unterschiedlicher Kategorien wurden unterschiedlich gut beraten und vom Unternehmen unterschiedlich behandelt. Wer als finanziell gesünder galt, konnte etwa am Telefon mehr Höflichkeit erwarten, wohingegen man diejenigen mit einer schlechteren Finanzgesundheit weitaus unfreundlicher abfertigte. Schließlich tendierten Letztere eher zu der kostengünstigen Version des Angebots bzw. zu den kostenlosen Services, und mit der Zeit wurde es immer mehr zur allgemeinen Praxis, den Kunden mit einer schlechten Finanzgesundheit keinerlei Respekt entgegenzubringen.

Es hätte aber auch zu anderen, potenziell ernsteren Konsequenzen kommen können. Angesichts dessen, dass wir eine große Menge sensibler Personendaten gesammelt hatten, stellte sich die Frage: »Sollten wir diese Daten nicht zum Vorteil des Unternehmens nutzen?« In einer Strategiesitzung (ähnlich der »Statussitzungen« bei Rivalchemy, bei denen wir alle stehen und zuhören mussten, wo das Unternehmen gerade stand) wurde vorgeschlagen, dass das Unternehmen diese Daten in irgendeiner Form zu Geld machen solle. Höchstwahrscheinlich hätte das bedeutet, dass man die Daten Finanzinstituten oder Werbeunternehmen zur Verfügung gestellt hätte. Ich kann zwar nicht beweisen, dass jemals Daten an Dritte weitergegeben wurden, und will dies auch keineswegs behaupten. Doch die *Möglichkeit* wurde definitiv diskutiert. Max erwähnte sie mehrere Male explizit als Geschäftsmodell für die Zukunft. Das hätte möglicherweise bedeutet, dass Werbeunternehmen vermeintlich finanziell hilfsbedürftige Nutzer ins Visier genommen hätten, dabei jedoch anhand einer Skala operiert hätten, die sich ein Typ ausgedacht hatte, der ein Einkommen unter 30 000 Euro pro Jahr als »arm« einstufte. Wie gesagt, ist dies nur eine Möglichkeit, und es gibt keinen Hinweis darauf, dass das Unternehmen jemals in dieser Richtung tätig war. Es zeigte allerdings, dass sich die Firma der Folgen und Möglichkeiten ihrer Tätigkeit voll bewusst war.

Da die Systeme und Algorithmen unseres Unternehmens darauf ausgelegt waren, etwas über die Nutzer zu »erfahren« (um an Daten zu gelangen, die auf die »wahrscheinliche« finanzielle Kategorie neuer Kunden schließen ließen), liefen innerstädtische Nutzer und Nutzer aus Griechenland eher Gefahr, in die Kategorie »schlechte Finanzgesundheit« zu fallen, noch *bevor* sie ihre Finanzdaten übermittelt hatten.

Es gibt jedoch noch wesentlich schwerwiegendere, nachweisbare, aktuelle Fälle. In seinem 2018 erschienenen Buch *New Dark Age* schildert der Künstler und Aktivist James Bridle, dass »codierte und insbesondere rassische Vorurteile [in der Technologiebranche] nichts Neues« seien. Er bezieht sich primär auf visuelle Technologien und berichtet über das Video eines YouTubers, der im Jahre 2009 seine neu erworbenen Hewlett-Packard-Webcam getestet hatte. Das Gerät erkannte den schwarzen Mann nicht, »zoomte aber seinen weißen Kollegen heran«. Nach einer Reihe weiterer Beispiele schließt Bridle, es sei keinesfalls so, dass »Konstrukteure rassistische Geräte entwerfen wollen oder diese jemals für rassische Profilerstellungen genutzt würden. Vielmehr ist es offenbar so, dass solche Maschinen die systemischen Ungleichheiten offenbaren, die unter den Mitarbeitern der heutigen Technologiebranche herrschen. Diejenigen, die

Systeme entwickeln und testen, sind immer noch vorwiegend weiß.«[30]

Am Bahnhof Berlin Südkreuz wurde inzwischen eine Gesichtserkennung ausprobiert, auch in Australien wird gerade ein Gesichtserkennungssystem eingeführt, das Bürger anhand von Fotografien erkennen kann. Dabei spielt es keine Rolle, ob diese Bürger ein Vorstrafenregister haben oder schlicht als »Sicherheitsrisiko« eingestuft werden.[31] Bevor wir uns die grundlegende Frage stellen können, ob wir denn eine derartige Technologie überhaupt in unserem Leben haben wollen, müssen wir noch etwas viel Wichtigeres fragen: Wie wurde diese Technologie entworfen? Wer hat sie gemacht? Anhand welcher Kategorien werden Menschen definiert? Wie äußern sich soziale Vorurteile in dieser Technologie? Woher wissen wir, welche Folgen diese Technologie haben wird? Wer ist für Überwachung und Korrektur dieser Technologie zuständig? Ist das Ganze überhaupt für die Öffentlichkeit transparent?

Was die Start-ups angeht, kann man sagen, dass die Kultur, die Technologie schafft, insofern gefährlich ist, dass sie vielerorts weiß, männlich, heterosexuell und machohaft geprägt ist. Da es keinerlei Kontrolle oder Korrektiv gibt, reproduzieren viele Unternehmen auf die eine oder andere Weise soziale Probleme in ihrer Technologie.

Bei MyCashMate hatte das weiße, männliche, machohafte und wohlhabende Ego bewirkt, dass ein Team vorwiegend internationaler Fachkräfte etwas produzierte, das am besten für weiße, männliche, machohafte und wohlhabende Nutzer geeignet war.

Juli 2016: Vor der Markteinführung

Das neue Produkt musste auf den Markt gebracht werden, damit die Nutzer das Interesse nicht verloren, wir an unseren Mitbewerbern vorbeiziehen konnten und die Investoren zufrieden waren. Investoren wollen sehen, dass sich eine neue Technologie und ein neuer Markt vor ihnen auftun. Sie wollen sehen, dass sich neue Strukturen für bisherige Abläufe festigen, damit sie daran verdienen können, wenn wir alle per Smartphone ein Taxi rufen und unsere Bücher online bestellen. Wenn das Ganze funktioniert, besteht für die Investoren die Möglichkeit, einen Haufen Geld zu verdienen. Sie müssen nur auf das richtige Pferd setzen.

Deshalb steht man bei einer neuen Produktveröffentlichung unter massivem Druck.

Max und sein Team hatten das Produkt fertig. Jetzt mussten wir nur noch das Marketing gut hinbekommen. Das hätte eigentlich kein Problem sein dürfen – ein Kinderspiel eher nach meinen Schwierigkeiten bei Rivalchemy. Hier mussten wir lediglich etwas vermarkten, das schon existierte.

Uwe war es egal, wofür das Produkt eigentlich gut war: Er hatte sich bereits festgelegt, dass er vielmehr das Unternehmen im Ganzen beschreiben wollte. Nach einem Monat sinnloser Post-its war er wieder bei Folgendem angelangt: »*MyCashMate puts you in the driving seat of your speeding finances* – Mit MyCashMate sitzen Sie auf dem Fahrersitz Ihrer rasanten Finanzen.«

Unfassbar. Es konnte alles bedeuten. Bot das Unternehmen finanzielle Beratung? Bekam man einen Kredit? Oder ein Sparbuch mit anständigen Konditionen? Hypothekenberatung? Nein. Der Spruch verriet rein gar nichts über unsere Aktivitäten – die einzige Aussage war, dass wir den Nutzern ein gewisses Maß an Kontrolle boten. In Ordnung, Kontrolle. Das deutete zumindest die grundlegende Richtung an. Kurz, man bekam allenfalls eine ungefähre Vorstellung davon, wer wir waren und wozu unser Produkt taugte.

Das neue Produkt, das Investment-Tool, sollte den Nutzern zum Beispiel anzeigen, ob der Nutzer Anteile an einer bestimmten Handelsware erwerben sollte. Die Nutzer mussten dafür bereits wissen, welche Handelsware und, sagen wir, welches Unternehmen für sie infrage kamen. Dann brauchten sie nur noch den Unternehmensnamen eingeben und sich durch Land und Anteile herunterzuscrollen. Daraufhin berechnete die App die Kosten für eine Aktie und empfahl anhand der vorliegenden Finanzdaten, wie viele der Nutzer davon kaufen sollte.

Einige Mitarbeiter des Unternehmens, die sich in geschäftlichen Dingen etwas besser auskannten, bezeichneten das Tool als nützlich und einzigartig. Es gab nichts Vergleichbares auf dem Markt.

Klasse, dachte ich. Wir können ein gutes Marketing für ein gutes Produkt machen.

Aber nix.

Autos, Geschwindigkeit, MyCashMate, Fahrersitz.

Um Uwe zu demonstrieren, wie unverständlich sein Vorschlag war, testete ich seine Marketingstrategie via E-Mail-Umfrage an einer Probandengruppe. Sie teilten mir mit, ihnen sei nicht klar, wozu das Produkt diene. Ich erläuterte das neue Investment-Tool. Die Antworten: »Ah, das ist super. Aber wozu dieser ganze Kram mit den Autos? (Lol) Ich dachte schon, es ginge um einen Kredit zum Kauf eines Wagens.«

Ich konfrontierte Uwe mit diesen Rückmeldungen. Der zog sich seine Mütze ins Gesicht und sagte laut: »Kapierst du es denn immer noch nicht? Verpiss dich!«

Ich verpisste mich mit einem Seufzen. Dieser Kerl konnte kein Feedback ertragen – und das bedeutete, dass wir auch das Kundenfeedback ignorieren würden. Kurzum: Wir konnten den Kunden nicht nur nicht vermitteln, um was für ein Produkt es sich handelte, sondern führten sie sogar in die Irre durch Uwes schlechtes Marketing. Am Ende hatten wir, bedingt durch das fehlende Feedback, keinerlei wirkliche Übersicht über das Produkt.

Obendrein erfuhr ich vom Produktteam, dass wir das Produkt mit gravierenden Mängeln auf den Markt bringen würden. Amar, der neue Werkstudent aus Indien, war der Erste, der mir davon berichtete.

»Weißt du, das Problem ist, dass das Produkt die Nutzerdaten für Außenstehende teilweise zugänglich macht«, erklärte mir Amar. »Ich weiß nicht, wie dieses Tool entstanden ist, aber es hat den Anschein, dass es irgendwo ein Durcheinander gegeben hat.«

»Was meinst du?«, fragte ich.

»Nun, es ist ein bisschen so, als hinterließe man Fußspuren im Schlamm. Sagen wir, man überquert in hohen Schaftstiefeln ein schlammiges Feld. Die Füße bleiben warm und trocken und sauber, aber man hinterlässt Fußabdrücke im Schlamm. Normalerweise ist das kein Problem, aber man stelle sich vor, in die Sohlen der Stiefel wären Name, Adresse und Bankverbindung eingeprägt. Wenn man jetzt das Feld überquert, hinterlässt man mit den Fußabdrücken auch einen Abdruck seiner Daten. Genau das machen wir mit unseren Nutzerdaten. Jedes Mal, wenn ein Nutzer dieses Tool verwendet, hinterlässt er Spuren seiner Daten, die leicht zu hacken sind. Zum Glück für uns ist bislang noch niemand auf diesen Gedanken gekommen, oder vielleicht denken sie auch, dass es sich nicht lohnt, ein Start-up zu hacken, aber die ganzen Daten sind da.«

»So schlimm kann es nicht sein«, sagte ich.

»Doch, es ist ganz einfach. Möglicherweise bieten wir den Hackern eine einmalige Gelegenheit, unsere Nutzer um ihr Geld zu bringen.«

»Ach du Scheiße, das ist ja ein Ding«, sagte ich. »Das müssen wir Max sagen!«

»Das haben wir ja bereits. Malcolm haben wir es ebenfalls gesagt. Max hat sich einfach nur geärgert, dass es diese Mängel überhaupt gibt, obwohl es sie nur deshalb gibt, weil er nicht weiß, wie er sein Team organisieren soll. Er meinte aber, es sei ihm letztlich egal. Wir können das Produkt einfach nachträglich korrigieren und dann mögliche Beschwerden entgegennehmen. Ich glaube nicht, dass es einen der beiden wirklich kümmert. Ich meine, ich weiß nicht, was du für einen Eindruck hast, aber sie nehmen Feedback nicht besonders ernst. Aber das finde ich entsetzlich, weil es sich ja nicht um irgendwelche harmlosen Daten dreht, sondern um handfeste Finanzdaten. Im schlimmsten Fall wird den Leuten ihr Geld oder sogar ihre Identität gestohlen.«

Es war die alte Geschichte: Die Produktveröffentlichung würde den Investoren signalisieren, dass wir wuchsen, den Nutzern, dass wir immer noch das richtige Unternehmen für ihre technischen Belange waren, und allen anderen, dass wir immer noch eines der heißesten Start-ups in ganz Berlin waren. Wir würden die Beschwerden entgegennehmen und erst dann das Produkt nachbessern, selbst wenn es die Nutzer angreifbar machte. Der Geschäftsführer scherte sich nicht darum, da es auf den Markt kam und die Investoren erfreute. Die Investoren ihrerseits wussten gar nichts. Sie waren schlicht froh über diesen Schritt in die Zukunft, über eine neue Investitionsmöglichkeit. Der Nutzer wiederum merkte nichts, bevor es zu spät war.

»Ja ja«, fuhr Amar fort. »Weißt du, wie wir die Leute auf dem Fahrersitz Platz nehmen lassen oder was auch immer? Wir setzen sie in ein Auto und fahren dieses Auto gegen eine Wand.«

Amar hatte recht. Es war ein potenzieller Autounfall. Ich erkannte, dass Start-ups genau das taten – sie waren bereit, ihre Kunden Risiken auszusetzen, ihnen Sicherheit zu verkaufen und zu sich selbst zu sagen: »Ist schon okay, das korrigieren wir dann später.«

»Und was sollen wir jetzt machen?«

»Nun ja«, sagte Amar. »Ich glaube, sie werden noch ein paar Werkstudenten holen, die eine Zeit lang den Saustall aufräumen, und in der Zwischenzeit machen wir uns an die Nachbesserung. Ich schätze, es ist ein Vorteil, dass wir so ein beschissenes Marketing haben: Niemand wird genug über das Tool erfahren, dass er es hacken möchte.«

Er lachte.

Was für eine Scheiße.

Doch ich versuchte weiterhin, unser Marketing zu verbessern. In Besprechungen mit Uwe und Malcolm äußerte ich meine Bedenken hinsichtlich des Slogans und legte dar, dass er in Zusammenhang mit dem Produkt keinerlei Sinn ergab. Malcolm ergriff Partei für Uwe. Hinterher sagte er mir unter vier Augen, er verstehe meine Einwände und ihm selbst gefalle weder das Marketing noch die »Fahrersitz«-Analogie, weil Uwe es sich damit einfach mache und nichts darüber aussage, was mit dem Marketing eigentlich bezweckt werden solle. Er erklärte mir aber auch, dass es wesentlich wichtiger als das Marketing selbst sei, Uwe zu behalten.

»Wieso denn das?«

Nun, weil das Unternehmen Max bei der Stange halten müsse. Als Produktentwickler wurde Max von anderen Unternehmen umworben und hatte bereits einige Gespräche über einen möglichen Wechsel geführt. Die Wahrheit war folgende: Frank war Malcolms Meinung nach ein ausgezeichneter Marketingfachmann, aber sie hatten eine harte Entscheidung treffen müssen – entweder er oder Max. Und Max war schlicht zu kostbar. Freilich konnte es für das Unternehmen sogar ungesund sein, sich derart von einer einzelnen Person abhängig zu machen, ebenso wie für denjenigen, der wusste, dass er unantastbar war. Aber was blieb ihnen übrig? Uwe war vielleicht ein Idiot, aber er war auch ein Schwächling, und er besaß eine gewisse Erfahrung im Marketing und verfügte zudem über ein Netzwerk von Journalisten. Vorerst war es daher wichtiger, jemanden zu haben, der den obersten Entwicklungsfuzzi zufrieden stimmte, als unsere Darstellung des Produkts zu ändern. Abgesehen davon solle ich Uwe bei seinen Ideen nach Kräften unterstützen, meinte Malcolm, aber er habe Verständnis dafür, wenn ich hinter Uwes Rücken meine Arbeit nach eigenem Ermessen gestaltete.

Da hatte ich es also mal wieder: Do it yourself. So. Das berühmte Credo der Selbstoptimierung musste wieder einmal dazu herhalten, um die Versäumnisse des Managements zu vertuschen. Nicht genug damit, dass sie einen ihrer Angestellten nicht kontrollieren konnten, sie mussten diesen einen Angestellten auch noch unter allen Umständen bei Laune halten. Somit war die »Do it yourself«-Philosophie nur eine Methode, dafür zu sorgen, dass die Mitarbeiter weiterarbeiteten und Ergebnisse produzierten, ohne dass die Führung dabei eingestehen musste, dass auf höchster Management- und Konzeptebene schwere Fehler begangen wurden. Obwohl dieses Unternehmen von einem Inkubator auf den Weg gebracht worden war und von eben jener »Hefe« Starthilfe erfahren hatte, die Angela Merkel so gepriesen hatte, war das Management nicht in der Lage, der Tatsache ins Auge zu sehen, dass es selbst schwerwiegende Probleme verursachte, die das gesamte Unternehmen durchdrangen, und verschlimmerte dadurch die Probleme auf ganz grundlegender Ebene: Wir sagten nicht klar, was wir eigentlich taten, und die Produkte selbst waren mangelhaft und problematisch. Somit hielt die Firma diese Situation wissentlich aufrecht, das Management sagte allen, sie sollten das Ganze umschiffen, und rechtfertigte die Lage, indem es sich der schamlosen Rhetorik der Start-up-Szene bediente.

Obendrein wurde ich ermuntert, meinem eigenen Vorgesetzten zuwiderzuhandeln und mich damit in einer Weise zu verhalten, welche die bestehenden Regeln und Hierarchien des Unternehmens untergrub. Das war weder ein »Bruch« noch »Selbstoptimierung« – man rettete schlicht und einfach seinen Arsch. Man spannte die Angestellten ein, um die eigenen Fehler mehr schlecht als recht auszumerzen. Malcolms Fehler, Uwe einzustellen, wurde dadurch wettgemacht, dass ich gegen Uwe arbeitete. Es war zum Haareraufen: Wenn man in diesem Umfeld auch nur die kleinste Kleinigkeit gebacken kriegen wollte, musste man sich an einem bescheuerten Nacht-und-Nebel-Spielchen beteiligen und sich vom Teamplayer zum Dummschwätzer höchster Ordnung aufschwingen.

Ich hatte es ja so satt.

Der Brexit

Der Brexit war für uns alle natürlich ein großer Schock. Da Uwe darauf bestand, das Produkt dennoch zum geplanten Zeitpunkt herauszubringen, überdeckte das Getöse im Internet die eigentliche Produktveröffentlichung, bei der wir der

Welt durch Pressemitteilungen und lancierte Artikel an Journalisten verkündeten, dass man mit MyCashMate wahrhaft auf dem Fahrersitz Platz nehme, im Cockpit, und dass die eigenen Finanzen damit eine superschnelle, beeindruckende Sache seien. Die neue Funktion zur Anlagensuche ging ganz unter, und selbstverständlich war das Medienecho gleich null. Nicht nur, weil uns der Brexit überschattet hatte, sondern auch, weil die Journalisten nicht verstanden, wovon wir eigentlich redeten.

Egal. Max kümmerte das nicht sonderlich – er freute sich einfach, dass das Tool den von ihm geforderten Spezifikationen entsprach. Er hatte die Egoschlacht gegen Frank gewonnen und es geschafft, das Unternehmen zu überreden, das von ihm gewünschte Tool auf dem Markt zu bringen.

Ich verbinde diese Markteinführung rückblickend mit einem flauen Gefühl in der Magengegend, nicht zuletzt, weil sie mit dem Brexit zusammenfiel. Sicher, es war peinlich und schmerzlich und schlimm, mit anzusehen, wie die Mehrheit meiner Landsleute für einen derart offensichtlich xenophoben und nationalistischen Schritt stimmten, aber daneben deckte sich die Entwicklung auf erschreckende Art und Weise mit meinen Erfahrungen bei den Start-ups: Es war ein Votum der Rückständigen für den Rückschritt, das nach außen hin als Fortschritt verkauft wurde. Der Brexit wurde als Schritt nach vorn für das Land verpackt, war aber tatsächlich ein gewaltiger politischer Rückschlag.

In derselben Weise verpackten wir unser Produkt als Fortschritt, als Möglichkeit, die eigenen Geldanlagen mithilfe moderner Technik zu strukturieren, und doch war es das rückständigste Instrument, das man sich nur vorstellen konnte: Nicht nur beurteilte es Menschen anhand rückwärtiger und von Vorurteilen beladener Maßstäbe, es hatte auch Probleme, das zu erfüllen, wofür es designt worden war, und verursachte Konfusion aufgrund von verwirrender Bewerbung.

Dennoch gingen wir, was den Brexit anging, zu diesem Zeitpunkt noch davon aus, dass diese Welt einfach weiterexistieren würde wie bisher. Wir wussten nicht, dass die moderne Technik einen solch negativen Einfluss auf die Wahrnehmung der Menschen und das Verständnis grundlegender Tatsachen haben konnte. Später kamen dann die von den sozialen Medien verbreiteten Falschmeldungen, schließlich die Verstrickungen von Facebook und Cambridge Analytica in Datenhandel und Nutzermanipulation – gut, wir hatten gewusst, dass digitale Produkte wie das unsere oft ungewollte, potenziell negative Wirkungen hatten, aber in diesem Ausmaß?

Mein flaues Gefühl wurde stärker, als mich der Verdacht beschlich, dass möglicherweise auch wir etwas damit zu tun hatten, was sich auf der Welt abspielte, und sei es auch nur in geringem Umfang. Ich hatte das Gefühl, dass die von uns produzierte Technologie so minderwertig und simpel, so mangelhaft in ihrer Funktionalität war und gleichzeitig so fortschrittlich und überlegen wirkte, dass sie einen zweiseitigen Effekt hatte: Sie machte die Menschen anfällig für Angriffe, Manipulationen oder Datenklau, vermittelte ihnen aber das Gefühl größerer Sicherheit. MyCashMate und andere Start-ups speicherten Nutzerdaten in leicht zugänglichen Tabellen, die nicht geschützt waren. Wenn ein Angestellter seinen Laptop im Bus oder im Zug vergaß, hatte jeder Dieb mit ein paar Hacking-Kenntnissen Zugang zu den Bankdaten Tausender Nutzer in ganz Europa. Und dann war da noch die Sache mit dem digitalen Fußabdruck. Doch die Nutzer fühlten sich sicher. Grund war das alte Paradoxon: Wir sehnen uns nach Sicherheit, also geben wir unsere persönlichsten

Informationen Unternehmen und Individuen, denen unsere Sicherheit oder unser Wohlergehen möglicherweise gar nicht am Herzen liegt.

Die große Täuschung des Brexit spiegelte die große Täuschung der Technik wider: Dasselbe Ding, das uns Sicherheit versprach, machte uns in Wahrheit nur noch angreifbarer. Das sagt noch nichts darüber aus, wie Technik und Brexit tatsächlich miteinander verwoben waren, und auch nichts über die finstere Rolle, die Technik und Fake News dabei spielten, die niedersten Gefühle der Menschen zu befeuern, um ein selbstzerstörerisches Resultat zu erzielen, das in der modernen Politikgeschichte beispiellos ist.

Ich vergewisserte mich meiner Glaubensgrundsätze – dass über Staatsgrenzen hinweg Solidarität zwischen den Menschen entstehen kann. Und ich wusste: Wenn ich diesen ganzen Mist durchschauen wollte, der sich auf der Welt zutrug, musste ich auch den ganzen Mist, der mich umgab, durchschauen. Die Start-up-Kacke zu durchschauen war dazu ein richtiger Schritt, denn wenn man den Bockmist anderer Leute durchschaute, durchschaute man auch die Politik. Schließlich sprachen sie dieselbe Sprache einer technikgläubigen Zukunftsutopie, und beide missbrauchten Nutzerdaten.

Herbst 2016: Arbeitsalltag und soziale Daten

So mies ich mich fühlte, ich machte meine Sache recht gut bei MyCashMate. Die Artikel, die ich unter Malcolms Namen verfasste, erschienen in einigen der berühmtesten Technik- und Finanzmagazinen der Welt. Ich vernetzte mich mit zahlreichen Journalisten in ganz Berlin und verschaffte dem Unternehmen eine gute Medienpräsenz.

Wenn ich mich mit Journalisten von Technikpublikationen traf, fragten sie wie gehabt nicht weiter nach, ob das Produkt tatsächlich so funktionierte, wie wir es bewarben, oder ob die von mir genannten Zahlen stimmten. Es ging ihnen ausschließlich um eine gute Geschichte. Ich bin mir sicher, dass ernsthafte, seriöse Zeitungsjournalisten wahrscheinlich bessere Arbeit geleistet hätten, doch diese ignorierten für gewöhnlich meine Bitten um eine Berichterstattung. Alles in allem waren wir einfach noch zu unbedeutend. Für Tech-Journalisten, die Tech-Magazine belieferten, waren wir hingegen das nächste große Ding.

Ich hatte weiterhin einen hektischen Zehnstundentag, erledigte meine reguläre Content-Erstellung, betreute Federica und übernahm auch die Bereiche, um die sich Frank früher gekümmert hatte. Uwe wiederum verbrachte seine Tage mit Gedankenspielen und dem Ersinnen neuer, halb garer Metaphern für das Wesen des Unternehmens.

»Es ist wie das Motorrad in *Tron* – es bringt dich in eine andere Dimension!«, schrie er eines Tages durchs Büro.

Wir hatten längst gelernt, ihn zu ignorieren.

Ich hatte ein paar Jahre gebraucht, um den Mut aufzubringen, aber ich begann nun einfach das zu tun, was ich für richtig hielt, und ignorierte alles, was Vorgesetzte und Hierarchien vorgaben. Häufig geriet ich dadurch in ernste Schwierigkeiten, doch der Geschäftsführer Malcolm sah, dass ich die Aufmerksamkeit der Presse auf das Unternehmen lenkte, also wurde ich nie abgestraft.

Dennoch gab es ein schwerwiegendes Problem: Uwe änderte ständig sämtliche Website-Texte, sowohl auf Deutsch als auch auf Englisch, und arbeitete zudem mit dem Marketing zusammen, sodass all unsere Materialien seine halb garen Slogans enthielten – überall stand etwas wie: »MyCashMate ist das Luftschiff zu großer Finanzmacht!«

Einmal mehr dachte ich zurück an Timo und daran, wie er das Analyse-Tool in »Audience Power« hatte umbenennen wollen. Ich begriff, dass Sprache und Realität in der Start-up-Welt vollkommen voneinander getrennt sind. Nicht der Signifikant ist wichtig, sondern was damit angezeigt wird – die Technologie. Die Sprache als solche erhält eine niedrigere Priorität und hat vor allem die Funktion, zu verschleiern, wie schäbig und mangelhaft die Technologie tatsächlich ist. Wir waren ein Luftschiff der Hochfinanz – super. Wenn ihr das lest, glaubt ihr womöglich kaum, dass es bei uns ganze Teams gab, die rund um die Uhr ausschließlich damit beschäftigt waren, dafür zu sorgen, dass keine Nutzerdaten aus diesem Luftschiff fielen (was sie aber dennoch taten).

Ich wusste, dass es keinerlei Sinn hatte, sich zu beschweren. Selbst wenn Uwe gefeuert würde, wäre es dann nur meine Aufgabe, den ganzen Schlamassel in Ordnung zu bringen. Nichtsdestotrotz wusste ich, dass ich früher oder später etwas tun musste, da Uwes Vorgehen einen direkten und schädlichen Einfluss auf meine eigene Arbeit hatte. Wenn die Leute unter Malcolms Namen erschienene Artikel lasen, klickten sie sich vielleicht durch die Website, um mehr über das Unternehmen zu erfahren. Und genau dort konnten diese potenziellen Neukunden verloren gehen. Sie lasen beispielsweise einen Artikel über Geldmanagement für Millennials (für den ich als Autor offensichtlich prädestiniert war), wurden dann jedoch auf eine Website gelenkt, die ihnen die Möglichkeit bot, auf dem Weg zu finanziellem Erfolg auf dem Fahrersitz Platz zu nehmen, und sie mit allen möglichen Floskeln über die Notwendigkeit finanziellen Gewinns und Wachstums bombardierte.

Die Absprungrate von Lesern unserer Homepage war extrem hoch – ein Hinweis darauf, dass sie schlicht nicht kapierten, was wir eigentlich machten. Ich schickte den

Link an ein paar Freunde, die zunächst glaubten, wir böten Darlehen oder Anlageberatung. Als ich »Finanzplanung« sagte, entgegneten sie: »Warum sagt ihr nicht einfach, dass ihr eine Budget-App anbietet?«

Ich wollte kürzen, redigieren, vereinfachen, reduzieren. Nicht durcheinanderbringen, sondern erklären. Es hatte beinahe den Anschein, als fürchtete sich das Unternehmen davor, zu schildern, was es tat und anbot – aus Angst, selbst zu erkennen, dass dies alles ungeheuer simpel war und nicht unbedingt Teil der atemberaubenden technischen Revolution, die momentan im Gange war.

Doch genau das wollen und verdienen Kunden: Transparenz und Klarheit. Sie wollen Einfachheit und eine leichte Handhabung – keine komplizierten Aktionen à la *Matrix*, wo Zahlen und Algorithmen wie durch Zauberhand Dinge ermöglichen, sondern Einfachheit. Lediglich die Technologieleute wollen sich damit brüsten, wie neu und innovativ ihr Produkt ist – wie kompliziert doch alles ist, was sie tun, wie verblüffend und schillernd und anspruchsvoll.

Ich wusste jedoch, dass ich abwarten musste. Meine Zeit würde kommen. Wenn Uwe erst einmal gefeuert war, konnte ich alles überarbeiten.

November 2016: Sozialanalyse

Während ich darauf wartete, dass Uwe gefeuert würde – was, wie ich sicher war, nur eine Frage der Zeit war –, bat man mich Mitte November zu einer seltsamen Besprechung – und zwar mit Max, dem Leiter der Produktabteilung.

Max wollte meine (ausdrücklich, nicht Uwes) Meinung dazu hören, wie mit einer PR-Krise umzugehen sei.

»Was für eine Krise? Hat jemand etwas Schlimmes getan?«

»Nein«, sagte er und kaute am hinteren Ende seines Bleistifts. »Noch nicht.«

»Okay, womit kann ich dann dienen?«

Wir saßen an einem Schreibtisch. Er hatte seinen Laptop an einen Beamer angeschlossen. An die Wand war das Bild der MyCashMate-App projiziert. Eingegeben waren die Daten des typischen Max Mustermann.

»Das ist die App«, sagte Max. »So verdienen wir unser Geld. Unsere wichtigste Dienstleistung ist … richtig: Finanzplanung. Schuldenstrukturierung, finanzielle Ziele, all das, aber hauptsächlich Finanzplanung. Wie du siehst, loggen sich die Nutzer in die App ein. Sie zahlen fünf Euro oder so. Um die App zu nutzen, müssen sie ihre Daten eingeben.«

»Ja«, sagte ich. »Das ist nichts Neues.«

»Warte mal ab«, sagte er geheimnisvoll. »Nun, wir erheben diese Daten. Wir speichern sie und nutzen sie, wie es uns beliebt. Sie geben uns ihr Einverständnis dazu. Was aber, wenn sich hier noch andere Gewinnmöglichkeiten auftäten?«

»Wie?«, protestierte ich. »Komm schon, Max, du sprichst jetzt nicht wieder davon, Nutzerdaten zu verkaufen? Das können wir nicht machen.«

»Warte, warte. Was, wenn es ein rechtliches Schlupfloch gäbe?«

»Was für ein rechtliches Schlupfloch?«, fragte ich.

»Na ja. Sagen wir, sie geben ihre Daten ein wie unser Max Mustermann hier. Kennst du Max Mustermann? Das ist der deutsche ›John Smith‹. Er ist der langweilige Durchschnittsdeutsche. Sehr verlässlich. Zahlt immer seine Rechnungen. Er loggt sich in unsere App ein und macht das hier.«

Sorgfältig und gewissenhaft gab Max weitere Daten in die App ein. Dann sagte er: »Dann überprüft Max alle zwei Tage die App, sehr methodisch. Er überprüft seinen Kontostand. Er achtet darauf, dass er genau dorthin scrollt, wohin er soll. Seine Finanzen erfreuen sich stets bester Gesundheit.«

»Und?«, fragte ich etwas verwirrt. Ich begriff nicht, worauf Max hinauswollte.

»Nun, gehen wir zum Anfang zurück. Sagen wir, Max Mustermann hat einen Bruder, nennen wir ihn Sam Mustermann – entschuldige, mir ist kein Name eingefallen, da habe ich deinen genommen.«

»Kein Problem«, sagte ich.

»Nehmen wir also einmal an, Sam Mustermann öffnet die App und macht Folgendes.« Daraufhin gab Max die Daten für Sam Mustermann sehr nachlässig ein. Er klickte willkürlich herum und machte Schreibfehler. Er brauchte ein paar Anläufe, bis er alles richtig eingegeben hatte und zum nächsten Fenster gelangte.

»Okay, und was bedeutet das?«, fragte ich.

»Wart's ab. Sam loggt sich also ein – sagen wir, total chaotisch, vielleicht jeden Abend um elf, und er scrollt wie verrückt herum, und sein Kontostand schwankt andauernd, was können wir dann daraus schließen?«

»Keine Ahnung. Dass Sam mit seinem Geld schlechter umgehen kann?«

»Genau«, sagte Max. »Aber da ist noch etwas. Daraus, wie Sam die App benutzt, wie er wild herumklickt und ständig Schreib- und andere Fehler macht, können wir mit einiger Sicherheit schließen, dass er betrunken ist.«

»Wie bitte?«, fragte ich entsetzt.

»Ja. Und was ist, wenn wir durch seine Nutzung sehen, dass er sehr unberechenbar ist und nicht mit seinem Geld umgehen kann? Das bestätigt dann unsere ursprüngliche Hypothese: Sam hat ein Alkoholproblem.«

»Solche Schlüsse kann man doch nicht einfach so ziehen, oder?«

»Aber absolut kann man das. Das nennt man Sozialanalyse. Wusstest du, dass die meisten Käufe im Onlinehandel in Großbritannien nach elf Uhr abends getätigt werden?«

»Nein – ist das so?«

»Das ist so«, sagte Max. »Du bist doch Engländer. Um elf schließen die Pubs. Die Betrunkenen gehen alle nach Hause und tätigen dumme Impulskäufe. Weißt du, was die Anbieter machen? Sie schicken ihnen kurz vor elf Nachrichten, E-Mails – die sich ganz speziell an diese Betrunkenen richten, und dann kaufen die Betrunkenen eben ein, was sie so einkaufen – Pornos, Sexspielzeug und so weiter.«

»Das darf doch nicht wahr sein«, sagte ich. »Oder legal. Das kann nicht legal sein!«

»Gesetzeslücke. Sozialanalyse – so können Unternehmen Gewinne machen, indem sie sich einfach nur ansehen, wie ihre Nutzer ihre Website nutzen, daraus psychologische Profile erstellen und sich diese dann durch gezielte Maßnahmen zunutze machen.«

»Wow. Ich hatte ja keine Ahnung. Wow. Wahnsinn!«

»Bist du schockiert?«

»Ja«, sagte ich. »Total.«

»Brauchst du aber nicht sein. Das ist gang und gäbe.«

»Wie würden wir das machen?«

»Na ja, theoretisch könnten wir psychologische und auch finanzielle Profile unserer Nutzer erstellen. Die könnten wir dann an Banken verkaufen. Dieser betrunkene Typ, Sam Mustermann, bekommt also eine schlechte Kreditwürdigkeit. Schließlich ist er ein Säufer und kann nicht mit Geld umgehen.«

»Gut, aber wir brauchen doch riesige Datenmengen, um das anzustellen, oder?«

»Die haben wir«, antwortete Max.

Ich schwieg.

»Weißt du, es gibt Produkte für Frauen, mit denen sie ihre Menstruationszyklen messen – und die Unternehmen verkaufen ihre Nutzerdaten an Werbefirmen, damit diese die Frauen angehen, wenn sie ihre Periode haben. Offenbar kaufen Frauen tendenziell mehr ein, wenn sie auf der Toilette sitzen.«

Er lächelte irre.

»Max, machen wir das etwa schon?«

»Nein, noch nicht«, antwortete er.

»Planen wir etwas in dieser Richtung?«, fragte ich.

»Momentan nicht. Aber es ist möglich. Und es könnte eine wichtige Einnahmequelle für uns werden. Wir könnten Finanzinstituten dabei helfen, ihre Kunden zu verstehen, noch bevor sich die Kunden an die Institution wenden.«

»Um ganz sicherzugehen: Das läuft nicht schon längst?«

»Noch nicht. Hier also meine Frage: Sagen wir, wir würden so etwas machen, und die Medien bekämen Wind davon, wie könnten wir das Ganze dann runterspielen?«

»Ich weiß nicht. Ich brauche einen Augenblick.«

»Du brauchst einen Augenblick? Nein, brauchst du nicht, Sam, gib mir verdammt noch mal sofort eine Antwort.«

»Gib mir eine Sekunde Zeit, Max. Wir könnten sagen, dass wir dazu beitragen, das Klima finanzieller Stabilität zu verbessern, da nur zuverlässige Menschen ein Konto anlegten und ein Crash somit unwahrscheinlicher wird.«

»Hm. Erscheint mir weit hergeholt. Sonst noch etwas?«

»Aber wir machen doch so etwas ganz sicher nicht?«

»Bis jetzt nicht«, sagte er.

Ich war völlig überrumpelt und fühlte mich unsicher. Als ich das Besprechungszimmer verließ, überlegte ich, ob ich kündigen sollte. Ich wollte meinen Prinzipien treu bleiben.

Ich marschierte schnurstracks zu Malcolm und fragte ihn, ob er nach der Arbeit ein Bier mit mir trinken wolle. Er versprach mir, mich in zehn Minuten in meinem Büro abzuholen. Er müsse sich noch um etwas Wichtiges wegen einer Praktikantin kümmern.

»Werden wir diesen Sozialanalysekram machen?«, bohrte ich nach.

»Ach, du meinst die sozialen Nutzerprofile?«, sagte er.

»Ja. Werden wir diese Daten an Banken verscherbeln?«

»Möglich ist es. Wir könnten das tun. Tun wir aber nicht.«

»Warum nicht?«, fragte ich.

»Also, ich habe einen Freund, der bei der EU arbeitet – auf ziemlich hoher Ebene. Ein Beamter. Er sagte mir, die EU bereite irgendetwas mit Daten vor – etwas namens GDSV oder GVDS oder so. Egal – jedenfalls würde uns das in puncto Datenschutz den Hals brechen. Wir müssen jeden Nutzer einzeln dazu bewegen, der Nutzung seiner Daten zuzustimmen. Also werden wir über die Nutzerdaten kaum irgendwelche ›alternativen‹ Finanzquellen erschließen. Nichts mit Sozialanalyse oder Verkauf an Dritte.«

»Okay«, sagte ich erleichtert. »Ich glaube, dass es ohnehin richtig ist, es nicht zu machen.«

»Willst du mich verarschen? Wir hätten ein Vermögen verdienen können!« Malcolm lachte und wandte sich seiner »Aufgabe« mit der Praktikantin zu.

Ich blickte aus dem Fenster. Abends war es nun finster, und ein weiterer Winter war bereits angebrochen. Donald Trump war Präsident der Vereinigten Staaten von Amerika.

Zum Glück gab es die DSGVO.

Wäre die Datenschutz-Grundverordnung 2018 nicht in Kraft getreten, bin ich mir nicht sicher, ob das Unternehmen nicht doch versucht hätte, aus dem Sozialanalysemodell Profit zu schlagen. Die DSGVO hielt Malcolm jedenfalls davon ab.

Ein schauriger Gedanke.

Dezember 2016: Noch eine Weihnachtsfeier

Als die Weihnachtsfeier bei MyCashMate näher rückte, verbrachte ich immer weniger Zeit im Büro. Von unserer Seite gab es gerade recht wenig zu berichten, also genoss ich die Berliner Luft. Ich ging mit meinen Freunden auf die Weihnachtsmärkte oder zum Schlittschuhlaufen und erfreute mich des Lebens.

Das mochte recht befreiend sein, doch bisweilen war ich trotzdem deprimiert, da ich tief im Innern wusste, dass meine Rechnung nicht aufgegangen war. Meine hohen Erwartungen, nach Deutschland zu ziehen und ein aufregendes Leben zu führen, hatten sich nicht erfüllt. Ich hatte zwei seltsame, anspruchslose Jobs gehabt, war nun Ende zwanzig, mit meiner Karriere ging es nicht voran, und da ich viel Zeit bei der Arbeit verbrachte, konnte ich abgesehen von den paar Freunden, die ich hatte, außerhalb des Büros kaum feste Kontakte pflegen.

Trump wartete darauf, das Amt des US-Präsidenten zu übernehmen. Ein Mann, der den traurigen Höhepunkt jener primitiven Machokultur verkörperte, die mir so verhasst war, sollte also in Kürze zum mächtigsten und einflussreichsten Menschen des gesamten Planeten aufsteigen. Um dies zu erreichen, hatte er sich angeblich der Hilfe moderner Technik und einer feindlichen ausländischen Macht bedient. Dessen ungeachtet war einer der Hauptgründe, warum die Menschen für ihn stimmten, schlicht der, dass sie wieder etwas »Leben in die Bude bringen« wollten. Sie wollten bequeme und gemütliche Politiker das Fürchten lehren und die alte Ordnung aus den Angeln heben – oder, in der Start-up-Sprache, mit den alten Methoden »brechen«. Disruption!

An dieser Stelle könnte man kurz innehalten und überlegen, ob eine solch unkontrollierte Diskontinuität gut ist. Im Gegensatz zu vielen von Präsident Trumps Aussagen, Drohungen und Aktionen kann man die Start-up-Szene freilich nicht als böswillig bezeichnen, doch kann sie durchaus gefährlich werden – und zwar durch ihre Sorglosigkeit. Dasselbe gilt für ihre mangelnde Organisation, für ihren Umgang mit neuen Technologien ohne Rücksicht auf deren Folgen und für ihre relative Verantwortungslosigkeit im Hinblick auf weitreichendere gesellschaftliche Auswirkungen.

Ich begann mich zu fragen, wie lange ich wohl noch in Deutschland bleiben würde.

Eines Abends nach der Arbeit ging ich mit meinem Freund Erich in eine Bar in der Nähe des Rosenthaler Platzes. Erich hatte vor Kurzem eines der führenden deutschen Start-ups verlassen, eine öffentliche Plattform, die zur Diskussion unter ihren Nutzern anregte. Wir sprachen über seine Entscheidung.

»Aus meiner Sicht wurde das Unternehmen sehr, sehr parteiisch. Das Produkt bildete die verschiedenen Fraktionen innerhalb der Firma ab. Da gab es zum Beispiel diese ultralinken Leute, die argwöhnisch über die Sprache des Produkts wachten. Oder diejenigen, die zwar nicht ultrarechts, aber sehr konservativ waren. Zwischen ihnen gab es innerhalb des Unternehmens ein ständiges Machtgerangel. In unserem Fall gewannen die Ultralinken. Jetzt wird alles auf diese genderneutrale, verworrene, politisch korrekte Weise beschrieben. Das ist an sich nichts Schlechtes, aber es sagt etwas über das Unternehmen aus. Was, wenn man als Angestellter anderer Meinung ist? Wie drückt man seinen Widerspruch aus? Und was, wenn dieser Dissens schlicht darin besteht, dass man an die traditionellen Geschlechterrollen glaubt?«

»Ach, Erich«, unterbrach ich ihn. »Es ist doch in Wissenschaft und Biologie weithin anerkannt, dass ›Gender‹ nicht in dem Sinne existiert, wie man früher angenommen hatte. Es sollten also alle Möglichkeiten vertreten sein dürfen.«

»Klar«, fuhr er fort. »Aber du verstehst nicht, worum es mir geht. Ich sage nicht, dass es richtig oder falsch ist. Ich sage nur, dass das Unternehmen zutiefst undemokratisch ist und eine Fraktion die Macht an sich gerissen hat, der man nicht widersprechen darf. Hätten nun die Rechten gewonnen, wäre die Situation dieselbe, aber wir würden uns einer vollkommen anderen Sprache bedienen. Zudem entsteht so eine Unternehmenskultur des ständigen Widerstreits. So wie ich das sehe, ist das Unternehmen für Ideen und Diskussionen nicht offen, stattdessen kämpfen verschiedene Personengruppen gegeneinander. Eine derartige Arbeitsatmosphäre ist grässlich. Unmöglich. Ich finde das zum Kotzen. Der Chefwerbetexter ist einer dieser linken Typen, doktert die ganze Zeit an den Produktbeschreibungen herum und lässt keinen Widerspruch zu.«

Während wir unser Bier tranken, erzählte mir Erich, dass er in seinem Unternehmen auch miterlebt habe, wie durch die Inkompetenz des Managements Komplikationen entstanden seien – Produkteinführungen hätten sich verzögert, Zahlen seien gefälscht worden, Kunden seien unzufrieden gewesen. Also habe das Management einfach ein paar Praktikanten eingestellt, um die Reklamationen zu bedienen. Auf diese Weise, so sagte er, habe man durch Gründung neuer Abteilungen über die komplizierte Lage hinweggetäuscht.

Das kam mir irgendwie bekannt vor.

»Das größte Problem für mich war jedoch unsere Arbeitsweise an sich. Wir hatten ein Team von Leuten, Praktikanten, die sozusagen von Hand Informationen über Leute sammelten, die wir auf unserer Plattform haben wollten. Sie suchten nach Kontaktdaten. Dann schickten wir diesen Leuten eine E-Mail mit einem Link, in der wir sagten: ›Hallo, jemand, den du kennst, hat dich unserer Plattform hinzugefügt. Klicke den Link und mach mit.‹ So tricksten wir sie aus. Erst behaupteten wir, jemand hätte sie hinzugefügt, taten also, als wäre da jemand, den sie kennen, aber es waren nur unsere Praktikanten. Und jetzt kommt das Gemeine an der ganzen Sache: Wenn diese Leute den Link anklickten, bekamen sie einen dauerhaften Cookie. Sie akzeptierten also mit einem Klick den dauerhaften Login, ohne es zu wissen. Damit waren sie eingeloggt. Man könnte nun sagen, das ist ja keine große Sache. Aber das Unternehmen wurde zu einem der wichtigsten deutschen Start-ups – mit hohen Nutzerzahlen, weil wir so viele Leute manuell auf unsere Plattform gezogen hatten. Manchmal logen wir auch einfach und nannten den Medien höhere Zahlen, als wir eigentlich hatten. Und rate mal, was passierte? Nichts. Sie prüften sie gar nicht nach. Es interessierte sie auch nicht, was wir eigentlich machten. Unser Arbeitsalltag bestand darin, dass wir erfundene Zahlen die Befehlskette hinaufschickten. Es war total unterirdisch.«

Ich konnte es nicht fassen, wie sehr sich unsere Erfahrungen ähnelten. Der einzige Unterschied war, dass Erich für eines der bekanntesten deutschen Start-ups gearbeitet hatte – ich hatte angenommen, dass es dort anders wäre, stattdessen aber hatten sie dieselben Probleme wie Rivalchemy und MyCashMate, nur in größerem Maßstab.

Erich fuhr fort: »Und dann der Gründer. Dieser Typ hat sich in das Unternehmen eingekauft und nennt sich jetzt Computerwissenschaftler. Er hat keinerlei Ausbildung in dieser Richtung, benutzt das Unternehmen aber, um sich zu profilieren. Er benimmt sich wie ein Rockstar, ein Macho-Arschloch. Im Grunde macht er nicht viel mehr, als mit sämtlichen Praktikantinnen ins Bett zu gehen. Sollten die Medien tatsächlich einmal richtig recherchieren, ist er am Arsch, und zwar völlig zu Recht.«

Erich bestätigte also meine Sicht der Start-up-Szene. Als er sich wieder etwas beruhigt hatte, erzählte er weiter, wie sein Unternehmen so groß und international geworden war und wie es seine Geschäftstätigkeit so rasch über so viele Länder ausdehnen konnte.

»Ich eröffnete kleine Briefkästen in den USA, in Großbritannien, im Nahen Osten, in Indien und so weiter – und immer wenn wir Post bekamen, leiteten unsere Anwälte vor Ort die Briefe weiter. Es sah also aus, als expandierten wir, aber im Grunde hatten wir nur überall Briefkästen. Wir lockten also die Leute mit Tricks auf unsere Website, präsentierten uns dort als internationales Unternehmen und überzeugten die Medien, dass wir das nächste große Ding wären, und schufen eine Spielwiese für einen sexuell Perversen. Innovativ, nicht?«

Die gesellschaftliche Wirkung der modernen Technik

Zu sagen, die Produkte der Start-ups seien nicht effizient, ist ein schwerer Vorwurf. Schließlich ist ja gerade die Effizienz die Daseinsberechtigung der Start-ups – wie bei den Technologiegiganten, denen sie nacheifern.

Investoren werden dazu gebracht, diese hochriskanten Wachstumsunternehmen mit riesigen Summen auszustaffieren, weil die Geschäftsmodelle das Potenzial besitzen, unsere derzeitige Lebens- und Arbeitswelt drastisch zu verbessern.

Angesichts manueller Kleinarbeit, internem Chaos, langer Arbeitstage, regelmäßiger Burn-outs und hoher Mitarbeiterfluktuation sind Start-ups jedoch nicht effizient. Wie das Beispiel MyCashMate zeigt, sind die von ihnen angebotenen Produkte vielmehr oft das Gegenteil von innovativ und effizient und verankern lediglich alte Vorurteile in einer neuen Welt.

Dennoch ist das Produkt der Hauptgrund, warum sich Menschen zur Arbeit bei einem Start-up zusammenfinden – nämlich, um dieses Produkt zu produzieren. Indem sie das tun, entfremden sich die Mitarbeiter irgendwann von dem sozialen Kontext, in dem sie arbeiten. Sie sehen nicht mehr, welche Auswirkungen ihre Arbeit auf die Menschen und die Welt um sie herum hat.

Diese Produkte können nicht nur unbeabsichtigte Folgen haben – etwa, wenn die von MyCashMate gespeicherten Daten leicht zu hacken sind –, diese Folgen können auch ein fester Bestandteil des Produkts selbst sein. MyCashMate hätte seine Nutzerdaten zu Geld gemacht, wäre die DSGVO nicht dazwischengekommen.

Jetzt, im Jahre 2018, sehen wir, wie Technologieunternehmen die technischen Voraussetzungen dafür schaffen, dass Donald Trump seine Arrestpolitik fortsetzen kann, durch welche Familien an der Grenze getrennt wurden. Ein Artikel im *Guardian* etwa berichtet darüber, wie Silicon-Valley-Firmen, darunter Amazon, Palantir und Microsoft, laut einer neuen Studie Millionen machen dank der Verschärfung der US-amerikanischen Einwanderungsgesetze.[32]

Wir sehen, dass Technologiebosse wie Erlöser und Könige gefeiert werden, wenn sie nach Berlin kommen (weil sie so viel Geld und Ansehen mitbringen), selbst, wenn in den von ihnen geleiteten Unternehmen bekanntermaßen untragbare Arbeitsverhältnisse herrschen, insbesondere in den großen Lagerhäusern.

Schließlich beobachten wir das kulturelle Vergessen bestimmter grundlegender Fragen:

- Wohin führen uns diese ganzen Daten? Was bringen sie uns?
- Wohin bewegen sich all diese Start-up-Unternehmen?
- Schützen sie wirklich die Interessen ihrer Nutzer?
- Dienen diese Produkte vielleicht nur dazu, Männern wenigstens teilweise die vermisste Mutter zu ersetzen?
- Woher stammt das ganze Geld?
- Wie viel Energie verbrauchen diese ganzen Produkte?
- Um eine Frage von Ben aus dem vorigen Kapitel zu wiederholen: Sind diese Produkte tatsächlich von Nutzen? Ist es nicht vielmehr so, dass sie lediglich aus den tief hängenden Früchten Kapital schlagen, wo Unternehmen Lücken haben?

Diese Fragen sind nicht nur im Kontext dieses Buches von Bedeutung – sondern für uns als Gesellschaft im Ganzen. Ich bin der Meinung, dass solche Produkte durchaus nützlich sein könnten und daher zum Wohle aller geschaffen werden sollten. Im Augenblick jedoch sind wir davon sehr weit entfernt.

6
DER WIRKLICH HEISSE SCHEISS

Unsere Weihnachtsfeier 2016 fand, man glaubt es kaum, im Soho House statt. Der gleiche Keller, in dem ich miterlebte, wie uns Timo betrunken gleich mehrmals wissen ließ, wie sehr er das Rivalchemy-Team liebte, war nun der Ort, an dem MyCashMate seine Weihnachtsfeier veranstaltete. Er war identisch dekoriert, der gleiche Baum wie zwei Jahre zuvor, der gleiche Barkeeper, die gleichen Drinks. Und mir hing das Ganze ebenso zum Halse heraus wie damals.

Ich hatte das Gefühl, dass es in meinem Leben nicht voranging, alles war irgendwie ziellos, ich kam auf keinen grünen Zweig, redigierte Textschnipsel und verfasste Schnipsel bedeutungsloser Inhalte. Ich kam nicht wirklich vom Fleck. Zwei Jahre waren vergangen, und da saß ich nun wieder im gleichen Partykeller.

Etwas hatte sich aber doch geändert: meine Haltung zur Richtung, die mein Leben einschlagen sollte. Damals 2014 sagte ich mir: »Lass dich nicht gleich ins Bockshorn jagen, zeig mehr Durchhaltevermögen.« Inzwischen, mit Ende zwanzig, hatte ich das Gefühl, nicht wirklich vorangekommen zu sein, nicht viel dazugelernt zu haben und nun wieder da gelandet zu sein, wo ich schon einmal war. Allmählich dämmerte mir, dass ich mich so bald wie möglich aus der Start-up-Welt ausloggen musste.

Malcolm hielt eine Rede.

»MyCashMate revolutioniert gerade die FinTech-Branche und die Art und Weise, in der die Menschen ihre Finanzen regeln – oder einfacher ausgedrückt, wie sie ihr Leben planen. Und obwohl wir dieses Jahr sehr erfolgreich waren, gab es auch Rückschläge. Es gab viele Beschwerden über das Produkt. Max ist ein großartiger, ein wirklich großartiger Entwickler und Produktmanager, und ich möchte ihm danken, aber das Team, das er führt, muss besser werden und besser organisiert. Sie sind dabei auf einem guten Weg, aber die Probleme, die wir mit dem Produkt hatten, zeigen klar, dass wir noch schneller, noch ausgebuffter werden müssen. Ach ja, auch in Sachen Marketing und PR hat es Probleme gegeben. Kurz vor Beginn dieser Party habe ich Uwe mitgeteilt, dass er in der Firma nicht mehr gebraucht wird. Deshalb feiert er nicht mit uns, und wir wünschen Sam viel Glück und Erfolg dabei, die Abteilung zu führen, bis wir einen Ersatz als Chef der PR-Abteilung gefunden haben.«

Die Belegschaft applaudierte bei dieser Neuigkeit. Keine Gewissensbisse, nicht die Spur von Gefühl, es könnte unprofessionell sein, eine Entlassung auf diese Weise publik zu machen – auf einer Party, ausgerechnet. Nein, die Leute waren ganz froh, dass er weg war. Auch ich fühlte mich bestätigt.

Dennis, ein Holländer aus dem Vertrieb, stand hinter mir, beugte sich vor und flüsterte: »Du bist der Nächste, Arschloch.«

Ich wandte mich zu ihm um.

»Wie kannst du so etwas sagen?«

»Hier ist kein Platz für Schwuchteln«, meinte er bloß. Er pfiff und klatschte in Richtung von Malcolm, der immer noch mit seiner Rede beschäftigt war.

Ich verdrehte nur die Augen und wandte mich wieder um.

Malcolm redete weiter, und meine Gedanken schweiften ab zu den neuesten Meldungen über den Berliner Flughafen. Der Bau war nun schon mehrere Jahre im Verzug, und immer neue, peinliche technische Pannen hielten die Arbeiten noch weiter auf. Das ganze Theater erinnerte mich an die Start-up-Szene, hatte aber auch etwas vom Leben selbst – man hangelte sich einfach von einem Rückschlag zum nächsten. MyCashMate, die ganze Szene war durch und durch vorhersehbar geworden und machte sich noch nicht einmal etwas daraus. Diese Dummheit, diese Menge an heißer Luft, dieses Machotum. Ich blickte mich um und sah all die Leute im Dämmerlicht des schicken Partykellers Beifall klatschen – fast alles Männer. Und ich machte Dennis noch nicht einmal Vorwürfe. Wie viele andere tat auch er etwas zum ersten Mal in seinem Leben. Zum ersten Mal musste er selbstständig etwas auf die Reihe kriegen, zum ersten Mal hieß er »Manager«, zum ersten Mal wurde ihm gesagt, er sei ein Geschenk für die Frauenwelt. Er erlebte, genau wie Max oder wie Timo und Felix und Klaus damals bei Rivalchemy, das Hochgefühl, zum ersten Mal im Leben ein typisches Alphatier zu sein. Ich beachtete ihn nicht weiter und sah in die Gesichter im schummrigen Partykellerlicht – die Leute waren gelangweilt von Malcolms Rede. Ich verspürte einen Hauch von Verbundenheit. So sehr sich in mir mein Gefühl verstärkte, im Leben auf der Stelle zu treten, von einem Haufen chauvinistischer Arschlöcher umgeben zu sein, war mir doch klar, dass das auch nur Menschen waren, die versuchten, ihre Arbeit so zu machen, wie es für sie am besten war – nichts anderes tat ich ja selbst. Meistens meinten sie es wirklich nicht böse – und wenn doch, wie Dennis, dann hatte ich von der Start-up-Welt als solcher zu sehr die Nase voll, als dass ich ihm persönlich die Schuld dafür hätte geben können.

Aber sei's drum, Uwe war gefeuert worden. Nun lag die Verantwortung bei mir, und die Firma hatte vollstes Vertrauen in mich, wie Malcolm mir schon vor der Ära Uwe auf dem Balkon gesagt hatte. Bei Rivalchemy hatte ich nichts anderes gewollt als dieses Vertrauen, diese Übertragung von Verantwortung. Bei MyCashMate keimte in mir die Hoffnung, dass es nun tatsächlich so kommen könnte. Das Gespräch mit Malcolm lief nach meiner Erinnerung im Prinzip auf die Aussage hinaus: »Ich vertraue auf dein Urteil, Sam – vertraue auch du auf dich selbst.« Ich wollte noch mehr auf mein Urteil vertrauen. Vielleicht würde sich jetzt, nachdem so lange scheinbar Stillstand geherrscht hatte, wirklich etwas ändern.

Nach der Rede, als sich alle auf ihre diversen Gruppen und Cliquen aufteilten, um den Kellnern auf die Nerven zu gehen, traf ich Malcolm.

»Was machst du denn für ein Gesicht, Sam? Ist es wegen Uwe? Ich weiß, das muss ein Schock für dich gewesen sein, tut mir leid, dass ich dich nicht vorgewarnt habe«, sagte er.

»Nein, darum geht's nicht. Ich möchte mehr Verantwortung in der Firma, ich will mit meiner Karriere vorankommen.«

Malcolm lächelte und legte mir den Arm um die Schulter.

»Keine Bange, Kumpel«, sagte er mit pseudobritischem Akzent. »Wir werden schon dafür sorgen, dass dir die Arbeit nicht ausgeht.«

Ich wusste damals nicht, wie er das gemeint hatte: dass ich nämlich für so gut wie alles zuständig sein würde. Wenn ich die Uhr zurückdrehen könnte, würde ich ihm etwas sagen, was er sich für Neujahr vornehmen sollte: mehr Leute einstellen.

Und immer noch: Das »nächste große Ding«

2017 startete MyCashMate so richtig durch. Die Fachpresse zeigte sich begeistert, nachdem die Firma zu Beginn des Jahres ihre Serie-C-Finanzierung unter Dach und Fach gebracht hatte. Ich war zwar technisch gesehen zuständig für den Pressekontakt, allerdings befanden Malcolm und sein Mitgründer, der stets schweigsame Franz Ulrich, dass mir für so eine große Sache noch die Erfahrung fehlte, und beschlossen, in diesem Fall mit den PR-Leuten vom Inkubator zusammenzuarbeiten (die beiden Firmen waren zwar voneinander getrennt, es bestand aber weiterhin Kontakt). Das dadurch generierte Presseecho war substanzieller als alles, was ich mit den paar Dutzend Kontakten zu Journalisten, die ich über die Jahre geknüpft hatte, jemals hätte schaffen können.

Ansonsten erledigte ich meine Arbeit wie gehabt.

Wenn ich Franz, den anderen Mitgründer, bisher noch kaum erwähnt habe, liegt das daran, dass es über ihn eigentlich nicht viel zu sagen gab. Meistens nannte ich Malcolm als Firmengründer und CEO in meinen Mails an die Journalisten, und die gaben das so weiter. Franz kam dabei praktisch gar nicht vor. Und obwohl er als Mitbegründer eine wichtige Rolle im Unternehmen spielte, war Franz kaum jemals in seinem Büro anzutreffen. Die meiste Zeit verbrachte er mit einem anderen, mysteriösen Projekt in Budapest. Wir wussten, dass auch das irgendwie mit Finanzen zu tun hatte, aber worum es genau ging, erfuhren wir nie. Wenn aber die Presse nach ihm fragte, lautete die Geschichte, Franz und Malcolm würden jeden Tag intensiv zusammenarbeiten, sie wären enge Geschäftspartner und gut befreundet, sie hätten eine hervorragende Beziehung zu ihrer Firma, und wir alle wären eine große und glückliche Familie. Es gab eine Geschichte, wie sie sich an der Harvard University begegnet waren und beschlossen hatten, gemeinsam eine Firma zu gründen – dabei wusste ich, dass sie sich zum ersten Mal in Berlin getroffen hatten, über den Inkubator. Egal. Das war nicht mehr und nicht weniger als eine der üblichen Start-up-Lügen.

Bei der Menge an E-Mails, die ich von der Presse zum Thema Serie-C-Finanzierung bekam, und angesichts der Bitten um Stellungnahme und dergleichen mehr, war ich begeistert, direkt mit den Journalisten arbeiten zu können, ohne dass mir jemand wie Uwe dazwischenfunken konnte. Dennoch war es entmutigend, dass die Journalisten offenbar nicht verstanden, was genau MyCashMate nun eigentlich machte. Warum nicht? Weil sie sich nach dem Studium der Pressemitteilung durch die Website klickten und feststellten, dass Uwe sämtliche Texte bearbeitet hatte, die er in die Finger bekommen konnte. Bisher dachten sie eigentlich, wir würden den Leuten beim privaten Finanzhaushalt helfen, aber stattdessen präsentierte man ihnen nun das »Money Car«.

Ach du Scheiße, dachte ich. Ich hatte verdrängt, dass ich all das hätte zurückändern müssen. Selbst unsere Seiten in den sozialen Medien waren von Uwe bearbeitet worden. Facebook, Twitter, Instagram: Unsere sämtlichen Feeds enthielten detaillierte Beschreibungen und Fotos zum »Ritt auf der großen Geldwelle« und dergleichen mehr. Warum ließ der Social Media Manager das zu? Aus dem gleichen Grund, aus dem ich es auf der Website zugelassen hatte: Es war schlicht einfacher, abzuwarten, bis jemand wie Uwe gefeuert würde, als mit ihm zu streiten.

Ich fragte die Entwickler, ob es einen explizit zuständigen Website-Manager gebe, der mir helfen könne: negativ. Die Firma hatte für diese Funktion niemanden angeheuert, und die Entwickler selbst kümmerten sich um die Website nebenher, zusätzlich zu ihrer normalen Tätigkeit in der Produktion. Wie sah es mit der Designerin aus? Konnte sie mir weiterhelfen? Nein, die war nur Teilzeitkraft und half beim Vertrieb aus (sie produzierte Material mit irgendwelchen Infos über das Money Car). Ich war auf mich allein gestellt. Federica, meine PR-Werkstudentin, würde in rund einer Woche nach Spanien zurückgehen und war schon halb im Abflug und kam nur noch verkatert nach irgendwelchen Partys zur Arbeit. Ich konnte ihr keinen Vorwurf machen. Warum nicht das Leben genießen? Das war schließlich Berlin.

Neben meiner üblichen Pressearbeit und Content-Erstellung musste ich nun also auch noch jeden einzelnen Informationsschnipsel auf der Website bearbeiten. Das war eine aufwendige, mühselige Arbeit. Und da ich mir schon seit einiger Zeit Gedanken über diese Nachrichten gemacht hatte, erstellte ich schließlich ein neues Konzept für unsere Kundenansprache und Außendarstellung. Ich übertrug das Ganze in eine Tabelle, damit das Management auf einen Blick sah, wo ich Veränderungen vornehmen wollte, schickte das Dokument per E-Mail an Malcolm und erläuterte meine Idee. Das war gewiss keine großartige Vision – ich griff einfach auf die wichtigsten Grundlagen zurück, damit die Leute verstanden, wer wir waren, was wir machten und was die Benutzer von unserem Produkt erwarten durften.

Die Antwort: »Großartig, Sam, aber wieso bist du nicht noch einen Schritt weitergegangen? Wieso hast du nicht gleich die ganze Website neu gestaltet?«

»Lieber Malcolm, sorry, aber ich weiß nicht, was du damit sagen willst. Ich habe nicht unbedingt vor, eine komplett neue Website zu bauen. Ich will nur unsere Kundenansprache und unsere Außendarstellung verändern. Könntest du bitte diese Änderungen abzeichnen, damit ich weitermachen kann?«

»Lieber Sam, danke dafür – aber nur so an der Oberfläche zu arbeiten finde ich nicht gut. Wieso gehen wir nicht weiter? Verändere die ganze Site. Du hattest doch gesagt, du willst mehr Verantwortung, oder nicht?«

Mir gefror das Blut in den Adern. Es war genau dasselbe wie mit dem Produktfiasko bei Rivalchemy. Ich wusste schon, Malcolm bat mich, mehr für die Firma zu tun – natürlich hatte ich um mehr Verantwortung gebeten, aber innerhalb meines eigenen Aufgabenbereichs. Eine neue, funktionierende und effektive Website für ein Unternehmen zu erstellen, das ging schlicht über meine Fähigkeiten.

Es ist immer die gleiche Leier in dieser Start-up-Welt, ging mir durch den Kopf – obwohl ich zu einem der erfolgreichsten deutschen Start-ups gewechselt war. Alles war wie vorher, nur gab es einen entscheidenden Unterschied zwischen Rivalchemy und MyCashMate: Erstere waren nicht in der Lage, Arbeit zu organisieren, weil sie immer weiter Leute einstellten und ihre Probleme verschärften, indem sie immer neues Personal anheuerten, anstatt die Probleme selbst in Angriff zu nehmen. MyCashMate dagegen wollte, um die Dinge möglichst billig und einfach zu halten, überhaupt niemanden einstellen. In beiden Fällen entstand jedoch ein gewaltiges Zuständigkeitswirrwarr, ein Riesendurcheinander, und weil man nicht den falschen Leuten auf die Zehen treten wollte, vergab man wichtige Projekte an andere, zum Beispiel die Gestaltung der Website an mich.

Das Blut in meinen Adern taute relativ zügig wieder auf. Tief im Innersten war mir klar, was kommen würde: lange Arbeitstage, Burn-out und irgendwann würde ich mich ein für alle Mal aus der Start-up-Welt verabschieden.

Und ich wusste, dass trotz dieses Gefühls, das mich umtrieb, der Rest der Welt in MyCashMate auch weiterhin das »nächste große Ding« sehen würde und in der Start-up-Welt die revolutionärste Branche überhaupt.

Und ich weiß noch nicht einmal, ob es mir etwas ausmachte.

Februar bis Juli 2017: Immer. Dieselbe. Alte. Leier.

Ich hatte meinen Job dreigeteilt: Erstellen von Inhalten, was ja mein eigentlicher Job war, Kommunizieren mit Journalisten, was ja eigentlich Franks Aufgabe gewesen war, und der Aufbau der neuen Website. Der Druck, Letzteres hinzubekommen, wurde durch Malcolm in Person quasi verdoppelt. Er ließ mich auf seine flapsige Art wissen, ich solle mir da keinen Kopf machen, die Arbeitslast würde schon nachlassen, sobald er einen neuen leitenden PR-Manager eingestellt hätte. Allerdings wurde erwartet, dass die neue Website möglichst bald stand.

Sehr bald.

»Malcolm, bitte, ich habe keine Ahnung von Webdesign!«, sagte ich bei unserem ersten Gespräch über das Thema.

»Dann solltest du's lernen, Sam. Alles eine Frage der Selbstoptimierung«, gab er zurück.

Mir wurde flau im Magen.

»Wieso beauftragst du nicht einfach eine Agentur damit, oder heuerst einen Experten dafür an?«

»Wir stellen niemanden ein. Du schaffst das schon. Ich rate dir gut, dich ranzuhalten«, sagte er.

Ich will nicht über Gründe nachdenken, wieso diese Unternehmen immer wieder dieselben Fehler machten: Warum legten sie keinen Wert auf Kompetenz und Ausbildung? Warum drückten sie riesige Projekte ungeschulten Leuten aufs Auge? Websites sind ein ganz entscheidendes Element für jedes Unternehmen, und für Start-ups ganz besonders.

Neben dem Verdacht, in meiner Karriere auf der Stelle zu treten, jedes Jahr auf die gleiche Weihnachtsfeier zu gehen, beschlich mich auch wieder das Gefühl, das ich schon bei Rivalchemy hatte: Dass nämlich überall in der Start-up-Welt die gleichen Strukturen, die gleichen Einstellungen vorherrschten. Das Einzige, was sich änderte, waren der Standort, das Branding, das Logo.

Ich kam mir blöd vor, weil ich Uwes alberne Money-Car-Sprüche überhaupt angefasst hatte. Ich hätte die Finger von diesem Thema lassen sollen.

Zum Glück kam mir Amar zu Hilfe, der Praktikant im Produktteam, weil er bemerkt hatte, in welchen Nöten ich war. Er brachte mir die Grundlagen des Webdesigns bei und zeigte mir auch einen guten Online-Kurs. Es ist tatsächlich noch viel komplizierter, als ich zuerst gedacht hatte. Es braucht schon weitreichende technische Kenntnisse, damit der Besuch der Website für den Benutzer zu jeder Zeit unkompliziert und überzeugend wirkt. Das ist etwas ganz anderes als etwa ein Film, bei dem das Publikum auch ein paar Minuten Langeweile oder Verwirrung hinnehmen wird, wenn der Gesamteindruck gut und stimmig ist. Bei einer Website braucht der Benutzer nur ein einziges Detail als störend zu empfinden, schon klickt er die Seite weg.

Die Firma sollte doch eigentlich innovativ sein. Aber sie gab mir, Sam Gregson, das Erstellen einer Website als Aufgabe, wo ich doch noch nicht einmal vernünftige Diagramme in Excel erstellen konnte. Websites, funktionierende Websites, auf denen du irgendetwas tust, ein Paar Schuhe kaufen zum Beispiel, müssen intuitiv sein. Das Einkaufen dort muss einfacher sein als der Besuch eines Schuhgeschäfts – und als mir der Umfang des Projekts klar wurde, tat ich mein Bestes, um die Sache zum Erfolg zu führen. Ich reservierte gleich mehrere Monate im Voraus in meinem Terminkalender, damit ich die Sache vernünftig zu Ende bringen konnte, und ich bat Malcolm inständig um Hilfe.

Natürlich verstärkte das nur mein Gefühl, dass nichts voranging, dass sich nichts veränderte. Nebenbei bemerkt: Auch in meinem Privatleben ging es nicht voran. Im letzten Jahr war ich noch mit ein paar Mädels ausgegangen und hatte mit meinen Bewohnern das Berliner Nachtleben unsicher gemacht, aber nun hatte die Arbeit mein Privatleben wieder völlig in Beschlag genommen. Deshalb fühlte ich mich logischerweise elend, wenn ich ins Büro kam, und ich ersetzte Abenteuer und Erfahrungen im richtigen Leben durch digitale Begegnungen – Tag für Tag las ich auf Datingseiten die Profile von vielleicht zehn Frauen in Berlin. Ich kontaktierte keine einzige von ihnen. Ich wollte bloß schauen, wollte denken, wie mein Leben neben der Arbeit aussehen könnte. Ich fürchtete schon, zu einem dieser gruseligen Nerds zu mutieren, die gar nicht mehr wissen, wie das richtige Leben überhaupt aussieht. Ich hatte Angst, nie mehr aus der digitalen Welt herauszukommen, weil mir das Leben dort immer einfacher, realer, sicherer vorkam.

Meine Arbeitstage waren lang, Überstunden ohne Ende. Ich war auf mich allein gestellt, unterstand Malcolm, der mir Woche für Woche mitteilte, er und Franz seien gerade dabei, Vorstellungsgespräche mit potenziellen PR-Fachleuten zu koordinieren. Aber wenn wir uns schon unterhalten: Wie läuft es mit der Website? Wie läuft es mit der Presse? Wieso sind immer weniger Artikel unter dem Namen »Malcolm« erschienen?

Ich verwies ein weiteres Mal auf meine Arbeitslast, wie schwer es war, das alles alleine zu stemmen, und dass ich Unterstützung brauchte. Aber genau wie Timo wollte Malcolm von alledem nichts wissen. Für ihn waren alle Gründe, die erklärten, warum seine Wünsche nicht erfüllt wurden, nichts weiter als Ausreden. Am Ende fiel seine Maske, und der freundliche, verständnisvolle Amerikaner, dem daran lag, dass es dir gut ging, entpuppte sich immer mehr als eine Kopie des typisch deutschen Kontrollfreaks. Er wollte einfach nur, dass man tat, was er sagte – Rückfragen unerwünscht.

Mir kam es vor, als lebte ich nur noch in einem einzigen, nicht enden wollenden Arbeitstag. Meine Mitbewohner begannen sich Sorgen zu machen und empfahlen mir zu kündigen und mir einen Teilzeitjob zu suchen. Aber wieder gewann meine Sturheit die Oberhand, und wie ein müder, alter Esel arbeitete ich einfach immer weiter.

Ich bin in Wirklichkeit selbst schuld, dachte ich. Selbst schuld. Der Mensch macht sich die strukturellen Fehler zu Eigen. (Wie ein Farmer, der nicht in der Lage war, etwas anzubauen, und dafür die Schuld bei sich selbst suchte. Aber was war, wenn ihm schlechtes Saatgut verkauft worden war?)

Nein, nein.

Vergesst das niemals: Es ist nicht eure Schuld. Es liegt an der Firma. Es ist Malcolms Schuld. Wie konnte er es überhaupt so weit kommen lassen?

Nun ja, wie konnte er anders? Er hatte Ashok gefeuert, weil der das Opfer von Rassismus geworden war. Er hatte Frank gefeuert, weil der nicht mit Max zurechtkam. Und nun musste ich alles tun, was er haben wollte, sonst war ich der Nächste auf der Abschussliste. Wenn überhaupt, lag mein Fehler darin, ihm vertraut zu haben.

Aber nun machte mir die Vorstellung, Deutschland und Berlin wieder zu verlassen, keine Angst mehr.

Der Schnee schmolz, an den Bäumen sprossen wieder Blätter. Die Sonne blinzelte hinter den Winterwolken hervor. Vögel zwitscherten. Das Sonnenlicht schaffte es wieder über die Hochhäuser und schien ins Büro. Die Sonne wurde immer heißer, die Hosen kürzer. Der Pullover hatte ausgedient, der Sommer ließ sich blicken, und dann kam das Sommerfest.

Ich hatte die Website fertig.

Sie ging online.

Und, Überraschung: Sie funktionierte nicht.

Juli 2017: Kein Grund zu feiern

Ich hatte mein Möglichstes getan, die Website als Chance zu sehen, etwas dazuzulernen – und das nicht etwa, weil ich den ganzen Quatsch mit der Selbstoptimierung nun auch zu meiner Religion gemacht hätte. Ich versuchte einfach, mir eine neue Fähigkeit anzueignen. Es ist nur so, dass der Aufbau einer Website, einer sauber funktionierenden Business-Website eine sehr, sehr komplexe Angelegenheit ist. Mit den Homepage-Baukästen, die man aus dem Privatgebrauch kennt, hat das Ganze so gut wie gar nichts zu tun. Es ist schwer für einen in jeder Hinsicht durchschnittlichen Typen wie mich, so etwas selbstständig zu lernen, mit nichts weiter als einer Handvoll YouTube-Videos und ein paar guten Ratschlägen. Selbst gute Websites, gestaltet von erfahrenen Profis, können schiefgehen, abstürzen, gehackt werden. Und natürlich blühte das auch meiner Website.

Ich versuchte, Malcolm darauf aufmerksam zu machen, sagte ihm mehr als einmal, wie funktional eingeschränkt meine Website war. Ich erklärte ihm immer wieder, dass es mehr Sinn machen würde, einfach nur die Textinhalte auf der existierenden Site zu bearbeiten. Aber er hörte mir nicht zu.

Nun denn, auf dem Sommerfest, bei dem wir uns alle auf einem Spreedampfer versammelt hatten, schnappte sich Malcolm das Mikrofon und hielt eine Rede.

»Um ganz ehrlich zu sein, wenn wir jemanden anderen für die PR hätten, wäre Sam inzwischen schon gefeuert worden. Diese Website taugt absolut gar nichts. Ein Haufen Schrott. Nichts funktioniert. Warum haben wir überhaupt auf diese Scheiß-Website umgestellt? Verdammt, die Telefonleitungen glühen vor lauter Beschwerden der Benutzer.«

Ich trank mein Bier und ignorierte seinen Auftritt. Ich wusste, dass das pure Taktik war, um von Malcolms eigenem miserablen Management abzulenken, seiner fehlenden Bereitschaft, einen für diesen Job kompetenten Neuen einzustellen.

Jemand tippte mir auf die Schulter.

»Hab's dir doch gesagt, du bist der Nächste«, grinste mir Dennis ins Gesicht.

»Leck mich«, gab ich zurück.

Den Rest der Party verbrachte ich damit, mich auf Firmenkosten zu betrinken und laut darüber nachzudenken, wie gerne ich gehen würde. Mir war inzwischen wirklich alles egal. Es hatte nichts mit Angst oder Erniedrigung zu tun. Es war Wut. Wut darüber, wie mit mir und anderen umgesprungen wurde.

Dann nahm mich Malcolm beiseite. Ich ging davon aus, dass er mich auf der Stelle rauswerfen würde.

Die Spree wurde im Licht der untergehenden Sonne immer brauner, die Stadt erwachte an den Ufern um uns herum zum Leben, diesem ganz speziellen Berliner Nachtleben. Das Motorengeräusch übertönte seine Worte für die anderen. Aber ich konnte hören, was er sagte: »Tut mir wirklich leid, Sam. Ich musste das machen, damit jeder versteht, warum die Website nicht funktioniert. Aber es ist mein Fehler. Ich hätte auf dich hören sollen, sorry.«

Ich bedankte mich bei ihm und beschloss, die Firma nicht gleich an diesem Abend zu verlassen.

August 2017: Lauf um deinen Job

Am Ende war der Entschluss zu kündigen für mich eine Art Antiklimax. Ich hätte wegen der Art und Weise gehen sollen, wie ich behandelt wurde. Was mich aber am Ende veranlasste, einen Schlussstrich zu ziehen, war die Art und Weise, wie Max beim Fun Run Amar fertigmachte.

Da wären wir also wieder am Anfang dieses Buchs.

Wir standen im Berliner Olympiastadion, die Luft über der blauen Tartanbahn flimmerte in der Hitze. Wir warteten auf den Start. Aber dann, aus welchem Grund auch immer, schrie Max Amar an, drohte ihm, machte eine rassistische Bemerkung.

Amar, der arme Kerl, hatte die Aufgabe, meine missratene Website in Ordnung zu bringen. Er musste das neben seinem eigentlichen Job erledigen. Die Zuständigkeiten wurden innerhalb der Firma einfach immer weitergeschoben. Bei Rivalchemy hätten sie inzwischen mehrere Leute eingestellt, damit die sich um die Kundenbeschwerden kümmerten. Hier bei MyCashMate wurde der Schwarze Peter innerhalb der Firma immer und immer wieder weitergegeben.

Und Amar war ausgebrannt. Inzwischen unterliefen ihm Fehler bei seinen Routineaufgaben. Deshalb war Max so sauer. Er wollte keine Ausreden oder Erklärungen hören. Er wollte den Fun Run »gewinnen«. Selbst etwas, das so offenkundig mit Freizeit und Spaß zu tun hatte wie dieser Lauf im Olympiastadion, war für ihn Wettkampf. Draußen, in der großen Welt erzählte Donald Trump allen und jedem, er wäre der Größte überhaupt. In unserer kleinen Start-up-Welt wurden die Leute rassistisch fertiggemacht wegen kleinster Fehler.

Ich nahm den heulenden Amar in die Arme, sein Schweiß drang durch mein T-Shirt.

Ich sagte ihm, er solle sich keine Sorgen machen.

Und ich verließ die blaue Laufbahn, nahm Amar mit, brachte ihn dazu, sich neben mich auf eine der Sitzschalen in Hertha-Farben zu setzen.

Während Amar sich das Gesicht abwischte, zog ich mein Handy aus der Tasche und rief Malcolm an.

»Hallo?«

»Hallo, Malcolm, ich bin's, Sam.«

»Hey, Alter, alles klar?«

»Vor einem Monat hast du mir gesagt, es täte dir leid, was du mit mir gemacht hast, dich vor die ganze Firma hinzustellen und zu behaupten, das mit der Website wäre meine Schuld gewesen. Ich fand das sehr gut. Aber heute habe ich endgültig jeden Respekt vor dir und deiner Firma verloren. Ich erkenne jetzt, dass du, seit ich in der Firma bin, niemals, nicht ein einziges Mal versucht hast, Probleme zu lösen. Du hast die Probleme einfach immer weiter gären, wachsen, wuchern lassen. Du hast immer die Verantwortung weitergeschoben, niemals wirklich Entscheidungen getroffen. Du hast mir gesagt, ich wäre verantwortlich für die Website, und wenn ich dir gesagt habe, dass ich Unterstützung brauche, hast du weggehört. Du hast weggehört, wenn ich dir gesagt habe, dass ich das nicht kann. Du hast der

Firma gesagt, es wäre alles mein Fehler. Und danach hast du dich bei mir entschuldigt. In der ganzen Zeit hast du keine einzige Sekunde versucht, das eigentliche Problem zu lösen. Von dir kam nichts als leere Worte. Du erwartest, dass sich die Probleme durch leeres Gerede in Wohlgefallen auflösen. Deshalb redest du dir selbst ein, es wäre kein Problem, Max in der Firma zu haben. Er ist ein machtbesessener Kontrollfreak. Er hat nicht den geringsten Respekt vor irgendjemandem. Gerade hat er Amar mit der Ausweisung gedroht, wenn er nicht schnell genug rennt. Du hast das Problem mit Max nicht gelöst und auch sonst kein einziges Problem. Du hast niemanden eingestellt, um mir bei der Website zu helfen, du hast in aller Ruhe zugesehen, wie sich die Arbeit und die Probleme auf meinem Schreibtisch immer weiter aufgetürmt haben. Ich kündige.«

Es gab eine Pause. Ich schwitzte, fühlte meinen Puls rasen. Ich konnte kaum fassen, dass ich all das gerade tatsächlich zu meinem Chef gesagt hatte.

»Okay«, begann Malcolm, »okay. Okay, Sam, okay. Bitte bleib.«

»Nein«, sagte ich.

»Bitte. Ich verspreche, ich bringe Max zur Räson. Du hast recht, ich hätte mich um all das früher kümmern müssen. Bitte bleib.«

Die Fassade des netten Kumpels war erschüttert. Und auch die des arroganten Machers, der mich in den letzten Monaten immer wieder hatte auflaufen lassen, begann zu bröckeln. Ich erkannte den verunsicherten, faulen, neureichen Schwindler hinter der Fassade, der mich anflehte, ihm nicht noch ein Problem aufzubürden, das er nicht lösen würde. Ich sollte weiter die Fachpresse und das Publikum und unsere Firma und selbst die Konkurrenz glauben machen, wir wären das *nächste große Ding*.

»Nein, ich kündige«, sagte ich.

Mein Herz pochte heftig. Amar saß noch immer neben mir und heulte still in sich hinein.

»Gut, dann kannst du mich mal«, sagte Malcolm. »Verpiss dich. Vergiss die Zeit, die du eigentlich noch arbeiten müsstest. Mach, dass du wegkommst, du eingebildetes englisches Arschloch. Verpiss dich, und glaub bloß nicht, du würdest eine Beurteilung von mir kriegen, du elender Drecksack.«

»Tschüs, Malcolm«, sagte ich.

»Nein, warte. Es tut mir leid«, sagte er.

Ich legte auf.

»Du gehst wirklich?«, fragte Amar und sah mich aus seinem blauen Hertha-Sitz an.

»Yep«, sagte ich.

»Wow. Bist du okay?«, fragte er.

Ich überlegte. Ich spürte, wie sich die Müdigkeit, der Beinahe-Burn-out in Körper und Kopf lösten.

»Es ist mir nie besser gegangen«, antwortete ich.

Die Sonne senkte sich über dem Stadion. Max kam auf uns zu, außer Atem.

»Ihr Scheiß-Schwuchteln, macht, dass ihr wieder auf die Bahn kommt«, forderte er.

»Max«, sagte ich, »rede nie wieder so mit Amar oder mit sonst irgendjemandem.«

Dieses Buch

Die Start-up-Szene beglückt den Rest der Welt mit ihren Idealen – über die Medien, auf Konferenzen, bei TED Talks. Sie kann Geschäftsleute und Computernerds zu Weltstars machen. Ihre Ideologie, ein bisschen chaotisch zu sein, Eigeninitiative und Selbstoptimierung großzuschreiben, hart zu arbeiten und noch härter zu feiern, hat die Welt infiziert: Jeder glaubt, das nächste große Ding auf der Pfanne zu haben.

Erschöpfung, schlechte Gesundheit, Burn-out, kaputte Beziehungen, zerbrochene Freundschaften: All das sind Auszeichnungen beim Streben nach dem perfekten Start-up, dem perfekten Business. Alles ist erlaubt, alles ist entschuldbar auf der Suche nach dem nächsten großen Ding.

Alles andere ist nichts als Gejammer.

Ich weiß schon, was ihr jetzt denkt. Nichts von dem, was ich da berichte, klingt gar zu schlimm. Weder waren die Jobs, die ich hatte, sonderlich schrecklich, noch musste ich wirklich üble Situationen durchmachen.

Zunächst einmal: Ja, ich hätte es wahrlich viel schlechter treffen können. Ich gebe zu, dass ein Job in der Digitalbranche, in einem hoch entwickelten Industrieland, bei dem ich am Ende tatsächlich die Aufgaben zugeteilt bekam, die ich haben wollte, nämlich Schreiben und Recherchearbeit, ein Privileg ist. Außerdem stehe ich keineswegs auf der untersten Stufe der sozialen Leiter und stecke auch nicht in einem elenden Teil der Welt fest, in dem ich Touristen um ein Almosen anbetteln müsste. Ja, in dieser Hinsicht habe ich es gut. Aber: Nur weil irgendwo anders alles schlecht ist, muss das ja nicht heißen, dass du dein Leben so akzeptieren musst, wie es ist, wenn es sich mies anfühlt. Du kannst dein eigenes Leben verbessern, und du kannst auch dazu beitragen, dass sich die Dinge anderswo zum Besseren entwickeln. Auch das hat jetzt nichts mit dem Optimierungswahn der Branche zu tun, sondern diesbezüglich bleibe ich schlichtweg Optimist und weigere mich, zum Zyniker, zum rücksichtslosen Egoisten zu werden: Ich weigere mich zu sagen: »Na ja, natürlich könnte es mir viel schlechter gehen, ich finde mich also mit so einem beruflichen Problem ab und verzichte darauf, mich verbessern zu wollen.« Hilft mir das wirklich? Die Einzigen, denen damit geholfen ist, sind der Arbeitgeber, der Investor, derjenige, der für den glatten Betriebsablauf verantwortlich ist und sich darauf verlässt, dass wir einfach nur die Klappe halten.

Zum letztgenannten Punkt, dass ich nicht wirklich üble Sachen erlebt habe: Ja, stimmt, die Horrorgeschichten, die andere durchgemacht haben, sind extremer, psychotischer, gefährlicher. Ich wurde weder missbraucht (weder physisch noch sexuell), noch geriet ich an durch und durch böse Menschen, die ihre Mitarbeiter wie Sklaven behandelten. Mit all diesen Dingen kann ich nicht dienen. Doch obwohl meine Probleme zum Glück längst nicht so schlimm waren, wie sie hätten sein können, waren sie doch sehr real. Es ist mir wichtig, das Ausmaß meines persönlichen Leidens zu einzugrenzen, schließlich habe ich nicht die Absicht, meine Probleme zu übertreiben und in meinem Klagen zu schwelgen. Es geht darum, anhand meiner persönlichen Erfahrungen die Diskrepanz aufzuzeigen, die sich zwischen Darstellung und Wirklichkeit der Start-up-Szene auftut. Ich wollte diese Szene möglichst umfassend als das beschreiben, was sie in Wirklichkeit ist: eine Leere, in der inkompetente Manager ihre Träume ausleben und aufs schnelle Geld spekulierende Investoren das Sagen haben und in die junge Menschen als Mitarbeiter gelockt werden, ohne dass sie in den Genuss irgendeiner Absicherung oder anderer Vorzüge kommen, die jeder andere normale Job eben bietet.

Darüber hinaus wollte ich zeigen, wie die Szene aktuell ihre extremen Einschränkungen und Defizite mit arg strapazierten und schlicht dummen Ausreden rechtfertigt. Die üblen Arbeitsbedingungen seien der Notwendigkeit von »Disruption«, »Chaos«, »Revolution« geschuldet, und all jene, die Klagen oder Bedenken wegen des Arbeitsumfelds vorbringen, seien schlicht »Schwächlinge« oder »Weicheier«. Es ist die klassische Machoreaktion. »Du hältst keinen Druck aus? Dann mach dich vom Acker!«

Noch einmal: Wenn wir fragen, was die Folgen solcher Reaktionen und Verhaltensweisen sind und wem all das nützt, ergibt sich daraus nur allzu deutlich die Notwendigkeit, dieses Buch zu schreiben: Der Effekt ist, dass die Leute arbeiten, ohne Fragen zu stellen, dass die Leute sich schämen, offen zu sprechen, sowie sich schwach und, in meinem Fall, »unmännlich« fühlen. Und das nutzt dem Arbeitgeber. »Rede nicht, arbeite!«

Mein Ziel ist es nun, die Unterschiede zwischen dem Werberummel der Branche und der Realität im Alltag der Beschäftigten aufzuzeigen. Ich wollte zeigen, dass trotz der unablässigen Informationsflut, die uns weismachen will, die Start-up-Szene wäre die Zukunft, wäre der Ort, an dem Technologie geboren wird, wo Leute mit Ideen aufblühen, hinter den Kulissen in Wirklichkeit nichts als Ödnis herrscht. Nichts ist geregelt, die Leute werden ausgebeutet, und Tag für Tag gibt es nichts als sinnlose Meetings, endloses Gelaber und Burschenschaftlerhumor. Die Start-up-Gründer selbst haben mich oft an diese Cartoon-Mäuse aus *Pinky und der Brain* erinnert, die beiden Labormäuse, die ständig meinen, die Weltherrschaft übernehmen zu können und dabei vergessen, dass sie nur zwei winzige Wesen in einer unfassbar großen Welt sind. Aber mir war auch klar: Die Gründer waren sich ihrer Grenzen vielleicht durchaus bewusst – aber sie mussten einfach weiter an das »große Ding« glauben, und sei es nur, weil sie so viel von ihrem Leben und ihrer Persönlichkeit in dieses Unternehmen investiert haben.

Darüber hinaus ist die Start-up-Kultur, die wieder und wieder als antihierarchisch und frei gepriesen wird, in

Wirklichkeit abstoßend. Sie reproduziert schlicht männliche Aggressionen in der Gesellschaft insgesamt, sie überlässt Männern ungehinderte Herrschaft über ihre Untergebenen. Und in Start-ups gelten sehr wohl jede Menge Hierarchien. Die Bosse geben lautstark ihre Anweisungen und verlangen, dass ihren Wünschen entsprochen wird. Frauen werden an den Rand gedrängt und sind dem Missbrauch ausgesetzt. Menschen dunkler Hautfarbe werden unterdrückt und oft schlecht behandelt. Sexualität ist ein ständiges Diskussionsthema – wenn du Hetero bist, alles easy, aber wenn nicht, dann viel Glück.

Und ein weiterer Punkt: Gerade die Dinge, die die Start-ups angeblich von der klassischen Arbeitswelt abheben sollen, nämlich Innovation und Effizienz, sind nur zu oft nicht vorhanden oder jedenfalls nicht erkennbar. Die Arbeit ist so schlecht und chaotisch organisiert, dass die Leute am Ende einfach nur noch das machen, was das Individuum an der Spitze der Firma haben will. Niemand hat wirklich die Freiheit, das zu tun, was er für richtig hält. Und der körperliche und emotionale Preis, den die Mitarbeiter zahlen, ist ein sehr hoher: Die Leute werden krank, sind isoliert, einsam, und dank der Firmenkultur, die sie umgibt, sehen sie in diesen strukturellen Problemen immer die eigene Schuld.

Und last but not least das größte Problem: Diese Firmen sind nicht bloß schlecht organisiert, ohne jede Struktur. Auch die Produkte, die diese Firmen herstellen, sind oft minderwertig.

Ich habe drei Jahre meines Lebens in solchen Firmen verschwendet. Nun, an diesem Punkt warten für mich einige Fragen auf Antwort: Sehe ich eine Lösung für all diese Probleme? Was lässt sich an positiven Seiten der Start-ups vorbringen?

Beginnen wir mit der letzteren Frage.

Start-ups müssen nicht unbedingt schlecht sein

Ich sage es gerne noch einmal: Start-ups müssen nicht so sein. Ein sicheres Zeichen für Unsicherheit ist die Unfähigkeit eines Menschen, mit Kritik umzugehen. Wenn Leute aus der Start-up-Welt mit so etwas wie »Halt's Maul, mach dich an die Arbeit oder geh, wenn du zu schwach bist« auf Kritik wie in diesem oder ähnlichen Büchern reagieren, dann weißt du, dass du es mit zutiefst unsicheren Charakteren zu tun hast. Wenn die Leute sich wirklich ihrer Sache sicher wären und an die Idee des Start-ups glauben würden, könnten sie ein wenig Kritik und Hinterfragen auch vertragen.

Ich bin mir sicher, dass es auch vernünftige Reaktionen geben wird. Leute, die erkennen, dass die Start-up-Welt von Grund auf fehlerbehaftet ist, dass es aber sehr wohl etwas gibt, das zu bewahren sich lohnen würde.

Aber was wäre das denn nun?

- Erstens meine ich, die Digitalbranchen haben es durchaus verdient, bewahrt zu werden. Immerhin war der ursprüngliche Glaube an die Kraft der Digitaltechnologien auch ein Glaube an die Kraft der Zusammenarbeit, die autoritäre Machtstrukturen überwinden würde (genau das war nämlich der ursprüngliche Traum des Silicon Valley). Auf dieser Grundlage können uns diese Technologien tatsächlich freier machen anstatt zu Sklaven neuer Hierarchien. Vielleicht gelingt es den Start-ups tatsächlich eines Tages, dieses Ideal umzusetzen: dass Menschen auf eine Weise zusammenarbeiten, die weder autoritär dominiert noch hierarchisch strukturiert ist, in der jeder Einzelne dazulernt und seinen Teil zu gemeinsamen, kreativen Zielen eines Teams beitragen kann.

- »Learning by Doing«: Ich halte das nicht zwangsläufig für ein schädliches Prinzip. Ich habe ganz sicher davon profitiert, mit Produktmanagement, Website-Erstellung und anderen Tätigkeiten konfrontiert zu werden, mit denen ich zuvor nicht vertraut war – immerhin besitze ich nun zumindest Grundkenntnisse auf diesen Gebieten. Nur sollte man vielleicht nicht ständig gleich mit Entlassung drohen, wenn man denn wirklich möchte, dass sie etwas lernen. Viel wichtiger wäre das Etablieren von Strukturen für koordiniertes Lernen und Arbeiten. Die Leute werden es den Arbeitgebern letztendlich danken.
- Natürlich will ich auch dem freien Streben nach Umsetzung eigener Ideen keine Steine in den Weg legen. Auch wenn ich in der Berliner Start-up-Szene keine einzige Idee gesehen habe, die ich als »umwerfend« oder »revolutionär« erachtet hätte, ist mir klar, dass dies schlicht ein Problem der hoch entwickelten Ökonomie ist: Wir haben im Prinzip schon alles, was wir brauchen, deshalb sind neue geschäftliche Unternehmungen letztendlich immer irgendwie von bereits Vorhandenem abgeleitet. Trotzdem glaube ich, dass Start-ups gute und für die Gesellschaft nützliche Produkte erzeugen können. Ich glaube, dies wird am ehesten gelingen, wenn sie eine Motivation antreibt, die nicht ausschließlich auf Profitmaximierung ausgerichtet ist. Wenn den Leuten wirklich etwas an der Gesellschaft oder den Menschen in ihrem unmittelbaren Umfeld liegt, dann bin ich überzeugt, dass sich noch viele interessante Ideen ergeben werden.
- Ich glaube auch, Start-ups können die Menschen ermuntern, neue Potenziale in ihrem eigenen Leben auszuschöpfen und nach interessanteren Formen des

Arbeitens zu suchen. Wenn wir heute viel flexibler arbeiten können, warum sollte dann jemand unbedingt sechzig Stunden pro Woche im Büro zubringen müssen? Vielmehr sollten die Menschen in der Lage sein, flexibel neue Wege zu erkunden, um ihrem Leben mehr Bedeutung zu geben. Wenn wir flexibler sind, dann lasst uns auch versuchen, wirklich flexibler zu leben.

- Und schließlich denke ich, dass das Arbeiten in Startups auch Spaß machen kann. Ich rede nicht von Kickerspielen und Fußballschauen. Ich denke, es kann in der Weise Spaß machen, wie es beworben wird. Es kann Spaß machen, kreativ und disruptiv zu sein und sich nicht durch mehrere bürokratische Ebenen wühlen zu müssen, nur um etwas ganz Simples hinzubekommen. Um das aber möglich zu machen, muss die Unternehmensführung eben bereit sein, ein wenig Kontrolle aufzugeben und den Mitarbeitern wirklich zu erlauben, ihren Spaß zu haben.

Lösungen!

Und wie sieht es mit mir aus? Sehe ich irgendwo Lösungen für die in diesem Buch beschriebenen Probleme? Habe ich konkrete Lösungsvorschläge?

Aber ja, mehrere.

- Erstens glaube ich, dass die Gewerkschaften eine größere Rolle dabei spielen müssen, die Mitarbeiter mit mehr Freiheiten und mehr Befugnissen auszustatten.
- Zweitens glaube ich, dass sich die Mitarbeiter deutlicher zu Wort melden und ihre konkreten Probleme

benennen müssen. Hier wäre es vielleicht schon ein Anfang, wenn solche Unternehmen verpflichtet würden, einen Betriebsrat einzurichten, der diesen Namen auch verdient.

- Drittens glaube ich, dass sich Start-ups stärker auf die sozialen Bedürfnisse fokussieren sollten, sowohl dahingehend, dass sie ihre Arbeit als gesellschaftlich relevant betrachten, als auch was das Verhalten gegenüber ihren Mitarbeitern anbelangt.
- Und schließlich sollte die PR-Maschine, die die Start-ups umgibt, ihre Lautstärke herunterfahren.

Gerade auf die sozialen Möglichkeiten der Start-ups möchte ich noch ein wenig ausführlicher eingehen. In den Teilen der Welt, in denen es echte Probleme gibt, können Start-ups mithin eine wichtige Rolle einnehmen. In Indien beispielsweise helfen Start-ups Bauern und Farmern, mithilfe von Smartphones Pflanzenkrankheiten präzise zu erkennen. In Nigeria können Menschen ohne Bankkonto mithilfe von Smartphones Geldüberweisungen via SMS erhalten. In Teilen Brasiliens verschaffen Start-ups den Menschen Zugang zu kostengünstigerer medizinischer Versorgung.

Start-ups können die innovativen Lösungen hervorbringen, die die Menschen wirklich brauchen, aber wir müssen ehrlich sein: Sind sie tatsächlich das wunderbare, das *nächste große Ding* in der modernen Weltwirtschaft? Vermutlich nicht. Sie werden wahrscheinlich bestimmte Dinge effizienter machen und die Methoden verbessern, mit denen wir gegenwärtig unsere Produkte und Dienstleistungen nutzen. Aber die enorme Menge heißer Luft, die sie umgibt, verzerrt das Bild dessen, wozu sie tatsächlich in der Lage sind. Sie erzeugen in Wirklichkeit nur sehr einfache Produkte, an die ohnehin nicht allzu schwer zu kommen ist.

Sie leisten nichts übertrieben Innovatives. Dennoch: Die Entwicklungs- und Schwellenländer bilden für Start-ups die Märkte der Zukunft.

Im Gegensatz dazu müssen wir beständig gegen die Gefahr ankämpfen, einfach nur eine Branche zu kreieren, die bei jeder Gelegenheit die menschliche Faulheit bedient: Man besorgt sich Reinigungskräfte, lässt sich die Wäsche machen, das Essen bringen. Im Grunde eine Branche, die dafür sorgt, dass sich Männer wohlfühlen, wenn sie aus dem »Hotel Mama« ausgezogen sind. In der modernen Ökonomie müssen wir sozialer denken, wenn wir etwas wirklich Innovatives auf die Beine stellen wollen.

Und ich denke, Start-ups können und sollten versuchen, die Leute zu gesamtgesellschaftlicher Verantwortung zu motivieren. Sie können den Leuten zeigen, dass es Werte innerhalb eines Unternehmens gibt, die nichts mit Profit zu tun haben, und dass ihre Arbeit auf die Gesellschaft zurückwirkt.

Die Menschen, die in diesen Firmen arbeiten, sind doch nicht alle böswillige Zeitgenossen. Es ist nur so, dass die besonders Dreisten und Lautstarken in der Branche, die sich keinerlei Gedanken um negative Folgen ihrer Produkte machen, meist auch den größten Publikumserfolg haben. Viele der Leute, die in diesen Firmen arbeiten, machen sich sehr wohl Gedanken über die Gesellschaft und würden gerne durchdachte, nachhaltige Antworten auf soziale Probleme sehen.

Was ich damit sagen will: Die Machokultur, die das Individuum zerstört und isoliert, immer nur »Arbeit, Arbeit, Arbeit« verlangt, müsste doch irgendwann verbraucht sein und einer sanfteren, inklusiveren Arbeitsweise Platz machen, damit unterschiedliche Standpunkte zu ihrem Recht kommen können.

Und trotzdem: Hüten wir uns vor der wunderbaren, strahlenden Welt von morgen. Fast nichts von dem, was die Presse über Start-ups berichtet, ist wahr.

- Sie sind nicht innovativ: Sie schaffen es noch nicht einmal, Produkte oder Websites klar und verständlich zu produzieren.
- Sie sind nicht effizient: Sie geben Projekte an die falschen Leute.
- Sie beuten ihre Mitarbeiter aus: Sie bieten keine Schulung oder Ausbildung und geben den Mitarbeitern nicht die kleinste Hilfe oder Unterstützung.
- Ihre Kultur ist durchdrungen von *Machismo* und Intoleranz: Vorurteile bilden zentrale Elemente der Betriebsabläufe dieser Unternehmen.
- Sie wollen das Individuum dazu bringen, ohne Rücksicht auf Verluste zu arbeiten: Sie lassen den Mitarbeitern keinerlei Freiraum für eigene Bedürfnisse.

So gesehen kann und muss dem Hype um die Start-ups etwas entgegengesetzt werden. Die wunderbare, strahlende Zukunft werden wir eher auf faire und für alle lohnende Weise erleben, wenn wir es schaffen, Start-ups auf ein stärkeres soziales Bewusstsein auszurichten, anstatt lediglich das Ego von ein paar überdrehten Alphatieren zu bedienen.

2018: Ein neuer Wind?

Das ist das Jahr, in dem ich all dies niederschreibe. Ich blicke zurück auf das, was sich in den letzten Monaten entwickelt hat, und ich sehe nur wenig Licht in einer ansonsten dunklen, chaotischen und wirren Welt. Trump, Brexit,

AfD … – Ich muss nicht noch einmal ausführen, auf welch vielfältige Weise alte Gewissheiten überwunden wurden und in welcher Weise eine Form besonders beängstigender Finsternis ein weiteres Mal zum Vorschein zu kommen und Nationen in aller Welt zu erfassen scheint.

Dennoch sehe ich auch gewisse gesellschaftliche Fortschritte. Die #MeToo-Bewegung, die im Oktober 2017 ihren Anfang nahm, hat in letzter Zeit einige fantastische Dinge auf den Weg gebracht. Sie ist ein Segen für Frauen in vielen Branchen, und sie ist keineswegs auf Prominente oder Reiche beschränkt, sodass Frauen aller Gesellschaftsschichten davon profitieren. Natürlich sind diese Erfolge nicht ohne viel Arbeit und Mühe zu haben. Aber die Start-up-Szene sollte diese Bewegung fürchten – sie hat allen Grund dazu.

Darüber hinaus beobachte ich ein wachsendes gesellschaftliches Verantwortungsbewusstsein in der Techwelt. Die Tech Workers Coalition in den USA versucht beispielsweise zu zeigen, wie Menschen, die in der digitalen Branche arbeiten, den Mächtigen die Stirn bieten können, damit ihre Technologien nicht für Zwecke eingesetzt werden, die gesellschaftlichen Rückschritt darstellen, etwa in Haftanstalten. Ich glaube, dass das auch in Deutschland möglich ist.

Und wenn wir schon von Deutschland sprechen: Ich sehe einen gewaltigen Unterschied in Geschichte und Kultur zwischen diesem Land und den Vereinigten Staaten. Deutschland ist auch heute noch gesellschaftlich viel fortschrittlicher als die USA. Das Land glaubt zumindest noch an eine gewisse Form von Sozialstaat. Es versucht nach wie vor, die alltäglichen Bedürfnisse seiner Bürger in einer Weise zu berücksichtigen, die dem neoliberalen *American Way of Life* niemals in den Sinn käme. Deshalb sehe ich die Chance, dass Deutschland auch die Start-up-Szene in eine gesellschaftlich viel fortschrittlichere Richtung bewegen kann.

Treffen mit Haroun: Aus der Sicht eines Gründers

Ich beschloss, in Deutschland zu bleiben und mir einen besseren, stabileren Job zu suchen. Anfang 2018 kehrte ich jedoch kurz für einen Besuch nach London zurück, um mich mit Freunden zu treffen. Einer davon war Haroun, mein Kollege damals bei der Werbeagentur, der später seine eigene Firma gegründet hatte. In einem Pub in der Nähe der London Bridge unterhielten wir uns über meine Erfahrungen in Start-ups, aber auch über seine Erfahrungen als Firmengründer. Er wirkte inzwischen fünf Jahre älter, als er tatsächlich war, und auch irgendwie ausgezehrt.

»Meine Firma sollte eigentlich jungen Leuten helfen, ihre Arbeit sinnvoller zu strukturieren – und zwar mithilfe einer App. Alles ganz typisch, und natürlich digital. Wir richteten uns im Londoner Osten ein, und alles lief prima. Es gab eine enorme Euphorie, als wir den Laden starteten. Wir wagten etwas. Das fühlte sich großartig an.

Aber dann, als ich zu arbeiten begann, bemerkte ich, wie sich mein Leben immer mehr veränderte. Ich arbeitete mit meinen Mitgründern und einer Handvoll Angestellten praktisch ohne Pause und stellte bald fest, dass ich so gut wie kein Privatleben mehr hatte. Alles drehte sich um die Arbeit. Ich begann schon Dinge zu denken wie: Ich wünschte, du hättest mich nicht gefragt, ob wir ein Bier trinken gehen, sobald jemand den Vorschlag machte, in den Pub zu gehen. Ich war dermaßen auf die Arbeit fixiert, ich fühlte mich irgendwann so schuldig, wenn ich meinen Freunden wieder mal absagen musste, dass ich schon überlegte, ihnen zu sagen, sie sollten den Kontakt zu mir besser komplett abbrechen. Total verrückt, oder nicht?

Die Arbeit fraß das letzte bisschen Zeit, das ich noch hatte. Ich ging mit den Jungs aus dem Büro einen trinken, und das war dann auch schon alles, was ich an »Freizeit« hatte. Und wir erwarteten natürlich von jedem, den wir einstellten, dass er mitzog. Irgendwann waren wir bei zwanzig Mitarbeitern angelangt, und wenn dann einer am Montagmorgen zur Arbeit kam und erzählte, wie toll das Wochenende gewesen war, dachte ich bloß noch: Ich will dich hier gar nicht haben – offensichtlich hängst du dich nicht so für das Team rein wie ich. Und ganz sicher ist es meine Schuld, wenn der oder die Betreffende sich hinterher nicht willkommen gefühlt hat.

Um die Arbeitslast irgendwie zu stemmen, zog ich mit meinen Mitgründern zusammen. Wir arbeiteten wirklich Tag und Nacht. Und die Firma wuchs. Wir hatten Erfolg – aber wie gesagt, ich lebte nur noch für die Firma. Ich redete praktisch über nichts anderes mehr. Ich sah niemanden mehr von meinen Freunden oder der Familie – die Arbeit zu organisieren und dafür zu sorgen, dass alle genauso an Bord waren wie ich, wurde mir extrem wichtig. Ich erkannte überhaupt nicht mehr, dass es für andere Leute auch noch ein Leben jenseits der Arbeit geben könnte.

Wir hatten einen Gesellschaftervertrag, und ich hatte nicht die Absicht, die Firma zu verkaufen, aber ich erfuhr, dass einer der Mitgründer seine Anteile verkaufen wollte, wenn sich die Chance bot. Rund ein Jahr lang stritt ich mich mit ihm über die Sache und achtete genau darauf, dass er nicht aus der Reihe tanzte. Diese Spannungen schadeten der Firma – die Leute sagten, man hätte im Büro regelrecht spüren können, wie sehr unser Zwist das Betriebsklima belastete.

Das wollte ich natürlich auch nicht, aber was sollte ich tun? Die Firma war doch mein Traum. Ich konnte einfach nicht verstehen, wie die Leute Urlaub nehmen oder es wagen konnten, nicht ständig 200 Prozent zu diesem Traum beizutragen. Ich vermute, ich wurde von meinem eigenen Ehrgeiz geblendet. Und es war wohl auch eine persönliche Sache: Ich wollte unbedingt Erfolg haben, also erwartete ich von allen um mich herum den gleichen bedingungslosen Ehrgeiz.

Dann, etwa zwei Jahre nach der Firmengründung, machte ich eine Art Wandel durch. Mir wurde klar, dass ich sämtliche Kontakte zu Freunden gekappt hatte, sogar meine Beziehung hatte ich dem Job geopfert. Und ich fragte mich: Macht mich das wirklich glücklich? Die Antwort war ein klares Nein. Ich erkannte, wie sich meine Ängste, mein ganzes Verhalten negativ auf die Firma auswirkten. Ich begann zu erkennen, dass auch ich meine Grenzen hatte und dass mein Kontrollwahn der Firma schadete.

Ich musste alles von Grund auf verändern – meine Kommunikation mit den Kollegen, mein ganzes Denken. Denn sobald du alle dazu gebracht hast, genau wie du selbst bei dem Rattenrennen mitzumachen, sind sie irgendwann ausgebrannt und kündigen. Deshalb beschloss ich, es in Zukunft lockerer, sanfter, freundlicher anzugehen, auch mal Urlaub zu machen, wieder ein Leben neben der Arbeit zu führen. Das half meinen Mitarbeitern sehr und auch dem Unternehmen insgesamt. Ich habe inzwischen sogar die Fähigkeit entwickelt, über die Gefühle anderer nachzudenken, darauf einzugehen. Ich spreche mit den Leuten regelmäßig darüber. Ich ermuntere meine Mitarbeiter, rücksichtsvoll mit anderen umzugehen. Natürlich will ich nach wie vor den Erfolg des Unternehmens, aber ich sehe auch, dass ich nur dieses eine Leben habe und da noch mehr Nützliches und Hilfreiches tun kann als immer nur arbeiten, arbeiten, arbeiten.

Und weißt du was? Es hilft mir sogar, meine Ziele zu verwirklichen. Ich habe etwas sehr Simples begriffen: ›Mieses Team, mieses Produkt‹. Und wenn ich die Ursache für das miese Team bin, ist es meine Schuld, wenn wir ein mieses Produkt machen. Wenn ich es aber ruhiger angehe, den Leuten nicht ständig dazwischenfunke und mich vor allem um meinen eigenen Kram kümmere, haben wir ein tolles Team und ein tolles Produkt.«

Offenbar war Haroun in Sachen Selbstwahrnehmung und Einfühlungsvermögen den Firmengründern, die ich kennengelernt hatte, meilenweit voraus. Er hatte erkannt, dass der Start-up-Geist ihm und seiner Firma schadete, also beschloss er, die Dinge anders anzugehen, einen sanfteren Weg einzuschlagen. Das trug dazu bei, dass seine Firma auf über 150 Mitarbeiter allein in London wachsen konnte.

»Was denkst du, was unterscheidet dich von anderen Firmengründern?«, wollte ich von ihm wissen.

Er nippte an seinem Bier und sagte dann: »Der einzige Unterschied ist, dass mir wirklich etwas an der Sache liegt. Das ist der ganze Witz.«

Auf Grundlage meiner eigenen Erlebnisse, Recherchen und zahlreichen Gespräche, die ich für dieses Buch geführt habe, kann ich nur empfehlen, eine fortschrittlichere, sozialere Arbeitsatmosphäre anzustreben, in der die Mitarbeiter mehr Mitsprache und Kontrolle haben und einen größeren gesellschaftlichen Beitrag leisten können. Und natürlich braucht es besseren Zugang zu Weiterbildung und Schulung, und vielleicht sollte man auch das angeblich so kreative Chaos in diesen Firmen etwas kritischer sehen.

Deutschland hat noch immer alle Chancen, zum amerikanischen Stil der Technologiegiganten auf Abstand zu gehen und ein Ort zu werden, an dem Angestellte und Arbeiter mit Würde und Respekt behandelt werden – und an dem die Technologie nicht als Waffe gegen die eigenen Bürger eingesetzt wird.

Wenn wir den Hype um die Start-ups herunterfahren, die Macho-Aspekte eindämmen, die besagen, das Individuum befreie sich von den Fesseln der alten Welt, lebe seine Unabhängigkeit in der neuen aus und bringe auf diese Weise die Zukunft in die Gegenwart, dann können daraus gesellschaftlich fortschrittlichere, sanftere Start-ups entstehen – die noch dazu bessere Arbeit abliefern. Wenn wir dafür sorgen, dass sich nicht alles um den Gründer dreht, kann der Pionier, der Entdecker in ihm, uns vielleicht wirklich helfen, Start-ups und die Arbeit dort konstruktiver und kooperativer zu machen. Gegenwärtig dienen Start-ups vor allem dazu, das Ego ihrer jeweiligen Gründer herauszustellen. Dabei könnten sie wahrlich mehr sein, besser sein.

Berlin ist so eine schöne Stadt. Der unendliche Abwechslungsreichtum und die Freiheit, die sie ihren Bewohnern bietet, sind wirklich atemberaubend. Und die Start-up-Welt steht in der Pflicht, auch zum Wohl der Bürger zu wirken, denen zu helfen, die mit überteuerten Mieten und Verdrängung zu kämpfen haben – zumal gerade die Start-up-Welt von der wachsenden Internationalität der Stadt enorm profitiert.

Am Anfang dieses Buchs erwähnte ich einen Veranstaltungsteilnehmer, der sich genervt davon zeigte, Kanzlerin Merkel und Deutschland würden die »Arbeiter viel zu sehr schützen«. Woher ich das wusste? Ganz einfach: Ich habe für die Person, die das gesagt hatte, eine kurze Zeit gearbeitet. Er war ein wichtiger Investor bei dem Inkubator, der MyCashMate aus der Taufe gehoben hat, jemand mit sehr viel Macht über das Leben von Arbeitern und jemand, der davon überzeugt ist, Deutschland schütze seine Arbeiter zu sehr.

Wir sollten kurz innehalten und überlegen, wohin die Reise eigentlich gehen soll. Diese Investoren sind reiche, mächtige Leute, die unsere alltägliche Arbeit auf vielfältige Weise formen. Wenn wir bei den Arbeitsbedingungen in Start-ups genauer hinsehen, können wir auch auf diese Leute Druck ausüben und ihre Überzeugung infrage stellen, Arbeitnehmer müssten einfach weniger geschützt werden. Wir müssen Solidarität unter den Arbeitnehmern aufbauen, damit die Menschen ein Höchstmaß an Sicherheit spüren und den Launen der Chefs und dem ganzen Mist, mit dem ihnen die Firmen bisweilen kommen, nicht mehr ganz so schutzlos ausgeliefert sind.

Und letztendlich, das ist eigentlich der zentrale Punkt im Zusammenhang mit Start-ups: Es ist *sehr wohl möglich*, beides zu haben. Einen Tischkicker *und* eine gesellschaftlich verantwortungsbewusste Firma. Bier im Kühlschrank *und* eine gesunde, faire Unternehmenskultur. Nichts, absolut nichts spricht dagegen, so etwas entstehen zu lassen.

Eine von sozialer Verantwortung geprägte Technologiebranche in Deutschland – vielleicht, hoffentlich, ist das ja das nächste große Ding.

ANMERKUNGEN

1 »Unemployment breaks through 2.5 million«, *The Guardian*, 21. April 2010, https://www.theguardian.com/business/2010/apr/21/unemployment-rises-to-highest-in-16-years; »Unemployment rate in the United Kingdom (UK) from 2000 to 2017«; Statista, https://www.statista.com/statistics/279898/unemployment-rate-in-the-united-kingdom-uk/.

2 Ernst & Young, »Liquidity meets perspective. Venture Capital and Start-ups in Germany«, 2015, https://www.ey.com/Publication/vwLUAssets/ey-venture-capital-and-start-ups-in-germany-2015/%24FILE/ey-venture-capital-and-start-ups-in-germany-2015.pdf [31. Januar 2019].

3 In diesem Buch werden im Zusammenhang mit meinen Tätigkeiten öfter die Begriffe »team lead« oder »Abteilungsleiter« fallen. Diese Positionen darf man jedoch nicht als höhere Führungspositionen missverstehen. In einer flachen Hierarchie waren die jeweiligen Mitarbeiter ohne Personalverantwortung und in den allermeisten Fällen ohne größere Entscheidungskompetenz und Autorität ausgestattet. Sie vertraten lediglich das Team in Meetings und vor dem Unternehmen, um Informationsmanagement und Klarheit zu gewährleisten.

4 Amy Fontinelle, »What exactly is a startup?«, 15. Dezember 2017, https://www.investopedia.com/ask/answers/12/what-is-a-startup.asp [17. Dezember 2018].

5 Wikipedia, »Start-up-Unternehmen«, https://de.wikipedia.org/wiki/Start-up-Unternehmen [17. Dezember 2018].

6 Google Trends, »Suchergebnis für ›startup‹, USA 2004 bis heute«, https://trends.google.com/trends/explore?date=all&geo=US&q=Start-up [17. Dezember 2018].

7 Google Trends, »Suchergebnis für ›startup‹, Deutschland 2004 bis heute«, https://trends.google.com/trends/explore?date=all&geo=DE&q=Start-up [17. Dezember 2018].

8 International Data Corporation, »Smartphone Market Share, 2017–2018«, https://www.idc.com/promo/smartphone-market-share/vendor [18. Dezember 2018].

9 David Kleinbard, »The $1.7 trillion dot.com lesson«, 9. November 2000, https://money.cnn.com/2000/11/09/technology/overview/ [18. Dezember 2018].

10 Alison Griswold / Jason Karaian, »It took Amazon 14 years to make as much in net profit as it did last quarter«, 2. Februar 2018, https://qz.com/1196256/it-took-amazon-amzn-14-years-to-make-as-much-net-profit-as-it-did-in-the-fourth-quarter-of-2017/ [18. Dezember 2018].

11 Edwin E. Ghiselli / Jacob P. Siegel, »Leadership and managerial success in tall and flat organization structures«, 1972, https://onlinelibrary.wiley.com/doi/abs/10.1111/j.1744-6570.1972.tb02304.x [19. Dezember 2018].

12 Ryan Law, »The Startup Funding Bible: How to Raise Money Like a Unicorn«, 4. Januar 2017, https://www.cobloom.com/blog/startup-funding?utm_campaign=Repurposed%20Content&utm_medium=Start-up%20funding&utm_source=medium# [19. Dezember 2018].

13 Conner Forrest, »The dark side of venture capital: Five things startups need to know«, 10. März 2014, https://www.techrepublic.com/article/the-dark-side-of-venture-capital-five-things-startups-need-to-know/ [19. Dezember 2018].

14 Patrick Henry, »Why Some Startups Succeed (and Why Most Fail)«, 18. Februar 2017, https://www.entrepreneur.com/article/288769 [20. Dezember 2018]; »The Ultimate Startup Failure Rate Infographic«, 2018, https://www.failory.com/blog/startup-failure-rate [20. Dezember 2018].

15 Viktoria K. / Vlad V., »How Much Does it Cost to Build a Chatbot?«, https://rubygarage.org/blog/how-much-does-it-cost-to-build-a-chatbot [18. Dezember 2018].

16 James Surowiecki, »Why Startups are Struggling«, 15. Juni 2016, https://www.technologyreview.com/s/601497/why-startups-are-struggling/ [19. Dezember 2018].

17 Grace Dobush, »German startups raise record €4.3 billion in funding«, 1. Oktober 2018, https://global.handelsblatt.com/finance/german-startups-raise-record-e4-3-billion-in-funding-873012 [19. Dezember 2018].

18 Statista, »Average monthly rent of apartments in Berlin districts in Germany as of September 2017, by size of apartment (in euros)«, https://www.statista.com/statistics/781217/rent-costs-berlin-areas-apartment-size/ [19. Dezember 2018].

19 William Morris, *Zeichen der Zeit. Sieben Vorträge bei verschiedenen Gelegenheiten gehalten*. Übersetzung von Paul Seliger, Leipzig 1902. Nach der Originalausgabe *Signs of Change: Seven Lectures Delivered on Various Occasions*, London 1888.

20 Mark Cuban, »Why This Tech Bubble is Worse Than the Tech Bubble of 2000«, 14. März 2015, http://blogmaverick.com/2015/03/04/why-this-tech-bubble-is-worse-than-the-tech-bubble-of-2000/ [20. Dezember 2018].

21 Lisa Owens Viani, »Digital addiction increases loneliness, anxiety and depression«, 10. April 2018, https://news.sfsu.edu/news-story/digital-

addiction-increases-loneliness-anxiety-and-depression [20. Dezember 2018].
22 Sarah White, »Pros and Cons of Working for a Startup Company«, https://www.monster.com/career-advice/article/pros-and-cons-of-working-for-a-startup-company [19. Januar 2019].
23 Dieses Buch erweckt möglicherweise den Anschein, als würde ich sinnlos auf dem Vertriebsteam herumhacken. Ich teile jedoch lediglich mit, was ich gesehen und erlebt habe. In diesen Teams gab es vielleicht einen oder zwei nette Menschen, doch ihre Nettigkeit kann ich nur darstellen, indem ich schildere, wie sehr sie sich vom übrigen Team unterschieden. Zudem wurden diese angenehmen Vertriebler ausnahmslos wegen ihrer »schlechten Einstellung« entlassen.
24 Kara Swisher, »How and Why Silicon Valley Gets High«, 23. August 2018, https://www.nytimes.com/2018/08/23/opinion/elon-musk-burning-man-drugs-lsd.html [3. Januar 2019].
25 Emily Chang, »Oh My God, This Is So F---ed Up«, 2. Januar 2018, https://www.vanityfair.com/news/2018/01/brotopia-silicon-valley-secretive-orgiastic-inner-sanctum [3. Januar 2019].
26 Gené Teare, »In 2017, only 17% of startups have a female founder«, *TechCrunch*, 19. April 2017, https://techcrunch.com/2017/04/19/in-2017-only-17-of-Start-ups-have-a-female-founder/.
27 Oliva Solon, »Crazy at the wheel: psychopathic CEOs are rife in Silicon Valley, experts say«, *The Guardian*, 15. März 2017, https://www.theguardian.com/technology/2017/mar/15/silicon-valley-psychopath-ceo-sxsw-panel.
28 »Tesla's battle with unionising workers«, 12. Juni 2018, https://www.ecnmy.org/engage/tesla-workers-want-unionise-mus/ [22. Januar 2019].
29 David Cox, »Watch your step: why the 10,000 daily goal is built on bad science«, 3. September 2018, https://www.theguardian.com/lifeandstyle/2018/sep/03/watch-your-step-why-the-10000-daily-goal-is-built-on-bad-science [23. Januar 2019].
30 James Bridle, *New Dark Age*, New York 2018, S. 143f.
31 Nigel Gladstone, »Surveillance state: NSW intensifies citizen tracking«, 3. November 2018, https://www.smh.com.au/national/nsw/surveillance-state-nsw-intensifies-citizen-tracking-20181019-p50atw.html [24. Januar 2019].
32 Sam Levin, »Tech firms make millions from Trump's anti-immigrant agenda, report finds«, *The Guardian*, 23. Oktober 2018, https://www.theguardian.com/us-news/2018/oct/23/silicon-valley-tech-firms-making-money-trump-anti-immigrant-agenda-report.